U0274596

Interiors Details CAD Construction Atlas Ⅰ

室内细部CAD施工图集 Ⅰ

主编/樊思亮 李岳君 杨 利

门详图\双扇门\推拉门\门样品\门把手\
门锁\欧式窗\中式窗\窗户\窗帘\地板

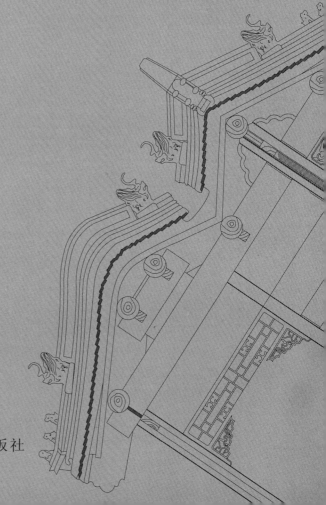

中国林业出版社

图书在版编目（CIP）数据

室内细部CAD施工图集 I / 樊思亮，李岳君，杨利 主编. -- 北京 :中国林业出版社，2013.9

ISBN 978-7-5038-7192-4

Ⅰ. ①室… Ⅱ. ①樊… Ⅲ. ①室内装饰设计—细部设计—计算机辅助设计—AutoCAD软件—图集 Ⅳ.①TU238-39

中国版本图书馆CIP数据核字(2013)第215956号

策　　划：聚美文化

本书编委会

主　　编：樊思亮　李岳君　杨　利

副 主 编：赵胜华　刘文佳　杜　元　陈礼军　孔　强　郭　超　杨仁钰

参与编写人员：

陈　婧　张文媛　陆　露　何海珍　刘　婕　夏　雪　王　娟　黄　丽　程艳平
高丽媚　汪三红　肖　聪　张雨来　陈书争　韩培培　付珊珊　高囡囡　杨微微
姚栋良　张　雷　傅春元　邹艳明　武　斌　陈　阳　张晓萌　魏明悦　佟　月
金　金　李琳琳　高寒丽　赵乃萍　裴明明　李　跃　金　楠　邵东梅　李　倩
左文超　李凤英　姜　凡　郝春辉　宋光耀　于晓娜　许长友　王　然　王竞超
吉广健　马宝东　于志刚　刘　敏　杨学然

中国林业出版社·建筑与家居图书出版中心

责任编辑：李　顺　纪　亮

出版咨询：（010）83223051

出　版：中国林业出版社（100009 北京西城区德内大街刘海胡同7号）

网　站：http://lycb.forestry.gov.cn/

印　刷：北京卡乐富印刷有限公司

发　行：中国林业出版社发行中心

电　话：（010）83224477

版　次：2014年3月第1版

印　次：2014年3月第1次

开　本：889mm×1194mm 1／16

印　张：16.75

字　数：200千字

定　价：98.00元

前　言

　　本套室内细部CAD施工图集历经3年，现终于付印，从本套丛书的策划、材料收集，至最终出版，其历程之艰难，无以言表。但当本套书基本完成，将面向广大读者时，编者们深感欣慰。

　　当初组织各设计院和设计单位汇集材料，参编人员提供的材料可谓是"各有千秋"，让我们头疼不已。我们也从事设计工作，非常清楚在设计实践和制图中遇到的困难，正是因为这样，我们不断收集设计师朋友提供的建议和信息，不断修改和调整，希望这套施工图集不要沦为现今市面上大部分CAD图集一样，无轻无重，无章无序。

　　这套书即将付印，我们既兴奋又忐忑，最终检验我们所付出劳动的验金石——市场，才会给我最终的答案。但我们仍然信心百倍。

　　在此我们简要介绍本套书的特点：

　　首先，本套书区别于以往的CAD施工图集，对CAD模块进行非常详细的分类与调整，根据室内设计的要求，将本套书分为四大类，在这四类的基础上再进一步细分，争取做到让施工图设计者能得其中一本，而能把握一类的制图技巧和技术要点。

　　其次，就是本套图集的全面性和权威性，我们联合了近20所建筑及室内设计所编写这套图集，严格按照建筑及施工设计标准制定规范，让设计师在设计和制作施工图时有据可依，有章可循，并且能依此类推，应用至其他施工图中。

　　再次，我们对这套书作了严格的版权保护，光盘进行了严格的加密，这也是对作品提供者的保护和认同，我们更希望读者们有版权保护的意识，为我国的版权事业贡献力量。

　　施工图是室内设计中既基础而又非常重要的一部分，无论对于刚入行的制图员，还是设计大师，都是必不可少的一门技能。但这绝非一朝一夕能练就的，就像一句古语："千里之行，始于足下"，希望广大设计同行能从中得到些东西，抑或发现些东西，我们更希望大家提出意见，甚或是批评，指导我们做得更好！

编著者

2013年9月

目 录
Contents

门

窗

地板

本页解压密码: 21931924

门详图

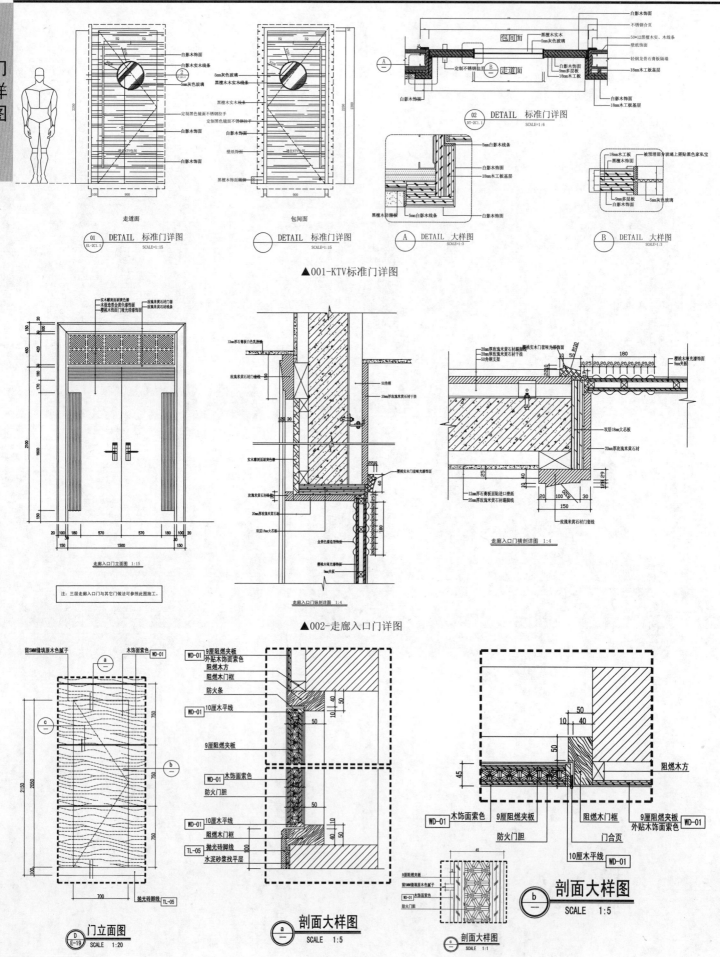

走道面
① DETAIL 标准门详图 SCALE 1:15

包间面
DETAIL 标准门详图 SCALE 1:15

DETAIL 标准门详图 SCALE 1:6

Ⓐ DETAIL 大样图 SCALE 1:3

Ⓑ DETAIL 大样图 SCALE 1:3

▲001-KTV标准门详图

走廊入口门立面图 1:15

注: 三层走廊入口与其它门做法可参照此图施工。

走廊入口门纵剖详图 1:4

走廊入口门横剖详图 1:4

▲002-走廊入口门详图

Ⓓ 门立面图 SCALE 1:20

ⓐ 剖面大样图 SCALE 1:5

ⓒ 剖面大样图 SCALE 1:1

ⓑ 剖面大样图 SCALE 1:5

▲003-简洁木饰面单门详图

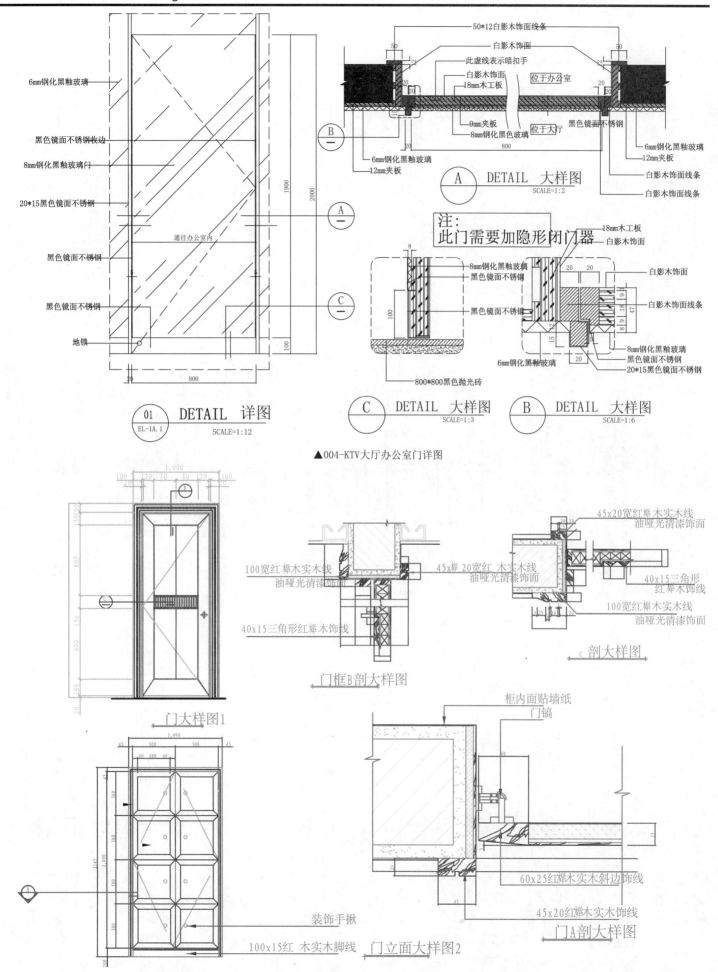

6mm钢化黑釉玻璃

黑色镜面不锈钢收边

8mm钢化黑釉玻璃闪

20*15黑色镜面不锈钢

黑色镜面不锈钢

黑色镜面不锈钢

地锁

通往办公室内

1900

2000

100

20   800

01   DETAIL 详图
EL-1A.1   SCALE=1:12

50*12白影木饰面线条
白影木饰面
此虚线表示暗扣手
白影木饰面
18mm木工板
位于办公室
9mm夹板
8mm钢化黑色玻璃   位于大厅
800

B

6mm钢化黑釉玻璃
12mm夹板

50

20

20

20

黑色镜面不锈钢
6mm钢化黑釉玻璃
12mm夹板
白影木饰面线条
白影木饰面线条

A   DETAIL 大样图
SCALE=1:2

注:
此门需要加隐形闭门器

18mm木工板
白影木饰面

8mm钢化黑釉玻璃
黑色镜面不锈钢

黑色镜面不锈钢

100

20   20

白影木饰面

白影木饰面线条

8mm钢化黑釉玻璃
黑色镜面不锈钢
20*15黑色镜面不锈钢

6mm钢化黑釉玻璃

800*800黑色抛光砖

C   DETAIL 大样图
SCALE=1:3

B   DETAIL 大样图
SCALE=1:6

▲004-KTV大厅办公室门详图

1,000
100 120 EQ EQ 120 20

800

150

800

150

20

门大样图1

100宽红榉木实木线
油哑光清漆饰面

40x15三角形红榉木饰线

门框B剖大样图

45x20宽红榉 木实木线
油哑光清漆饰面

45x 20宽红 木实木线
油哑光清漆饰面

40x15三角形
红榉木线

100宽红榉木实木线
油哑光清漆饰面

c 剖大样图

柜内面贴墙纸
门镜

60x25红榉木实木斜边饰线

45x20红榉木实木饰线

门A剖大样图

1,090
45 500 500 45
60 380 60

45

500

500

500

500

500

100

2145
2,000

装饰手揪

100x15红 木实木脚线   门立面大样图2

▲005-门大样图

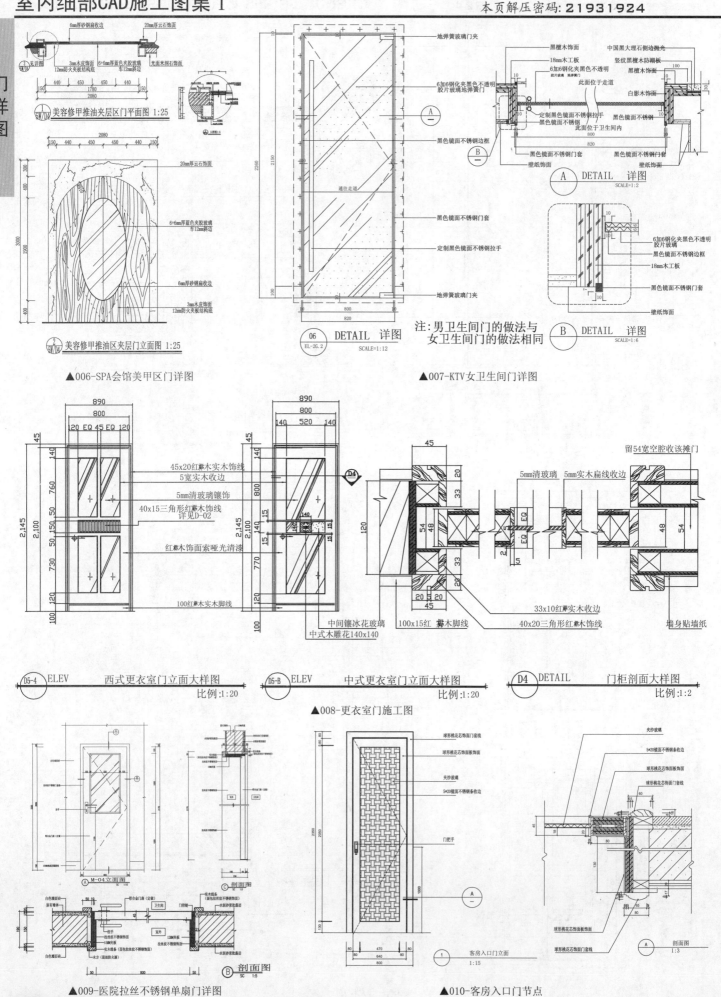

▲006-SPA会馆美甲区门详图

美容修甲推油夹层区门平面图 1:25

美容修甲推油区夹层门立面图 1:25

▲007-KTV女卫生间门详图

06 DETAIL 详图 SCALE:1:12

A DETAIL 详图 SCALE:1:2

B DETAIL 详图 SCALE:1:6

注:男卫生间门的做法与女卫生间门的做法相同

D5-4 ELEV 西式更衣室门立面大样图 比例:1:20

D5-B ELEV 中式更衣室门立面大样图 比例:1:20

D4 DETAIL 门柜剖面大样图 比例:1:2

▲008-更衣室门施工图

▲009-医院拉丝不锈钢单扇门详图

客房入口门立面 1:15

▲010-客房入口门节点

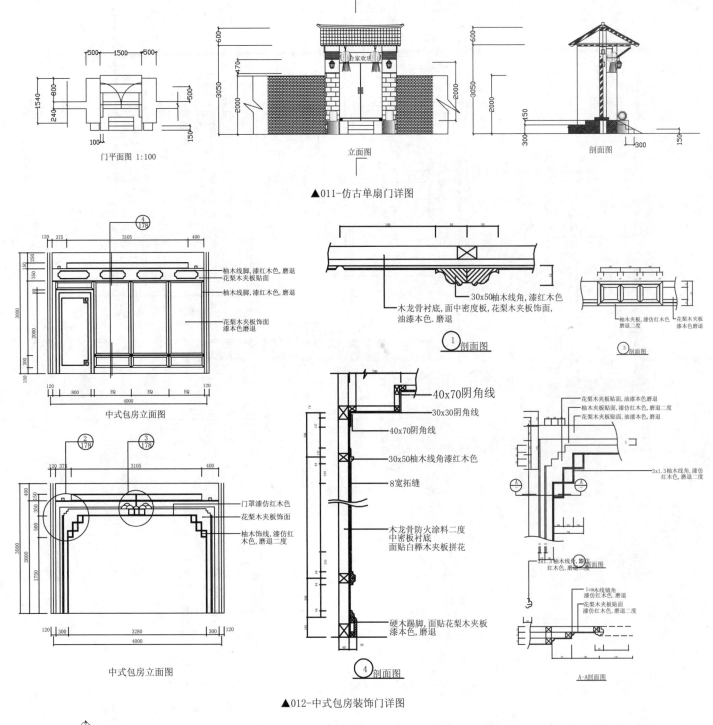

门平面图 1:100

立面图

剖面图

▲011-仿古单扇门详图

中式包房立面图

柚木线脚,漆红木色,磨退
花梨木夹板贴面

柚木线脚,漆红木色,磨退

花梨木夹板饰面
漆本色磨退

30x50柚木线角,漆红木色

木龙骨衬底,面中密度板,花梨木夹板饰面,
油漆本色.磨退

① 剖面图

柚木夹板,漆仿红木色
磨退二度

花梨木夹板饰面
漆本色磨退

③ 剖面图

中式包房立面图

门罩漆仿红木色
花梨木夹板饰面

柚木饰线,漆仿红
木色,磨退二度

40x70阴角线

30x30阴角线

40x70阴角线

30x50柚木线角漆红木色

8宽拓缝

木龙骨防火涂料二度
中密板衬底
面贴白榉木夹板拼花

硬木踢脚,面贴花梨木夹板
漆本色,磨退

④ 剖面图

花梨木夹板贴面,油漆本色磨退
柚木夹板贴面,漆仿红木色,磨退二度
花梨木夹板贴面,油漆本色,磨退

3x1.3柚木线角,漆仿
红木色,磨退二度

3x1.3柚木线角,漆仿
红木色,磨退二度

1cm木线镶角
漆仿红木色,磨退
花梨木夹板贴面
漆仿红木色,磨退二度

A-A剖面图

▲012-中式包房装饰门详图

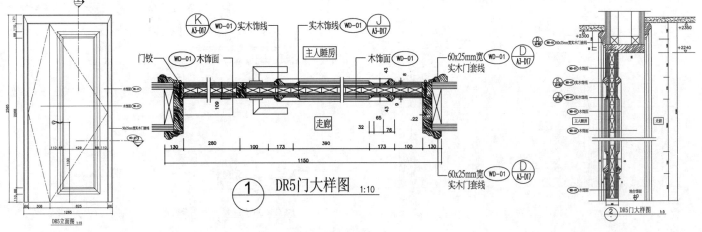

① DR5门大样图 1:10

▲013-主人睡房门详图

门详图

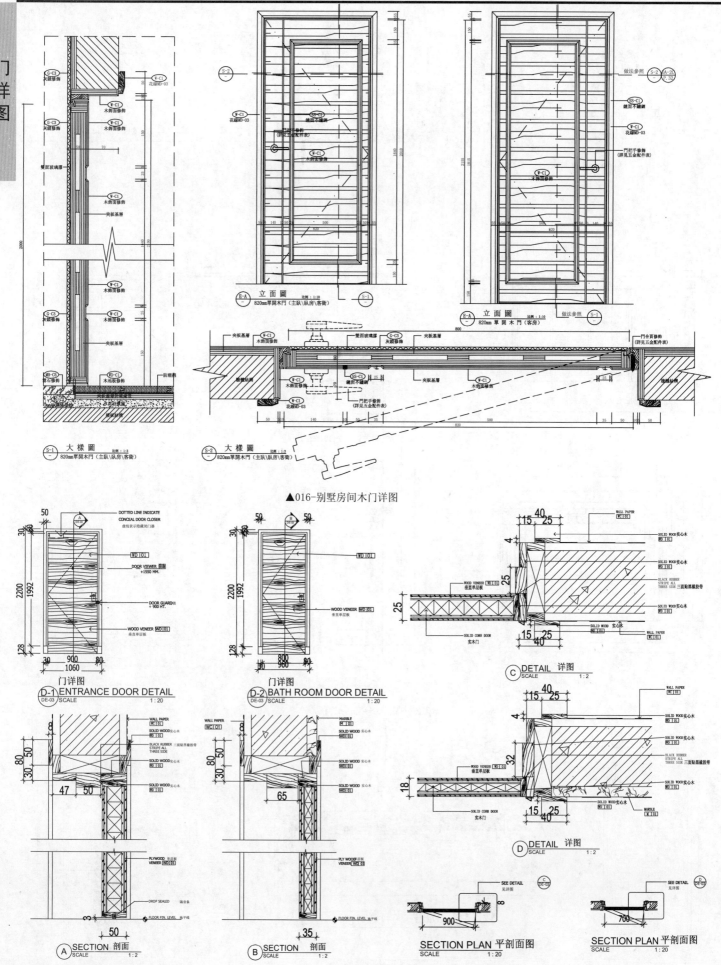

▲016-别墅房间木门详图

▲015-酒店实木门详图

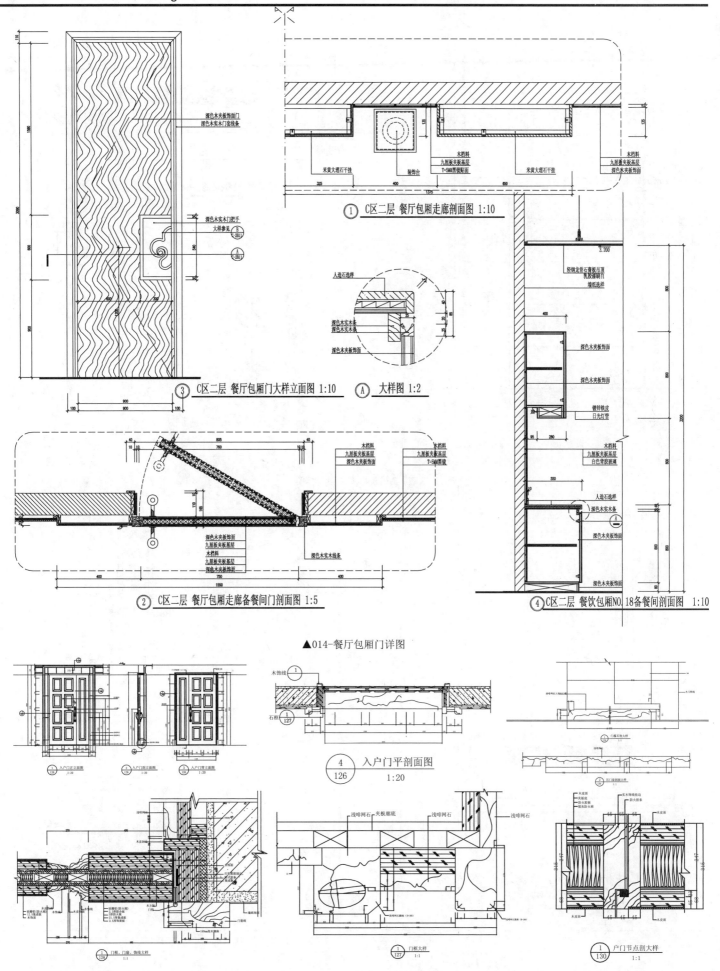

① C区二层 餐厅包厢走廊剖面图 1:10

③ C区二层 餐厅包厢门大样立面图 1:10   Ⓐ 大样图 1:2

② C区二层 餐厅包厢走廊备餐间门剖面图 1:5

④ C区二层 餐饮包厢NO.18备餐间剖面图 1:10

▲014-餐厅包厢门详图

④/126 入户门平剖面图 1:20

▲017-别墅入户门详图

门
详
图

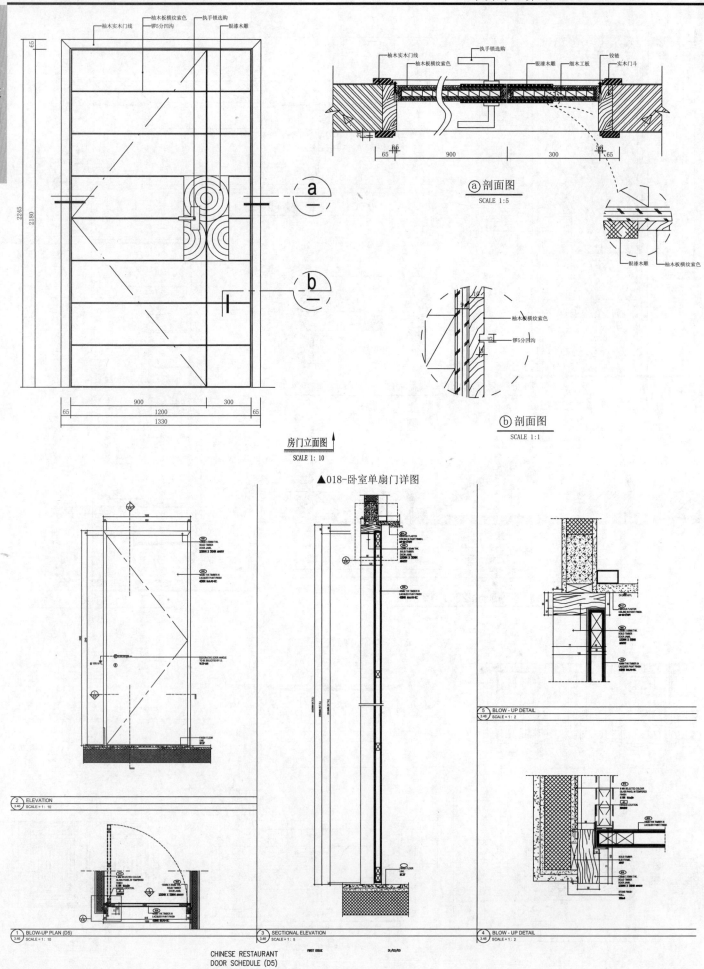

@ 剖面图
SCALE 1:5

房门立面图
SCALE 1:10

▲018-卧室单扇门详图

ⓑ 剖面图
SCALE 1:1

CHINESE RESTAURANT
DOOR SCHEDULE (D5)

▲019-别墅房间木门详图

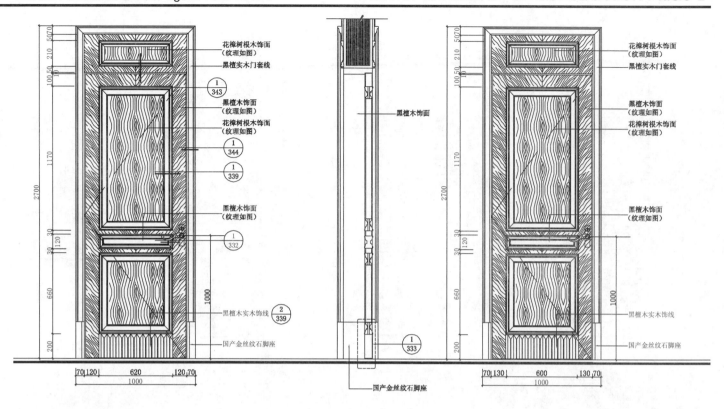

花樃树根木饰面
（纹理如图）
黑檀实木门套线

黑檀木饰面
（纹理如图）
花樃树根木饰面
（纹理如图）

黑檀木饰面
（纹理如图）

黑檀木实木饰线

国产金丝纹石脚座

黑檀木饰面

国产金丝纹石脚座

花樃树根木饰面
（纹理如图）
黑檀实木门套线

黑檀木饰面
（纹理如图）
花樃树根木饰面
（纹理如图）

黑檀木饰面
（纹理如图）

黑檀木实木饰线

国产金丝纹石脚座

1
342 楼梯、卫生间门外立面图　1:20

2
342 楼梯、卫生间门剖立面图　1:20

3
342 楼梯、卫生间门内立面图　1:20

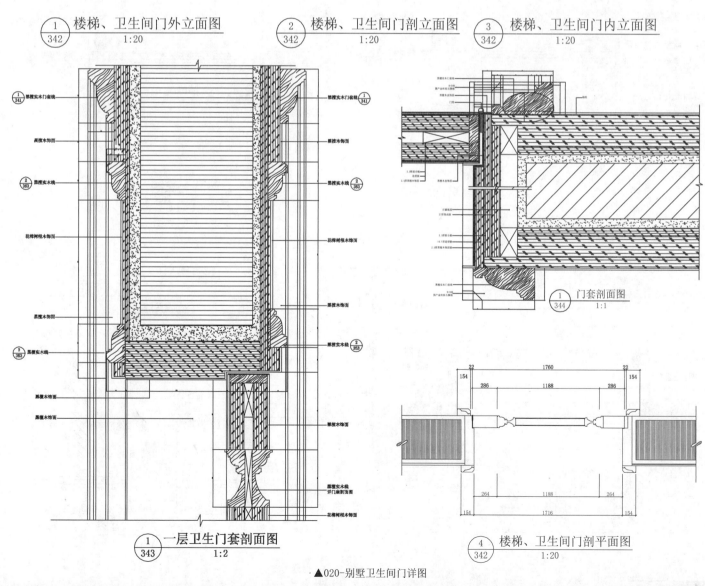

1
343 一层卫生门套剖面图　1:2

1
344 门套剖面图　1:1

4
342 楼梯、卫生间门剖平面图　1:20

▲020-别墅卫生间门详图

门
详
图

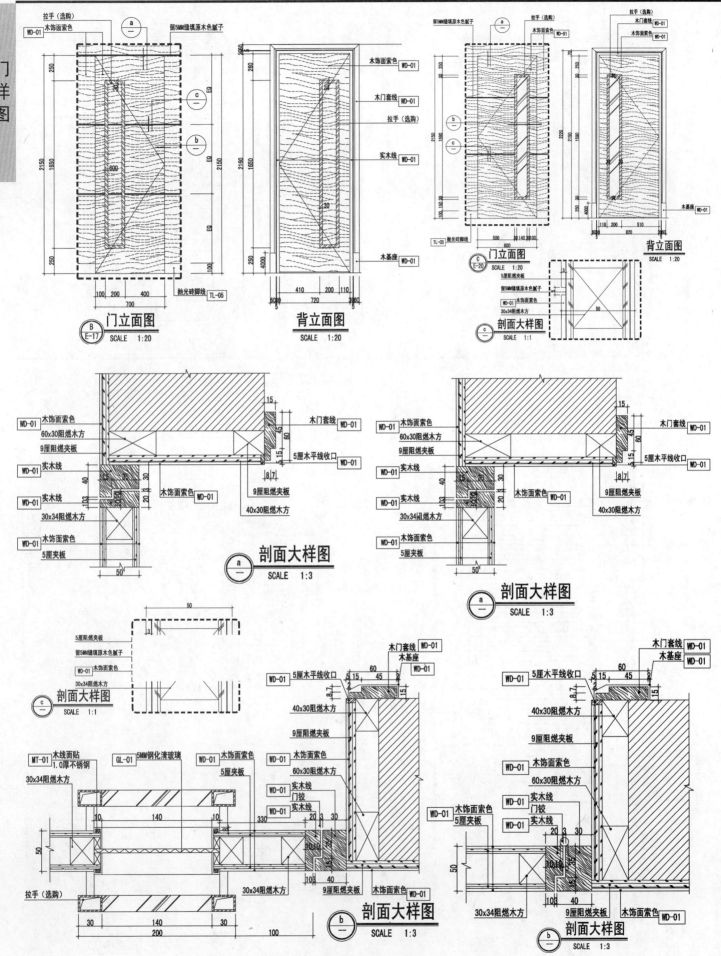

▲021-休闲区单扇门详图

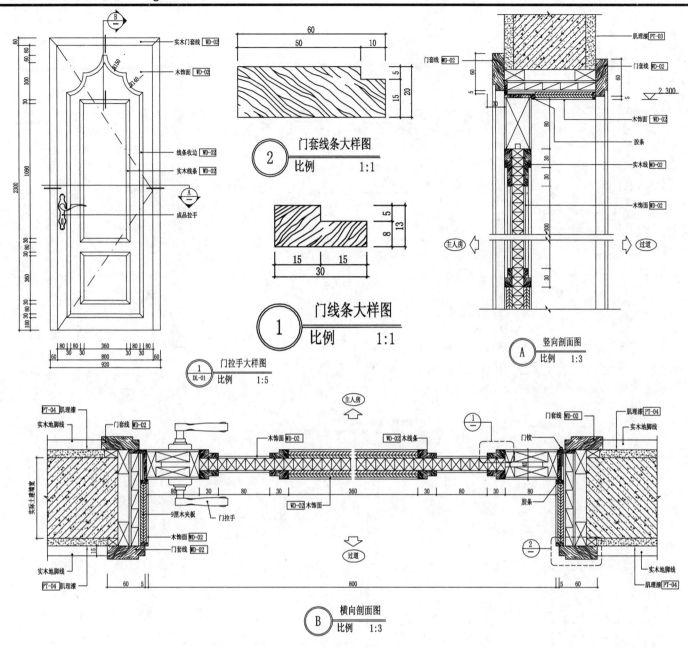

▲022-别墅各房间门标准详图

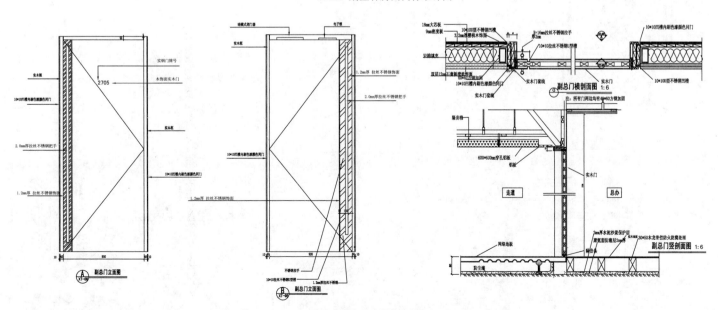

▲023-办公室单开门详图

本页解压密码: **21931924**

门
详
图

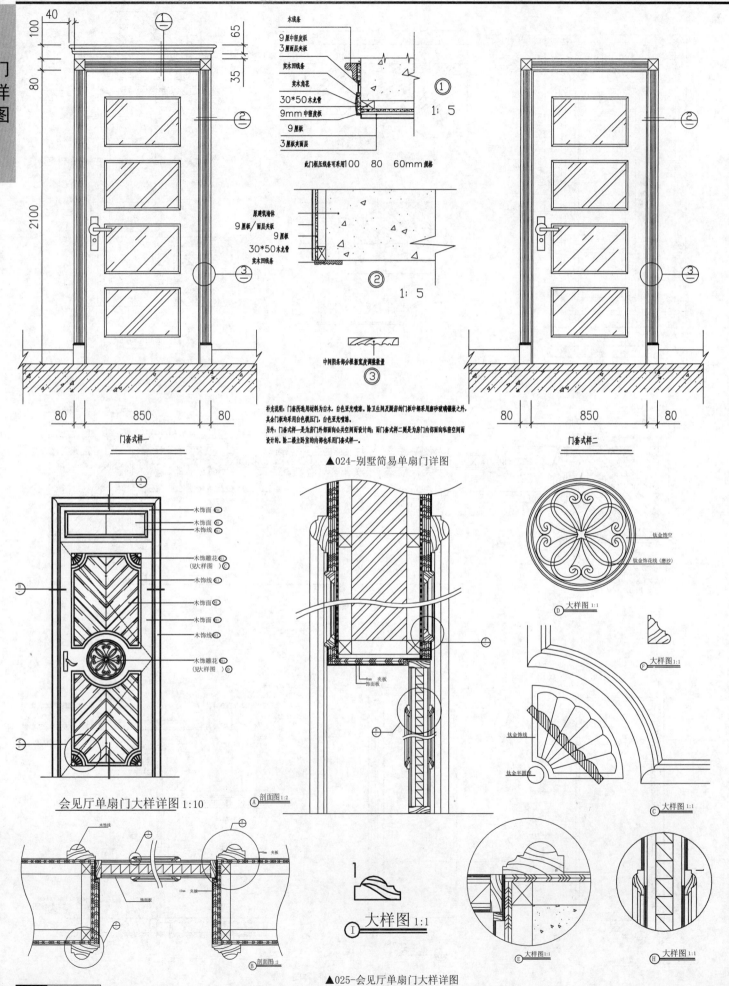

木线条
9厘中密度板
3厘面层夹板
实木凹线条
实木角花
30*50木龙骨
9mm中密度板
9厘板
3厘板夹面层

① 1:5

此门框压线条耳采用100 80 60mm规格

原建筑墙体
9厘板/面层夹板
9厘板
30*50木龙骨
实木凹线条

② 1:5

中间阴条部分根据宽度调整数量

③

补充说明：门套所选用材料为白木。白色亚光喷漆。除卫生间及厨房的门板中部采用磨砂玻璃镶板之外，其余门板采用白色模压门，白色亚光喷漆。

另外：门套式样一是为房门外饰面向公共空间面设计的；而门套式样二则是为房门内饰面向纵面空间面设计的。除二楼主卧室的内格也采用门套式样一。

门套式样一

门套式样二

▲024-别墅简易单扇门详图

木饰面
木饰面
木饰线
木饰雕花
（见大样图）
木饰线
木饰面
木饰面
木饰线
木饰雕花
（见大样图）

会见厅单扇门大样详图 1:10

剖面图 1:2

9mm 夹板
饰面板

钛金饰空
钛金饰花线（磨砂）

大样图 1:1

大样图 1:1

钛金饰线
钛金半圆线

大样图 1:1

剖面图 1:2

大样图 1:1

大样图 1:1

大样图 1:1

▲025-会见厅单扇门大样详图

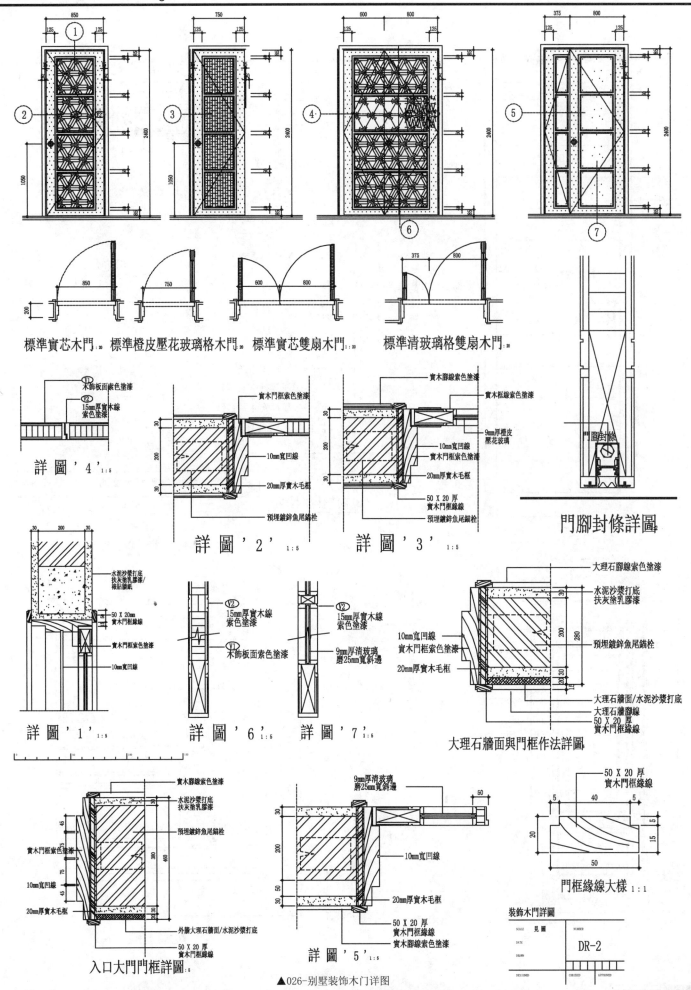

標準實芯木門 1:20　標準橙皮壓花玻璃格木門 1:20　標準實芯雙扇木門 1:20　標準清玻璃格雙扇木門 1:20

詳圖 '4' 1:5

詳圖 '2' 1:5

詳圖 '3' 1:5

門腳封條詳圖

詳圖 '1' 1:5

詳圖 '6' 1:5

詳圖 '7' 1:5

大理石牆面與門框作法詳圖

入口大門門框詳圖 1:5

詳圖 '5' 1:5

門框緣線大樣 1:1

裝飾木門詳圖　DR-2

▲026-別墅裝飾木門詳圖

门详图

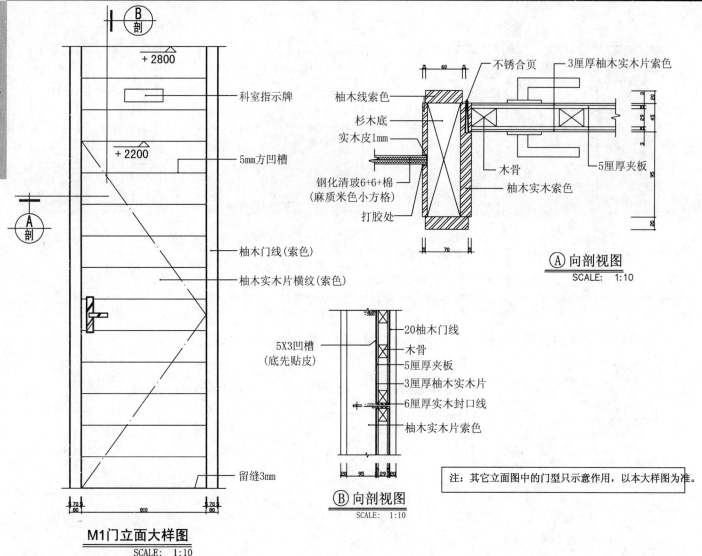

科室指示牌

+2800

+2200

5mm方凹槽

柚木门线(索色)

柚木实木片横纹(索色)

留缝3mm

M1门立面大样图
SCALE: 1:10

不锈合页
3厘厚柚木实木片索色

柚木线索色

杉木底

实木皮1mm

钢化清玻6+6+棉
(麻质米色小方格)

木骨

5厘厚夹板

柚木实木索色

打胶处

Ⓐ 向剖视图
SCALE: 1:10

5X3凹槽
(底先贴皮)

20柚木门线
木骨
5厘厚夹板
3厘厚柚木实木片
6厘厚实木封口线
柚木实木片索色

Ⓑ 向剖视图
SCALE: 1:10

注: 其它立面图中的门型只示意作用,以本大样图为准。

▲027-办公楼单扇门详图

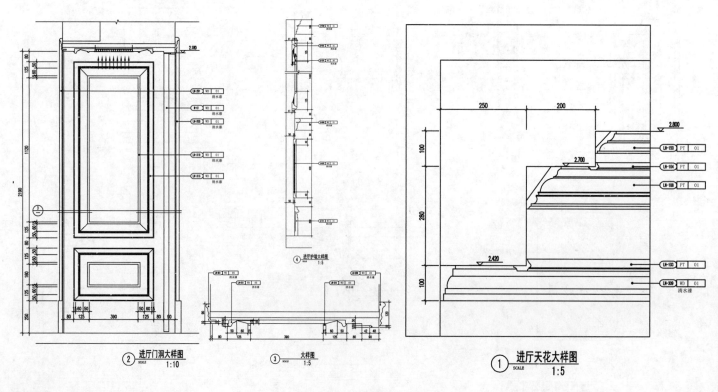

② 进厅门洞大样图
SCALE 1:10

③ 大样图
SCALE 1:5

④ 进厅护墙大样图
1:5

① 进厅天花大样图
SCALE 1:5

250   200

2.800
2.700
2.420

▲028-别墅进厅单扇门详图

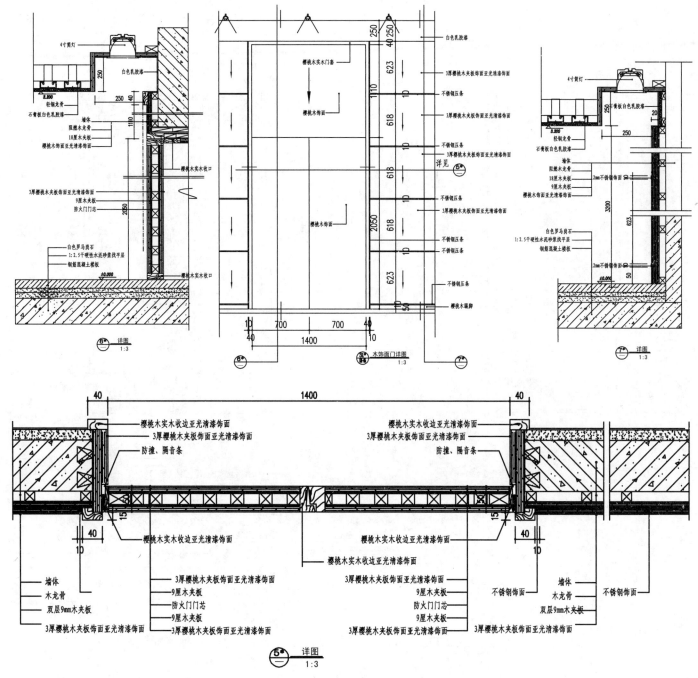

▲029-办公空间单扇木门详图

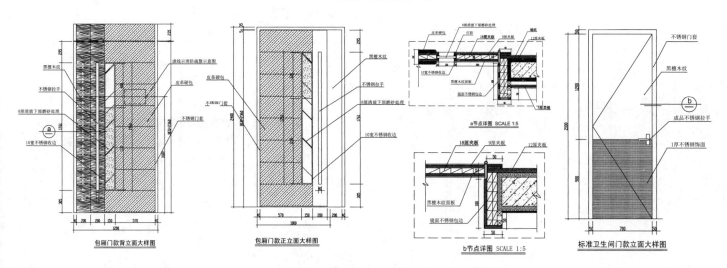

▲030-包厢门、卫生间单扇门款大样图

门详图

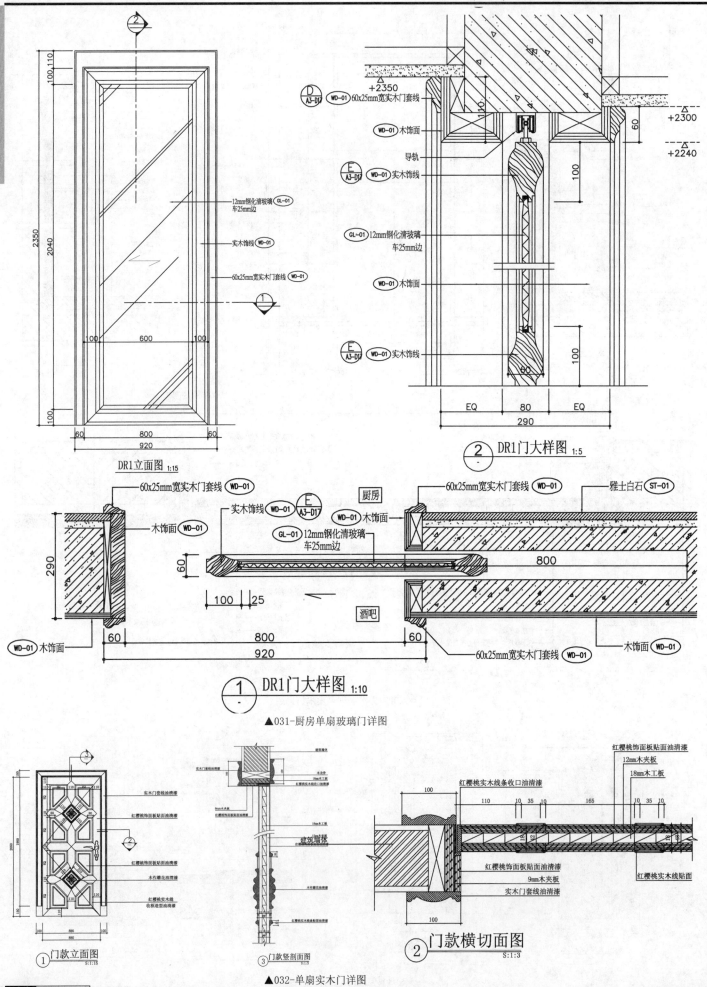

DR1立面图 1:15

- 12mm钢化清玻璃 GL-01 车25mm边
- 实木饰线 WD-01
- 60x25mm宽实木门套线 WD-01

② DR1门大样图 1:5

- D A3-D17 60x25mm宽实木门套线 WD-01
- WD-01 木饰面
- 导轨
- E A3-D17 WD-01 实木饰线
- GL-01 12mm钢化清玻璃 车25mm边
- WD-01 木饰面
- E A3-D17 WD-01 实木饰线

+2350 +2300 +2240

① DR1门大样图 1:10

- 60x25mm宽实木门套线 WD-01
- 木饰面 WD-01
- 实木饰线 WD-01 E A3-D17
- GL-01 12mm钢化清玻璃 车25mm边
- 厨房
- 60x25mm宽实木门套线 WD-01
- WD-01 木饰面
- 雅士白石 ST-01
- 酒吧
- WD-01 木饰面
- 60x25mm宽实木门套线 WD-01
- 木饰面 WD-01

▲031-厨房单扇玻璃门详图

① 门款立面图 S:1:15

③ 门款竖剖面图

- 实木门套线油清漆
- 红樱桃饰面板贴面油清漆
- 红樱桃饰面板贴面油清漆
- 木作雕花抽油漆
- 红樱桃实木线收框造型油清漆

② 门款横切面图 S:1:3

- 红樱桃饰面板贴面油清漆
- 12mm木夹板
- 18mm木工板
- 红樱桃实木线条收口油清漆
- 红樱桃饰面板贴面油清漆
- 9mm木夹板
- 实木门套线油清漆
- 红樱桃实木线贴面

▲032-单扇实木门详图

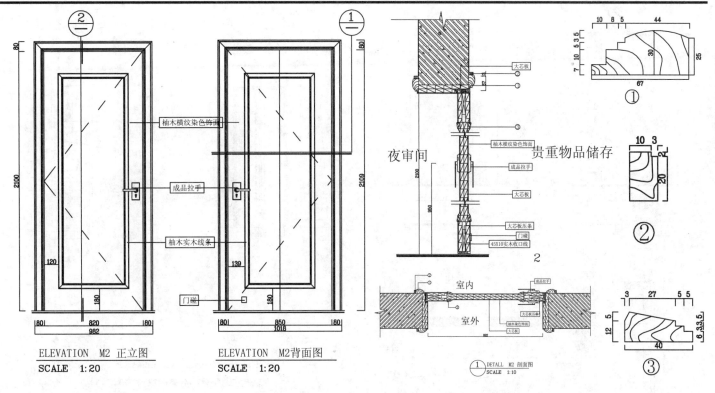

柚木横纹染色饰面
成品拉手
柚木实木线条
门碰

大芯板
柚木横纹染色饰面
成品拉手
大芯板
大芯板压条
门碰
45X10实木收口线

夜审间
贵重物品储存

室内
室外
成品拉手
大芯板压条
柚木染色饰面
大芯板

ELEVATION M2 正立图
SCALE 1:20

ELEVATION M2背面图
SCALE 1:20

① DETAIL M2 剖面图
  SCALE 1:10

①

②

③

▲033-单扇装饰门木详图

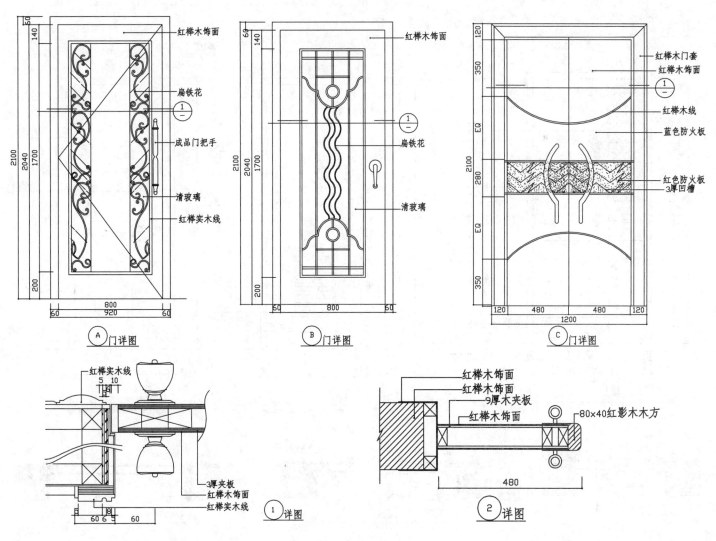

红榉木饰面
扁铁花
①
成品门把手
清玻璃
红榉实木线

红榉木饰面
扁铁花
①
清玻璃

红榉木门套
红榉木饰面
①
红榉木线
蓝色防火板
红色防火板
3厚凹槽

A 门详图

B 门详图

C 门详图

红榉实木线
3厚夹板
红榉木饰面
红榉实木线

① 详图

红榉木饰面
红榉木饰面
9厚木夹板
红榉木饰面
80x40红影木木方

② 详图

▲034-包房门详图

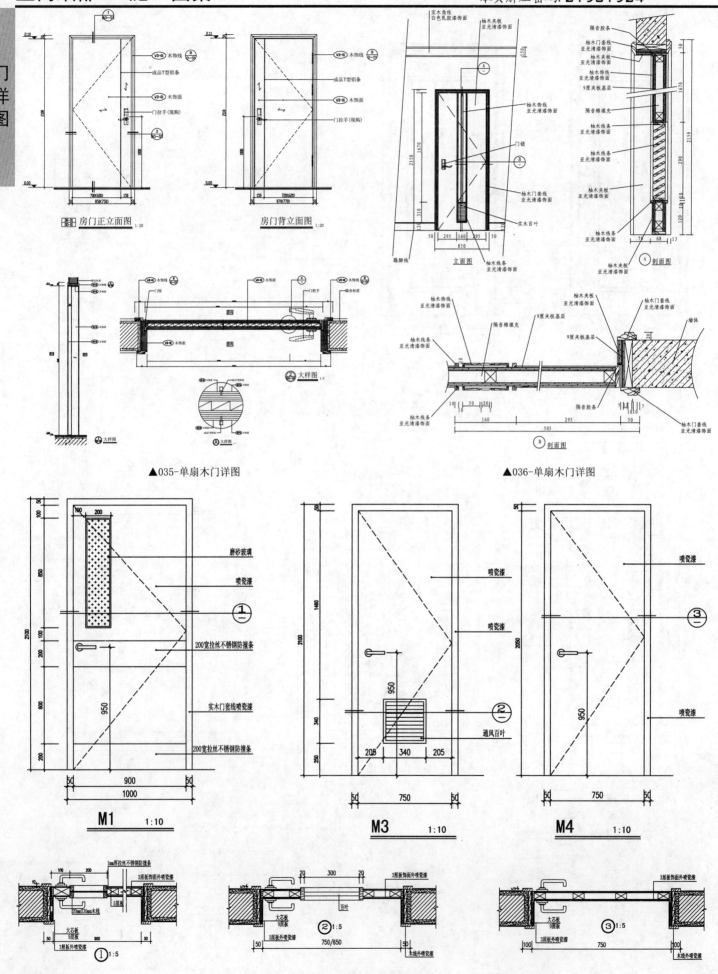

▲035-单扇木门详图

▲036-单扇木门详图

M1 1:10

M3 1:10

M4 1:10

▲037-医院单扇门详图

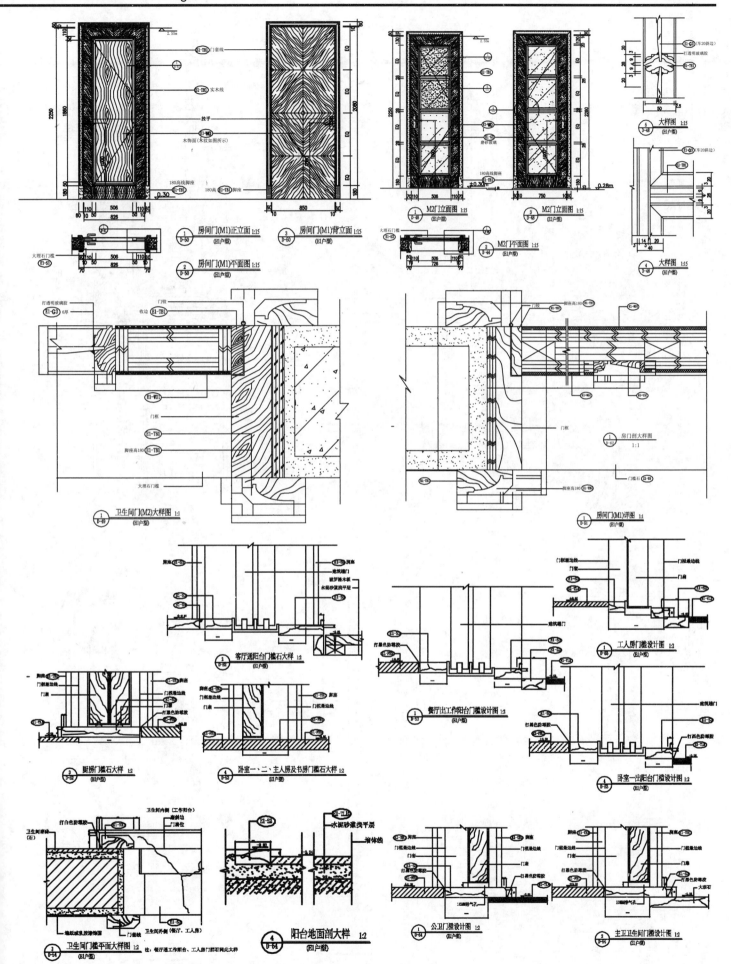

▲038-四扇单扇门详图

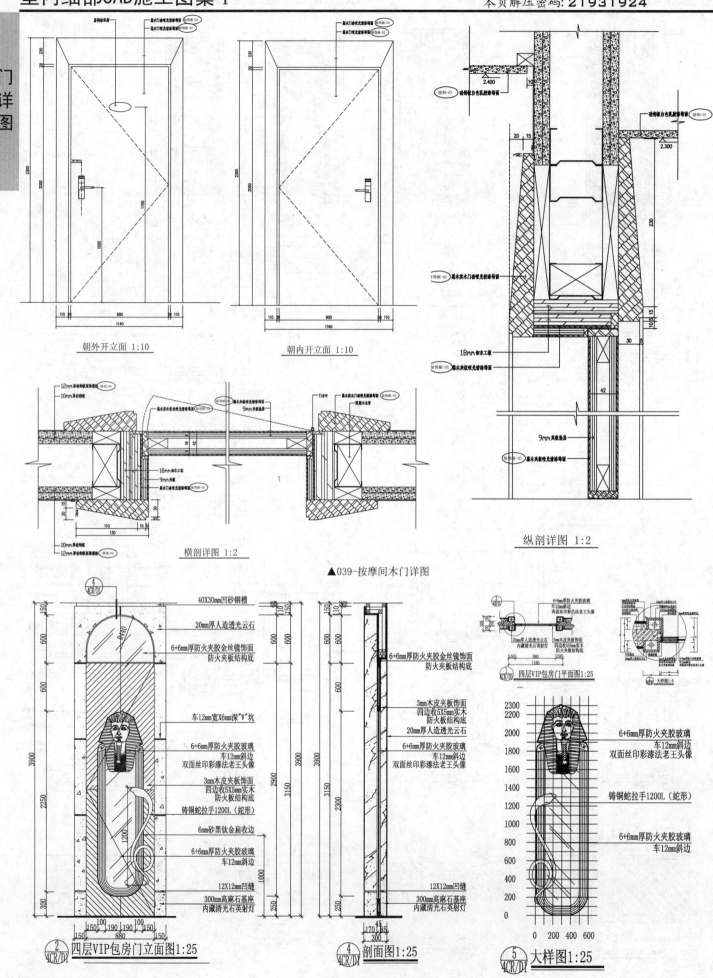

门详图

朝外开立面 1:10

朝内开立面 1:10

横剖详图 1:2

纵剖详图 1:2

▲039-按摩间木门详图

四层VIP包房门立面图1:25

剖面图1:25

大样图1:25

四层VIP包房门平面图1:25

▲041-四层VIP包房门大样图

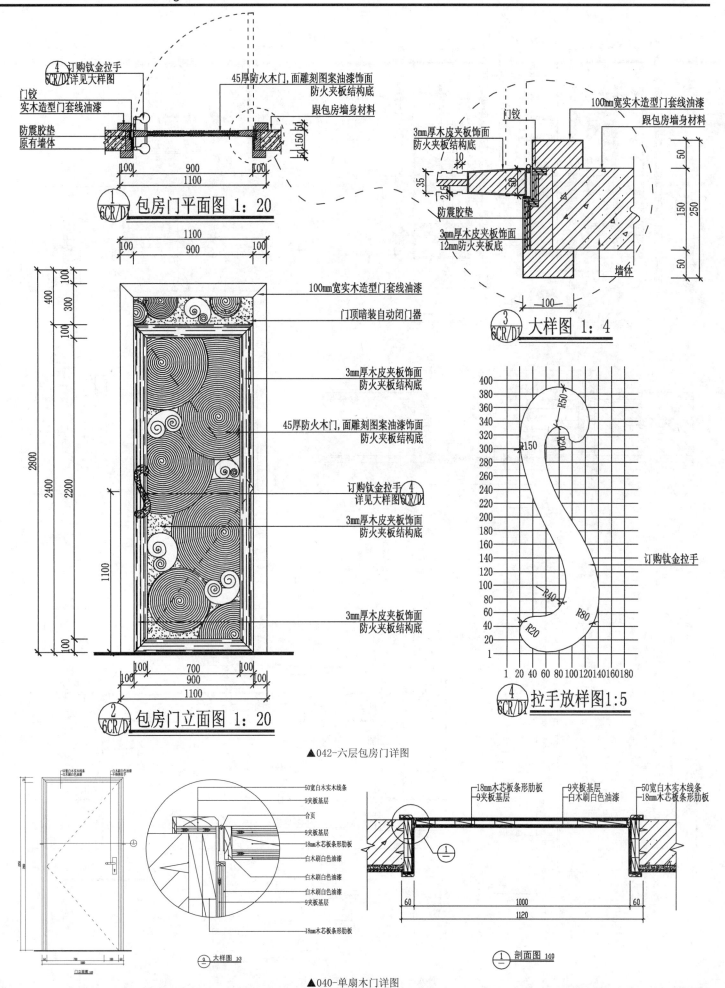

④ 订购钛金拉手
6CR/D 详见大样图
门铰
实木造型门套线油漆
防震胶垫
原有墙体

45厚防火木门,面雕刻图案油漆饰面
防火夹板结构底
跟包房墙身材料

100
900
100
1100

① 包房门平面图 1:20
6CR/D

门铰
100mm宽实木造型门套线油漆
跟包房墙身材料
3mm厚木皮夹板饰面
防火夹板结构底
10
35
防震胶垫
3mm厚木皮夹板饰面
12mm防火夹板底
墙体

50
150
250
50

③ 大样图 1：4
6CR/D

1100
100   900   100

400
300
100
100

2800
2400
2200

1100

100

100 700 100
100 900 100
1100

② 包房门立面图 1:20
6CR/D

100mm宽实木造型门套线油漆
门顶暗装自动闭门器
3mm厚木皮夹板饰面
防火夹板结构底
45厚防火木门,面雕刻图案油漆饰面
防火夹板结构底
订购钛金拉手 ④
详见大样图 6CR/D
3mm厚木皮夹板饰面
防火夹板结构底
3mm厚木皮夹板饰面
防火夹板结构底

400
380
360
340
320
300
280
260
240
220
200
180
160
140
120
100
80
60
40
20
1

R50
R150
R40
R80
R20

订购钛金拉手

1 20 40 60 80 100120140160180

④ 拉手放样图1:5
6CR/D

▲042-六层包房门详图

50宽白木实木线条
9夹板基层
合页
9夹板基层
18mm木芯板条形肋板
白木刷白色油漆
白木刷白色油漆
白木刷白色油漆
9夹板基层
18mm木芯板条形肋板

18mm木芯板条形肋板
9夹板基层
9夹板基层
白木刷白色油漆
50宽白木实木线条
18mm木芯板条形肋板

60   1000   60
1120

大样图 1:3

剖面图 1:10

▲040-单扇木门详图

门
详
图

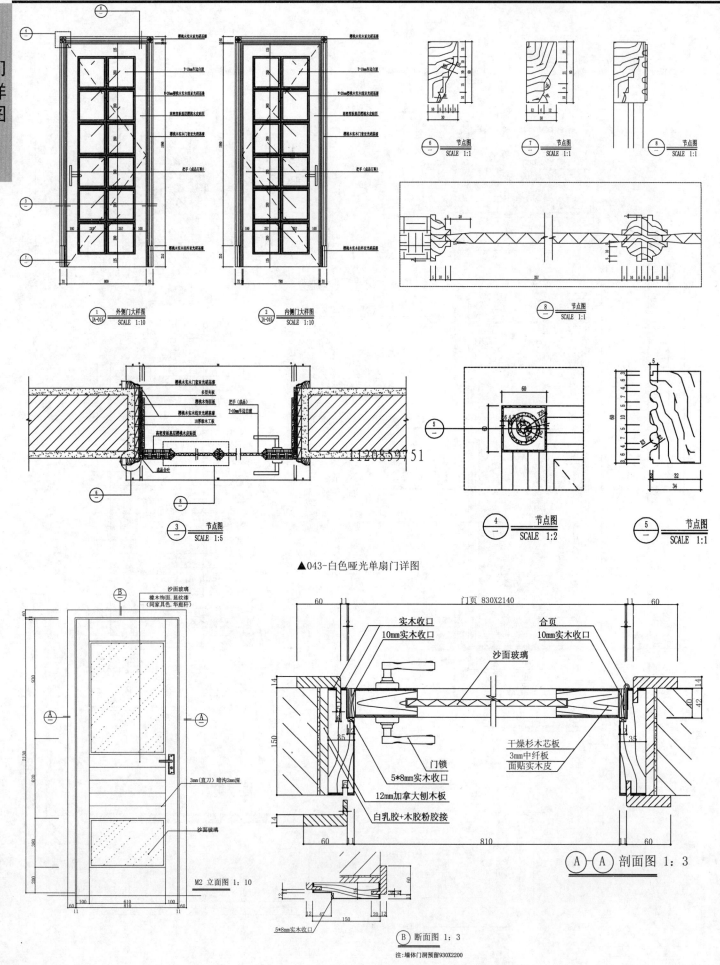

① 外侧门大样图
SCALE 1:10

② 内侧门大样图
SCALE 1:10

⑥ 节点图 SCALE 1:1

⑦ 节点图 SCALE 1:1

⑧ 节点图 SCALE 1:1

⑧ 节点图 SCALE 1:1

③ 节点图 SCALE 1:5

④ 节点图 SCALE 1:2

⑤ 节点图 SCALE 1:1

▲043-白色哑光单扇门详图

沙面玻璃
橡木饰面,显纹漆
(同家具色,华庭轩)

3mm(直刀)暗沟2mm深

沙面玻璃

M2 立面图 1:10

门页 830X2140

实木收口
10mm实木收口

合页
10mm实木收口

沙面玻璃

门锁
5*8实木收口
12mm加拿大刨木板
白乳胶+木胶粉胶接

干燥杉木芯板
3mm中纤板
面贴实木皮

Ⓐ Ⓐ 剖面图 1:3

5*8mm实木收口

Ⓑ 断面图 1:3

注:墙体门洞预窗930X2200

▲046-厨房玻璃门详图

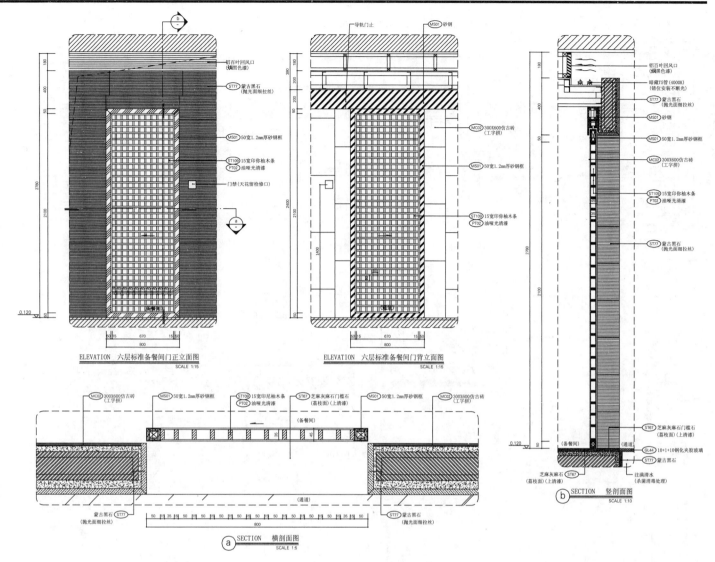

▲044-备餐间门详图

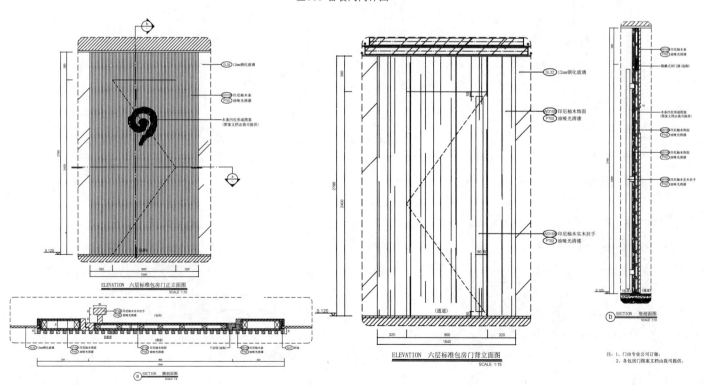

▲045-标准包房门详图

门
详
图

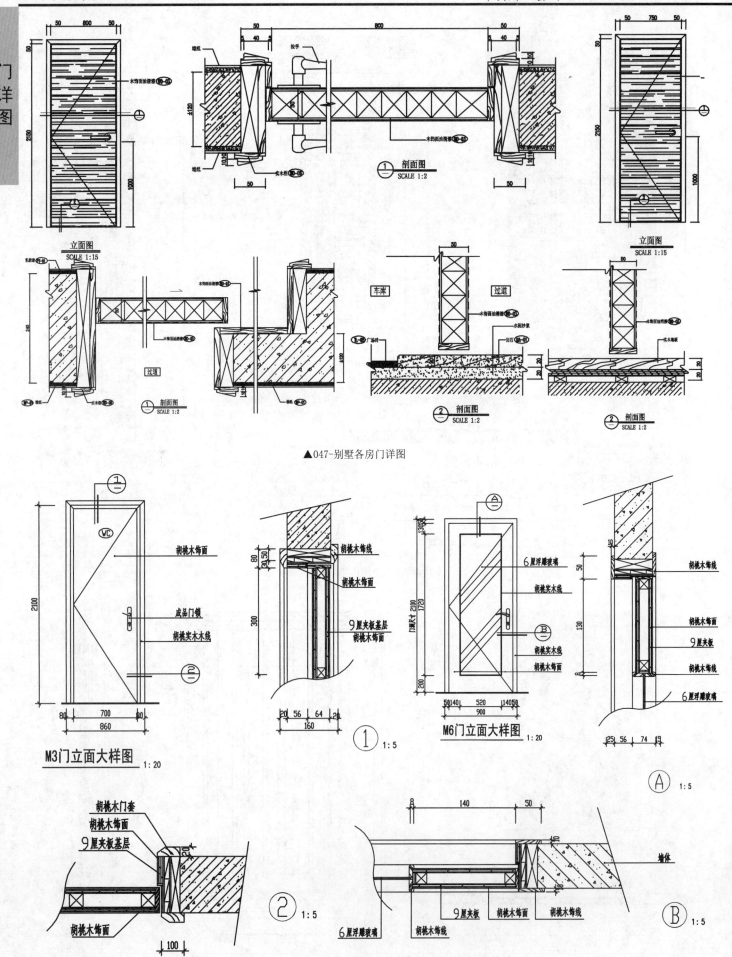

▲047-别墅各房门详图

▲048-常用普通门详图

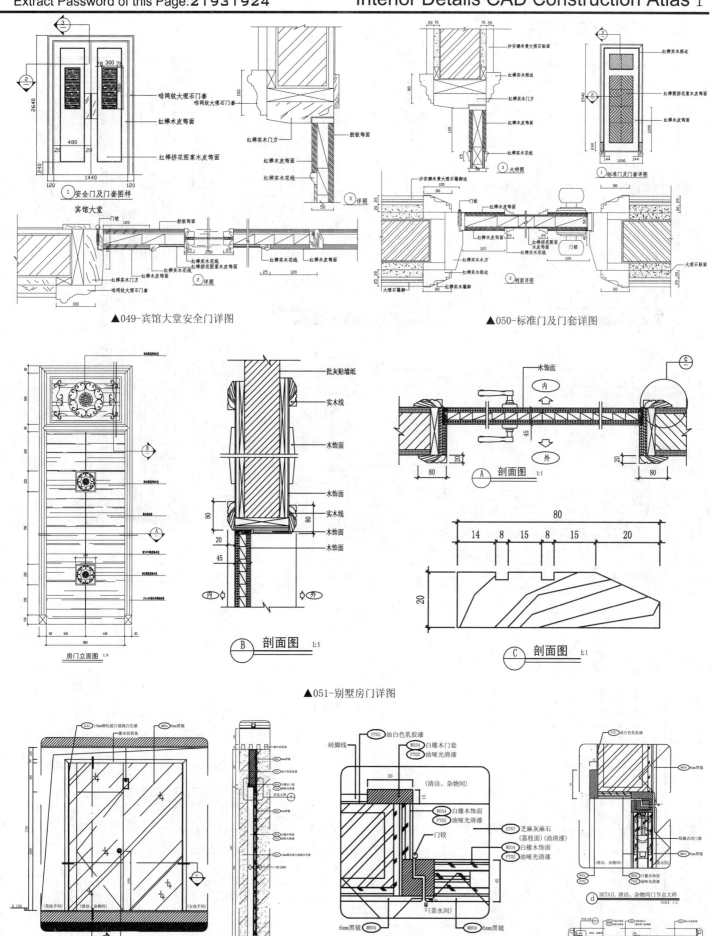

▲049-宾馆大堂安全门详图　　▲050-标准门及门套详图

▲051-别墅房门详图

▲052-茶水间门剖面图

门详图

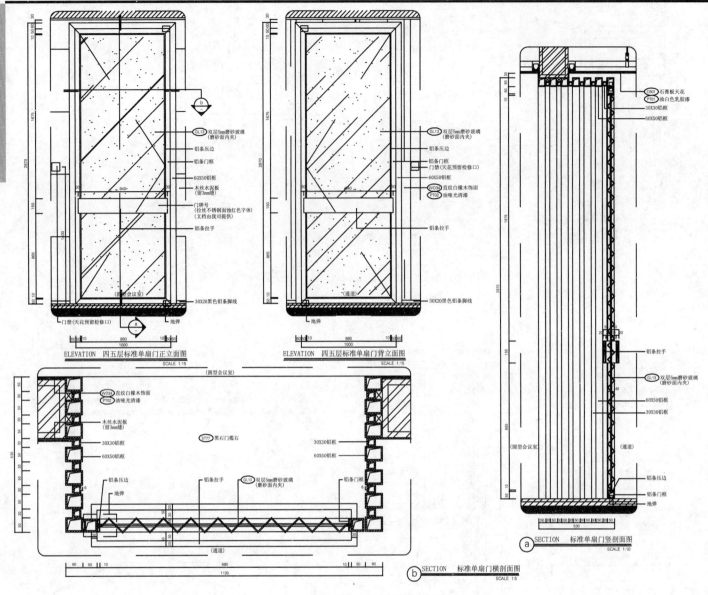

▲054-创艺办公楼标准单扇门详图

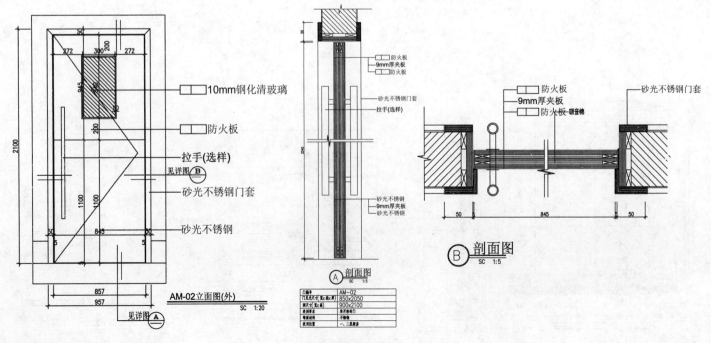

▲053-厨房门详图

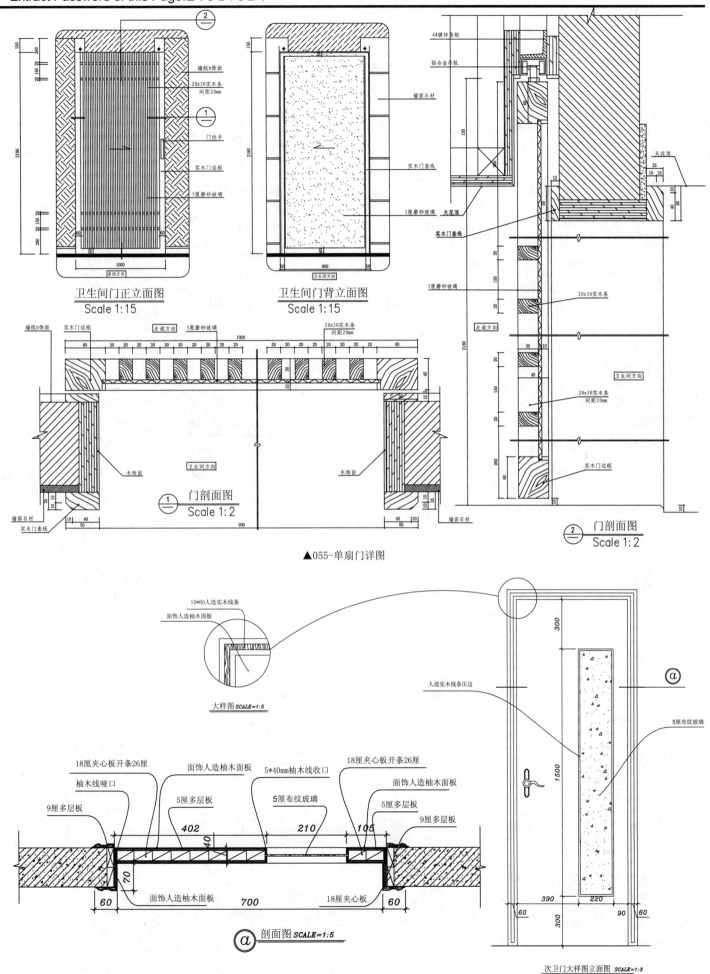

卫生间门正立面图
Scale 1:15

卫生间门背立面图
Scale 1:15

门剖面图
Scale 1:2

门剖面图
Scale 1:2

▲055-单扇门详图

大样图 SCALE=1:5

剖面图 SCALE=1:5

次卫门大样图立面图 SCALE=1:3

▲056-次卫门大样图

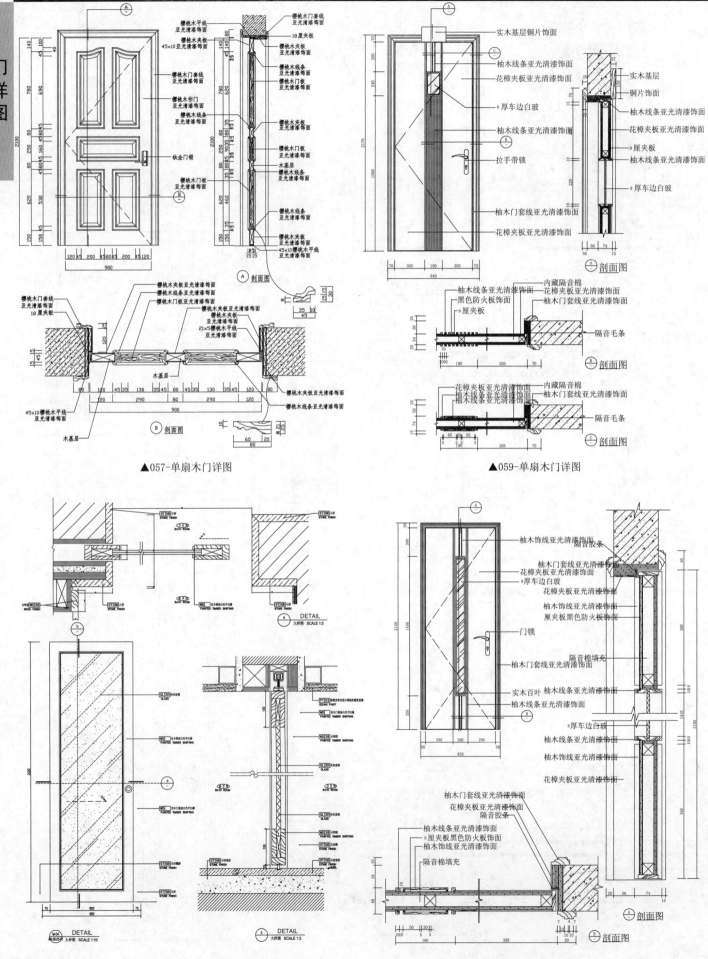

▲057-单扇木门详图

▲059-单扇木门详图

▲058-单开玻璃门

▲060-单扇木门详图

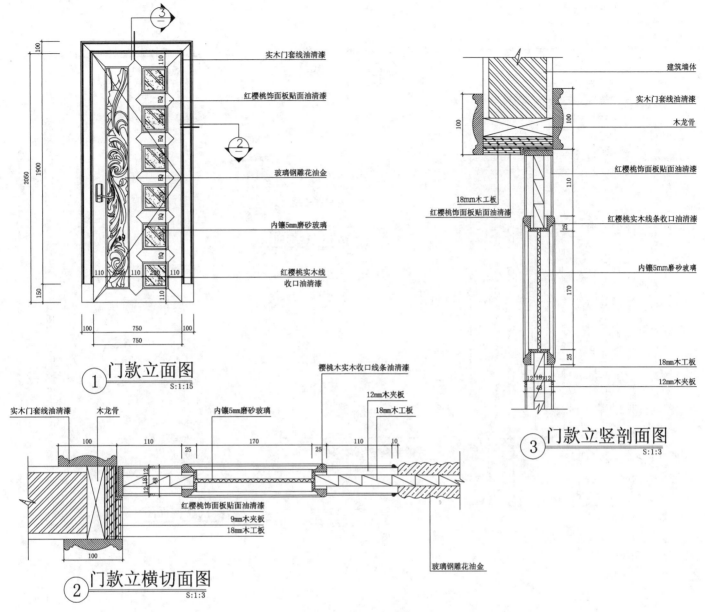

门款立面图
S:1:15

门款立横切面图
S:1:3

门款立竖剖面图
S:1:3

实木门套线油清漆
红樱桃饰面板贴面油清漆
玻璃钢雕花油金
内镶5mm磨砂玻璃
红樱桃实木线收口油清漆

建筑墙体
实木门套线油清漆
木龙骨
红樱桃饰面板贴面油清漆
红樱桃实木线条收口油清漆
内镶5mm磨砂玻璃
18mm木工板
12mm夹板

18mm木工板
红樱桃饰面板贴面油清漆

实木门套线油清漆　木龙骨
内镶5mm磨砂玻璃
櫻桃木实木收口线条油清漆
12mm木夹板
18mm木工板
红樱桃饰面板贴面油清漆
9mm木夹板
18mm木工板
玻璃钢雕花油金

▲061-单扇装饰门木详图

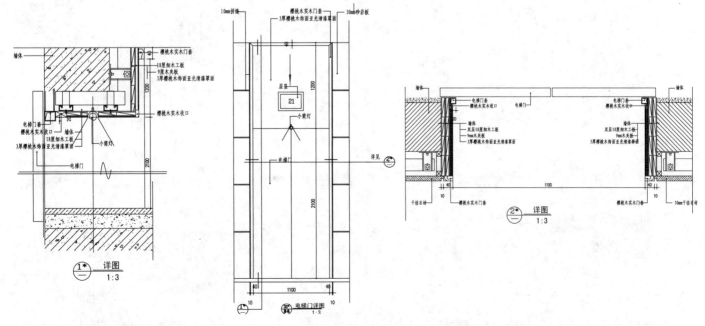

▲062-电梯门详图

本页解压密码：21931924

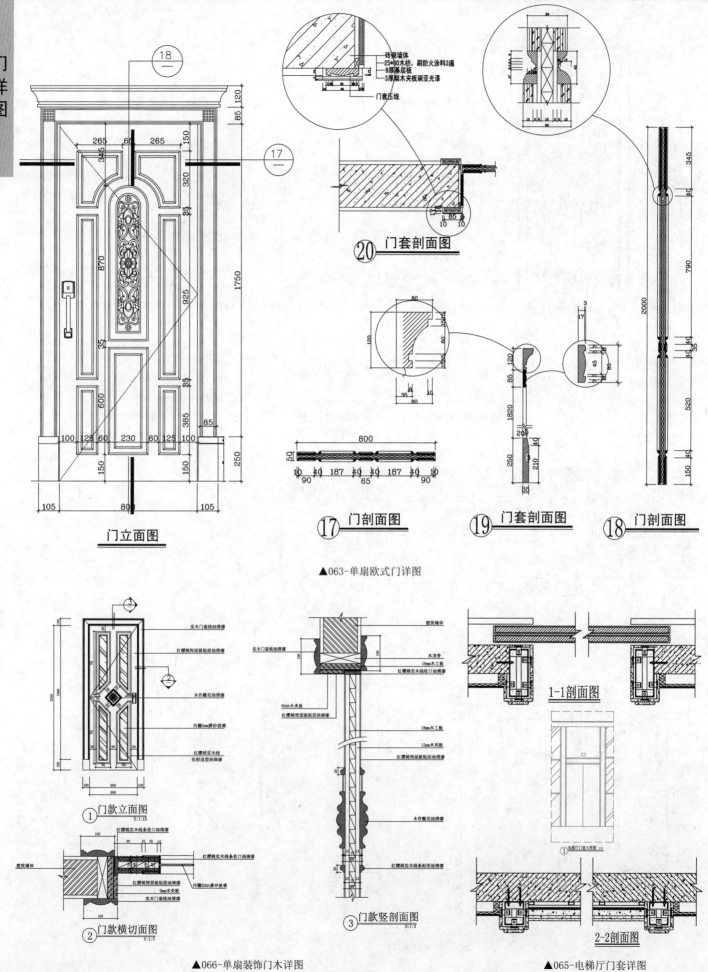

砖砌墙体
25*60木枋，刷防火涂料3遍
9厚基层板
3厚梨木夹板刷亚光漆
门套压线

⑳ 门套剖面图

⑰ 门剖面图

⑲ 门套剖面图

⑱ 门剖面图

▲063-单扇欧式门详图

实木门套线油清漆
红樱桃饰面板贴面油清漆
木作雕花油清漆
内镶5mm磨砂玻璃
红樱桃实木线收框造型油清漆

① 门款立面图

建筑墙体
红樱桃饰面板贴面油清漆
9mm木夹板
实木门套线油清漆

② 门款横切面图

建筑墙体
木龙骨
18mm木工板
红樱桃实木线收口油清漆
18mm木工板
12mm木夹板
红樱桃饰面板贴面油清漆
木作雕花油清漆
红樱桃实木线条贴面油清漆

③ 门款竖剖面图

▲066-单扇装饰门木详图

1-1剖面图

电梯厅门套大样图

2-2剖面图

▲065-电梯厅门套详图

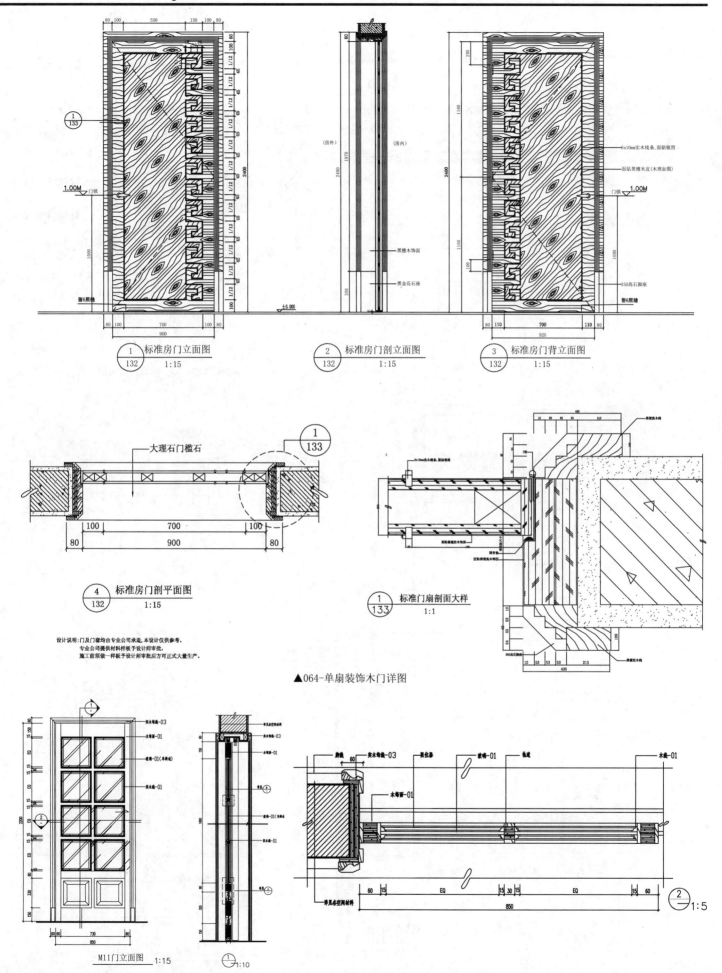

1 标准房门立面图　1:15
132

2 标准房门剖立面图　1:15
132

3 标准房门背立面图　1:15
132

大理石门槛石

4 标准房门剖平面图　1:15
132

1 标准门扇剖面大样　1:1
133

设计说明：门及门套均由专业公司承造，本设计仅供参考。
专业公司提供材料样板予设计师审批。
施工前须做一样板予设计师审批后方可正式大量生产。

▲064-单扇装饰木门详图

M11门立面图　1:15

▲067-法式别墅门详图

门详图

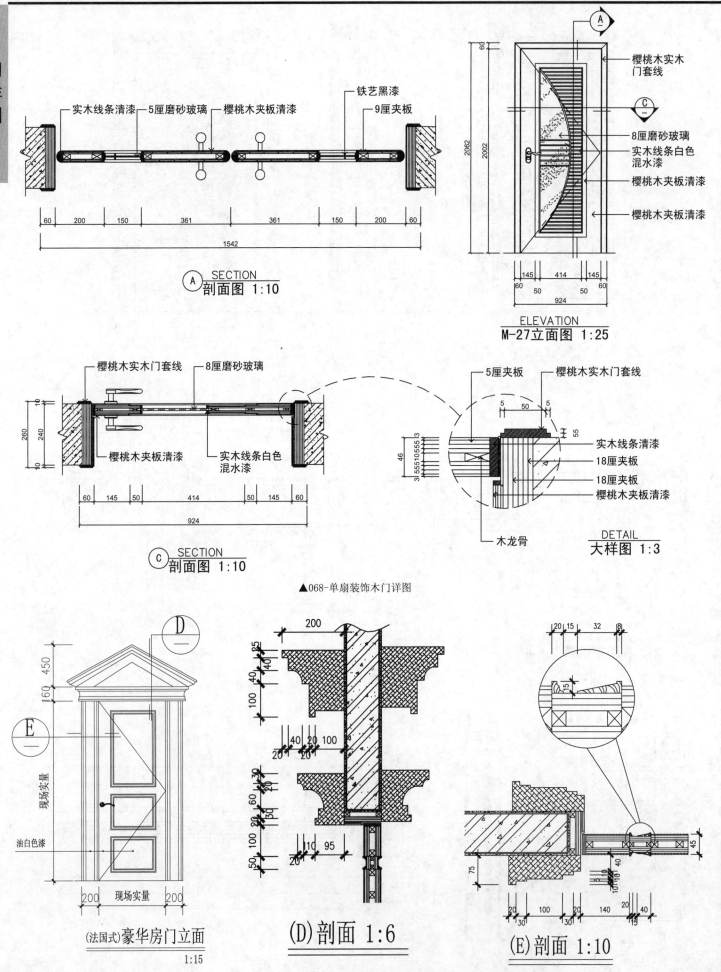

实木线条清漆　5厘磨砂玻璃　樱桃木夹板清漆　铁艺黑漆　9厘夹板

A SECTION
剖面图 1:10

樱桃木实木门套线

8厘磨砂玻璃
实木线条白色混水漆
樱桃木夹板清漆
樱桃木夹板清漆

ELEVATION
M-27立面图 1:25

樱桃木实木门套线　8厘磨砂玻璃

樱桃木夹板清漆　实木线条白色混水漆

C SECTION
剖面图 1:10

5厘夹板　樱桃木实木门套线

实木线条清漆
18厘夹板
18厘夹板
樱桃木夹板清漆

木龙骨

DETAIL
大样图 1:3

▲068-单扇装饰木门详图

现场实量
油白色漆
现场实量

(法国式)豪华房门立面
1:15

(D)剖面 1:6

(E)剖面 1:10

▲069-法式豪华门详图

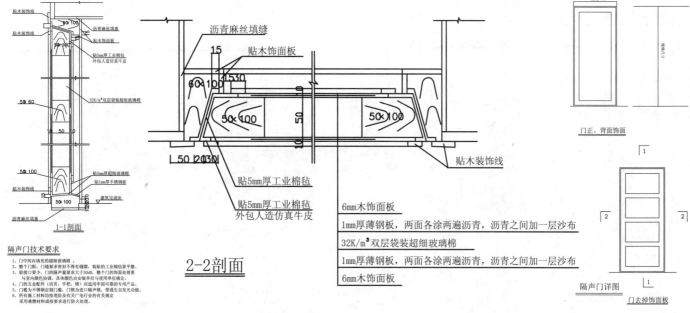

沥青麻丝填缝
贴木饰面板
贴木装饰线
贴5mm厚工业棉毡
贴5mm厚工业棉毡
外包人造仿真牛皮

2-2剖面

6mm木饰面板
1mm厚薄钢板，两面各涂两遍沥青，沥青之间加一层沙布
32K/m³双层袋装超细玻璃棉
1mm厚薄钢板，两面各涂两遍沥青，沥青之间加一层沙布
6mm木饰面板

1-1剖面

隔声门技术要求

1、门中间内填充的超细玻璃棉。
2、整个门框，门缝密封不得有缝隙，装贴的工业棉毡要平整。
3、装接口要少，门的隔声量要求大于30db，整个门的饰面处理要与室内颜色协调，具体颜色由安装单位与使用单位确定。
4、门的五金配件（活页，手把，锁）应选用牢固可靠的专用品。
5、门框为不锈钢定制门槛，门槛为进口隔声橡胶，带造生自发光功能。
6、所有施工材料均按消防及有关广电行业的有关规定采用难燃材料或按要求进行防火处理。

门正、背面饰面

隔声门详图

门去掉饰面板

▲070-隔声门详图

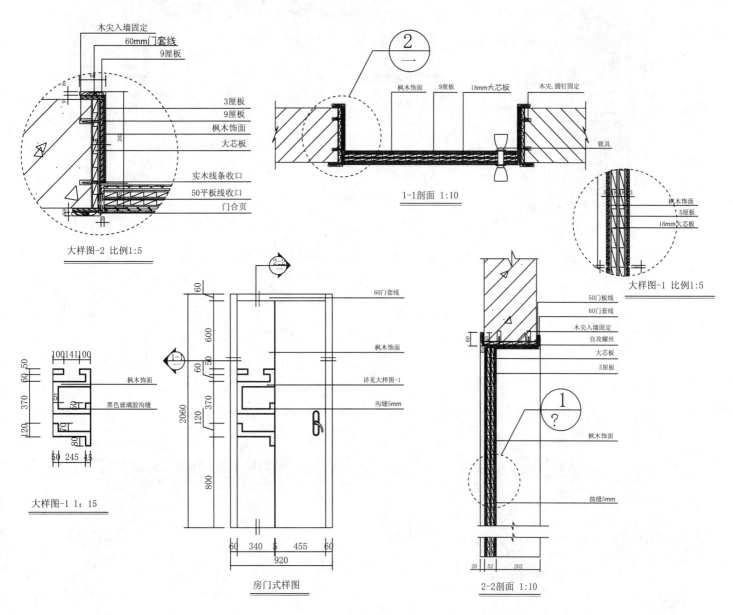

木尖入墙固定
60mm门套线
9厘板

3厘板
9厘板
枫木饰面
大芯板

实木线条收口
50平板线收口
门合页

大样图-2 比例1:5

枫木饰面　9厘板　18mm大芯板　木尖,圆钉固定

锁具

1-1剖面 1:10

枫木饰面
5厘板
18mm大芯板

大样图-1 比例1:5

枫木饰面
黑色玻璃胶沟缝

大样图-1 1:15

60门套线
枫木饰面
详见大样图-1
沟缝5mm

房门式样图

50门板线
60门套线
木尖入墙固定
自攻螺丝
大芯板
5厘板
枫木饰面
抽缝5mm

2-2剖面 1:10

▲071-枫木饰面门详图

本页解压密码: 21931924

门
详
图

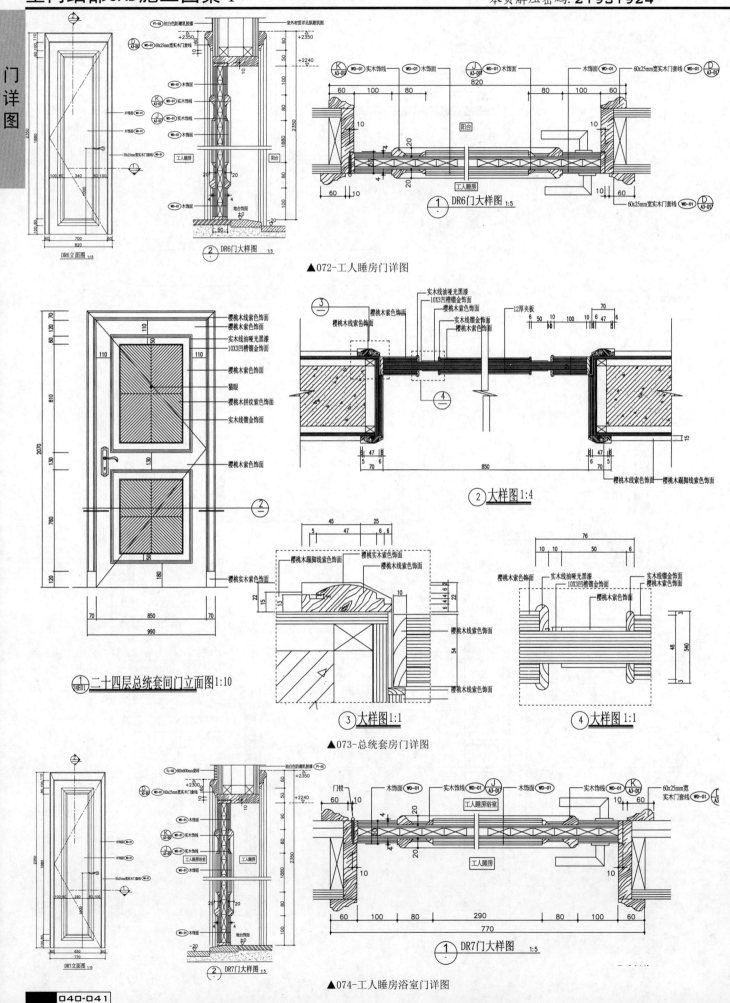

DR6立面图 1:15

② DR6门大样图 1:5

① DR6门大样图 1:5

▲072-工人睡房门详图

① 二十四层总统套间门立面图 1:10

② 大样图 1:4

③ 大样图 1:1

④ 大样图 1:1

▲073-总统套房门详图

DR7立面图 1:15

② DR7门大样图 1:5

① DR7门大样图 1:5

▲074-工人睡房浴室门详图

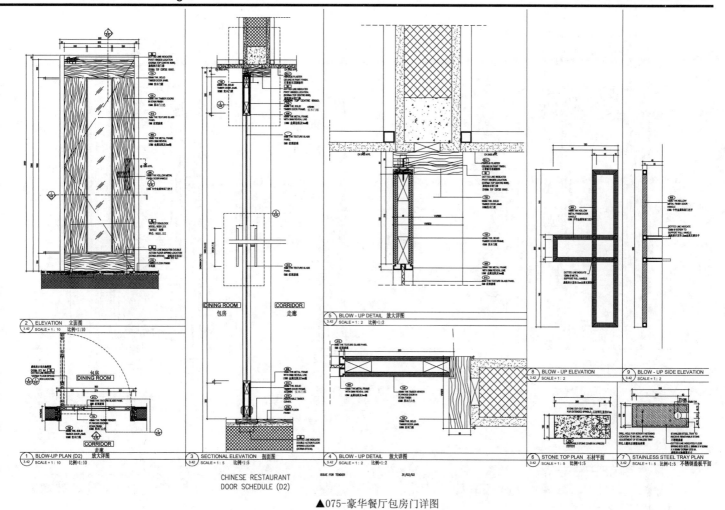

▲075-豪华餐厅包房门详图

▲076-豪华客房门详图

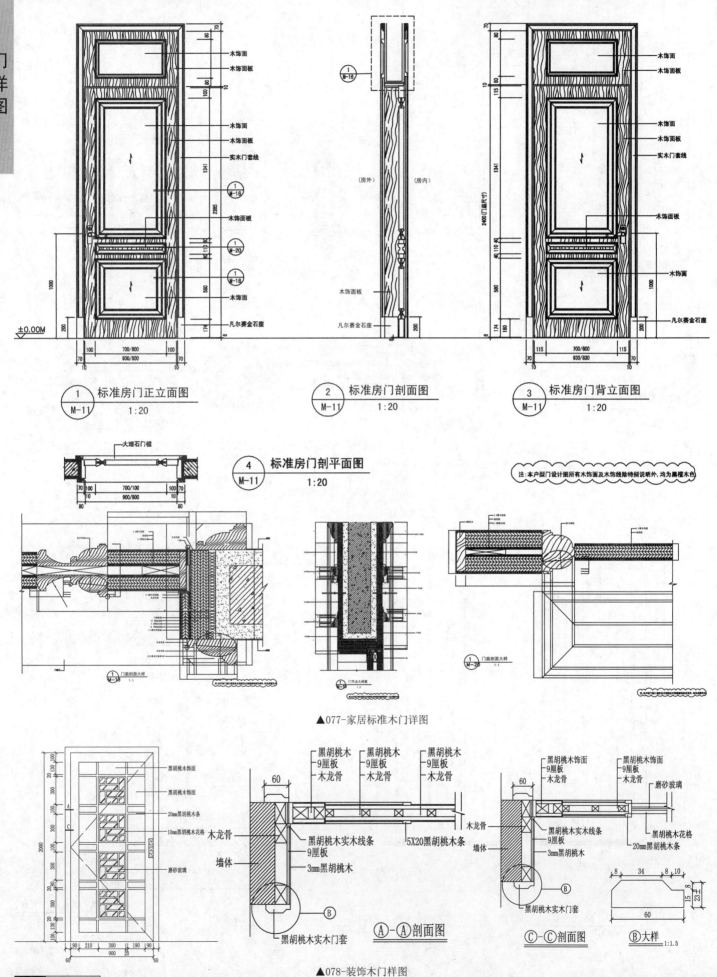

木饰面
木饰面板

木饰面
木饰面板
实木门套线

①
M-16

木饰面板

①
M-20

①
M-16

木饰面

凡尔赛金石座

①
M-11 标准房门正立面图 1:20

②
M-11 标准房门剖面图 1:20

③
M-11 标准房门背立面图 1:20

④
M-11 标准房门剖平面图 1:20

大理石门槛

木饰面板

凡尔赛金石座

注:本户型门设计图所有木饰面及木饰线条除特别说明外,均为黑檀木色

▲077-家居标准木门详图

黑胡桃木饰面
黑胡桃木饰面
20mm黑胡桃木条
10mm黑胡桃木花格
磨砂玻璃

黑胡桃木
9厘板
木龙骨

黑胡桃木
9厘板
木龙骨

黑胡桃木
9厘板
木龙骨

黑胡桃木饰面
9厘板
木龙骨

黑胡桃木饰面
9厘板
木龙骨

磨砂玻璃

木龙骨

黑胡桃木实木线条
9厘板
3mm黑胡桃木

5X20黑胡桃木条

木龙骨
墙体

黑胡桃木实木线条
9厘板
3mm黑胡桃木

黑胡桃木花格
20mm黑胡桃木条

木龙骨
墙体

黑胡桃木实木门套

Ⓐ-Ⓐ 剖面图

Ⓒ-Ⓒ 剖面图

Ⓑ 大样 1:1.5

黑胡桃木实木门套

▲078-装饰木门样图

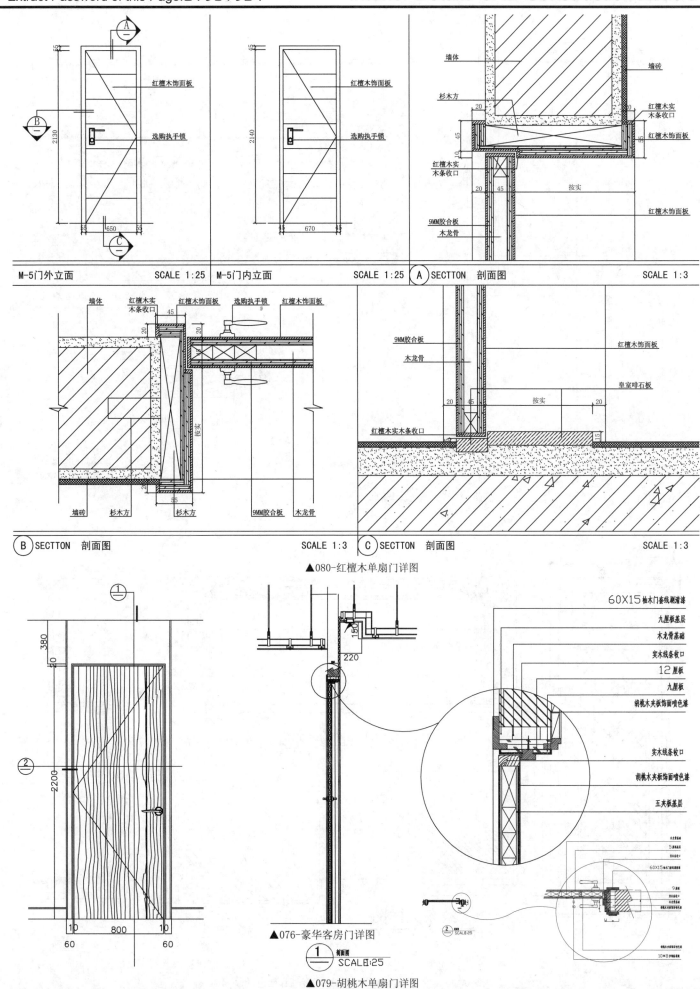

红檀木饰面板
选购执手锁

红檀木饰面板
选购执手锁

墙体
墙砖
杉木方
红檀木实木条收口
红檀木饰面板
红檀木实木条收口
按实
红檀木饰面板
9MM胶合板
木龙骨

M-5门外立面   SCALE 1:25   M-5门内立面   SCALE 1:25   Ⓐ SECTTON 剖面图   SCALE 1:3

墙体 红檀木实木条收口 红檀木饰面板 选购执手锁 红檀木饰面板

9MM胶合板
木龙骨
红檀木饰面板
皇室啡石板
红檀木实木条收口
按实

墙砖 杉木方 杉木方 9MM胶合板 木龙骨

Ⓑ SECTTON 剖面图   SCALE 1:3   Ⓒ SECTTON 剖面图   SCALE 1:3

▲080-红檀木单扇门详图

60X15柚木门套线刷清漆
九厘板基层
木龙骨基础
实木线条收口
12厘板
九厘板
胡桃木夹板饰面喷色漆

实木线条收口
胡桃木夹板饰面喷色漆
五夹板基层

▲076-豪华客房门详图

① 剖面图
SCALE 1:25

▲079-胡桃木单扇门详图

门
详
图

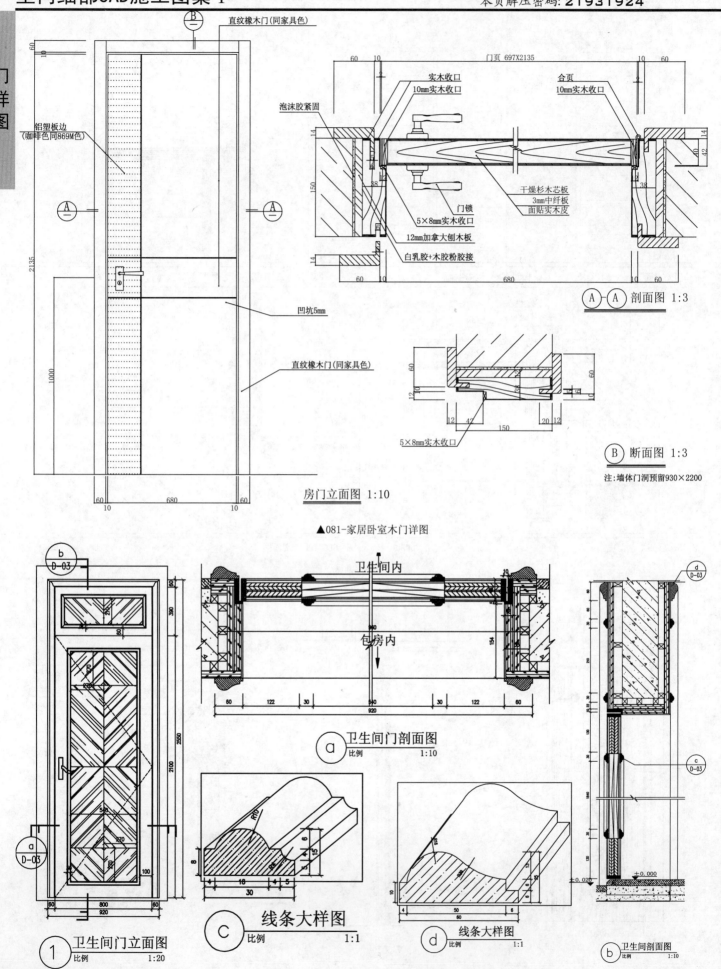

直纹橡木门(同家具色)

铝塑板边
(咖啡色同869M色)

门页 697X2135

实木收口
10mm实木收口

合页
10mm实木收口

泡沫胶紧固

门锁
5×8mm实木收口
12mm加拿大刨木板

干燥杉木芯板
3mm中纤板
面贴实木皮

白乳胶+木胶粉胶接

$\dfrac{A}{A}$ 剖面图 1:3

凹坑5mm

直纹橡木门(同家具色)

5×8mm实木收口

B 断面图 1:3

注:墙体门洞预留930×2200

房门立面图 1:10

▲081-家居卧室木门详图

卫生间内

包房内

a 卫生间门剖面图 比例 1:10

卫生间门立面图 比例 1:20

c 线条大样图 比例 1:1

d 线条大样图 比例 1:1

b 卫生间剖面图 比例 1:10

▲082-黑檀木卫生间单门详图

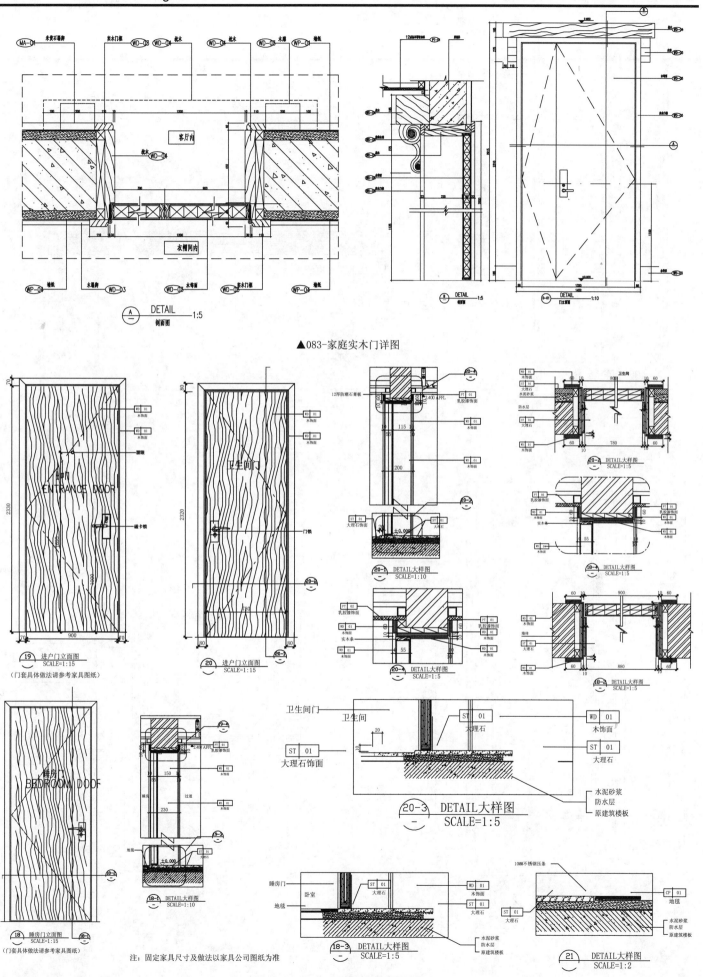

▲083-家庭实木门详图

▲084-酒店进户单扇门详图

注：固定家具尺寸及做法以家具公司图纸为准

门详图

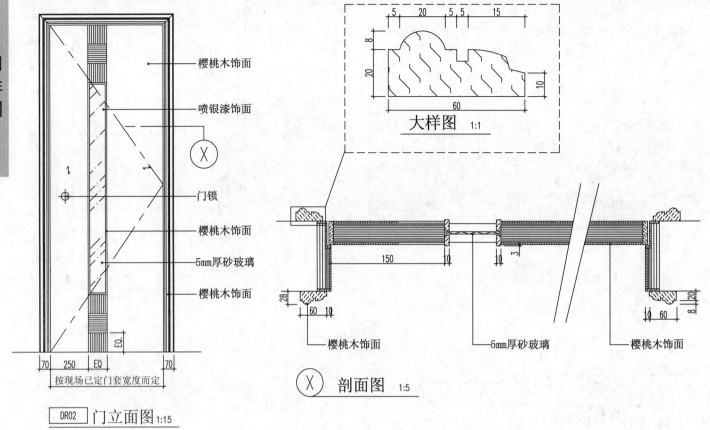

樱桃木饰面

喷银漆饰面

门锁

樱桃木饰面

5mm厚砂玻璃

樱桃木饰面

70 | 250 | EQ | | 70

按现场已定门套宽度而定

DR02 门立面图 1:15

大样图 1:1

60

樱桃木饰面

5mm厚砂玻璃

樱桃木饰面

X 剖面图 1:5

▲085-简易单扇门详图

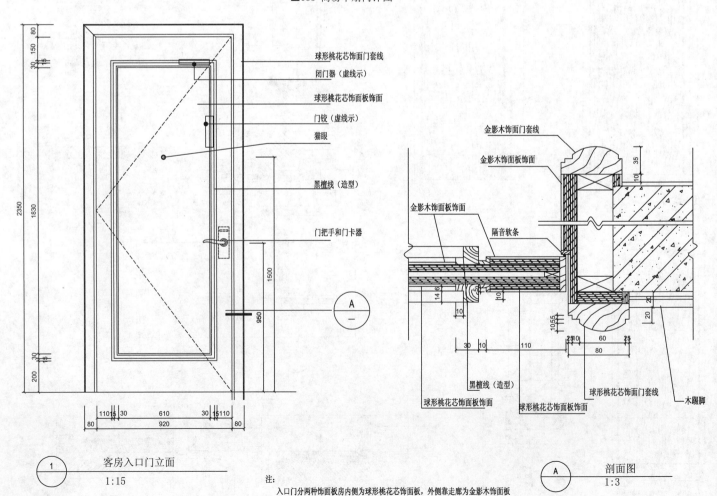

球形桃花芯饰面门套线

闭门器（虚线示）

球形桃花芯饰面板饰面

门铰（虚线示）

猫眼

黑檀线（造型）

门把手和门卡器

金影木饰面门套线

金影木饰面板饰面

金影木饰面板饰面

隔音软条

黑檀线（造型）

球形桃花芯饰面板饰面

球形桃花芯饰面板饰面

球形桃花芯饰面门套线

木踢脚

1 客房入口门立面 1:15

A 剖面图 1:3

注:
入口门分两种饰面板房内侧为球形桃花芯饰面板，外侧靠走廊为金影木饰面板

▲086-酒店客房入口门详图

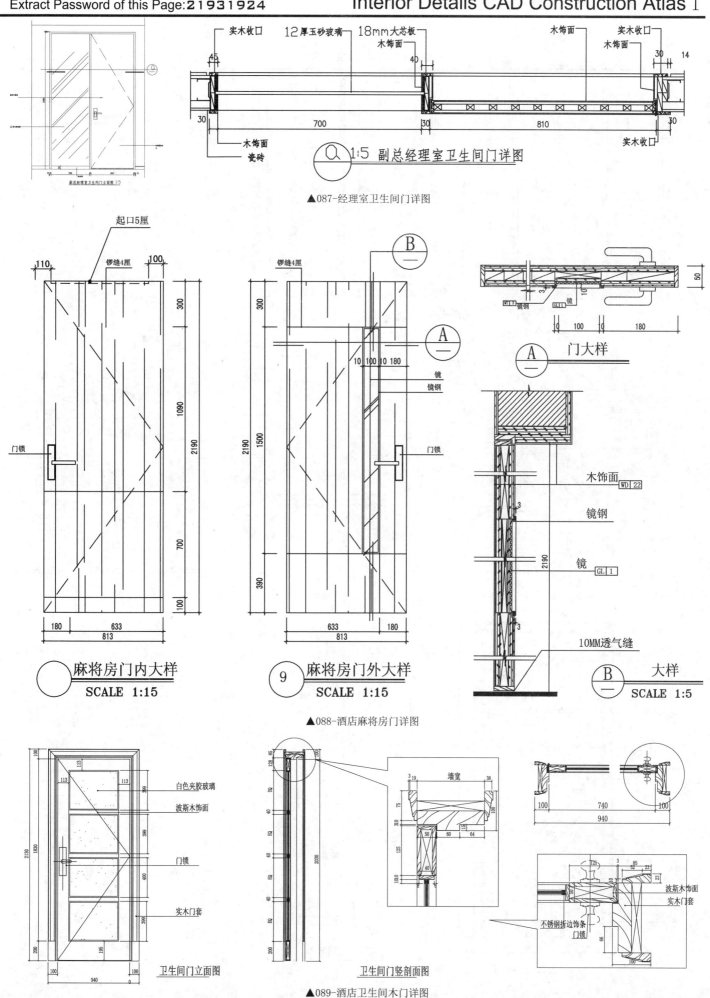

▲087-经理室卫生间门详图

1:5 副总经理室卫生间门详图

实木收口　12厚玉砂玻璃　18mm大芯板　木饰面　实木收口

木饰面　瓷砖

起口5厘　锣缝4厘

麻将房门内大样 SCALE 1:15

麻将房门外大样 SCALE 1:15

门大样　镜钢　镜　木饰面 WD 22　镜钢　镜 GL 1　10MM透气缝

大样 SCALE 1:5

▲088-酒店麻将房门详图

白色夹胶玻璃　波斯木饰面　门锁　实木门套

卫生间门立面图　卫生间门竖剖面图

墙宽

波斯木饰面　实木门套　不锈钢折边饰条　门锁

▲089-酒店卫生间木门详图

門
詳
圖

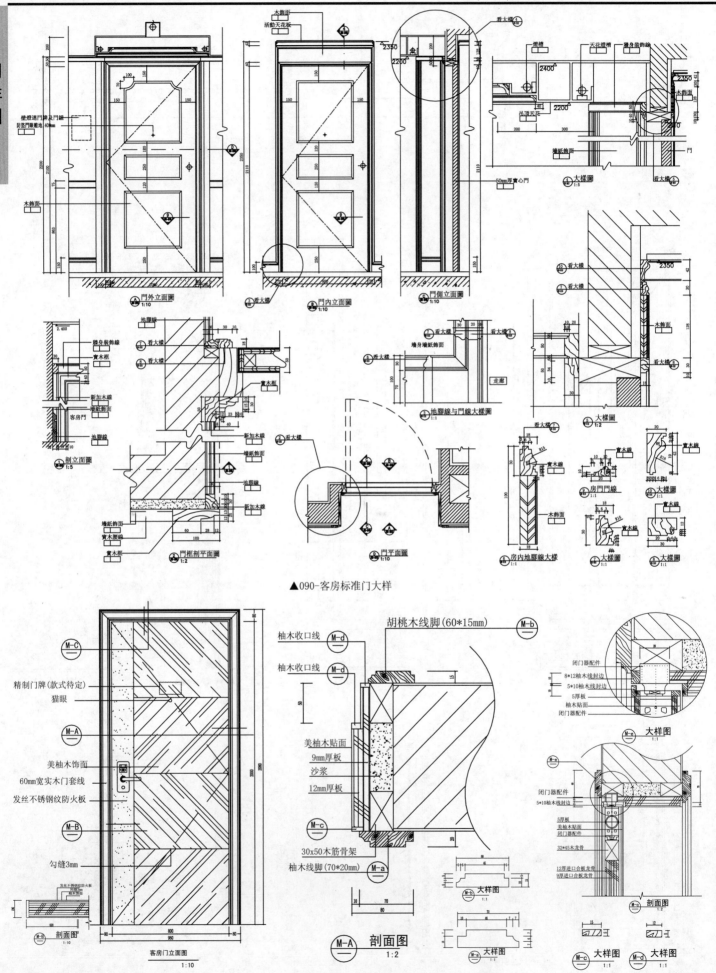

▲090-客房标准门大样

▲093-客房单扇木门详图

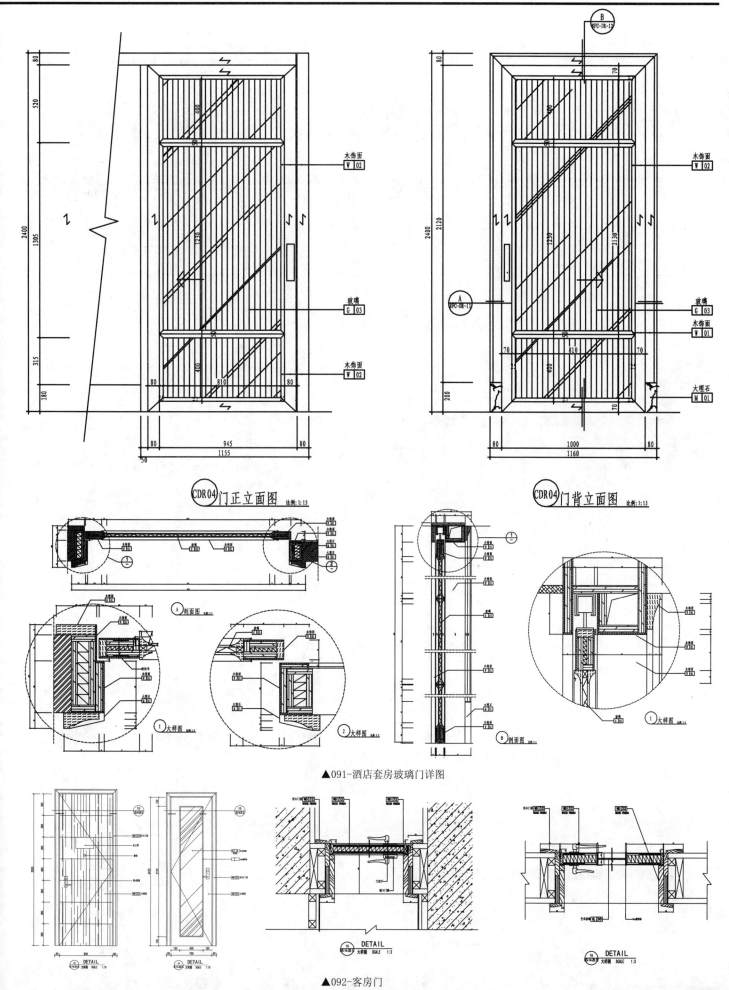

CDR04 门正立面图 比例: 1:15

CDR04 门背立面图 比例: 1:15

▲091-酒店套房玻璃门详图

▲092-客房门

门详图

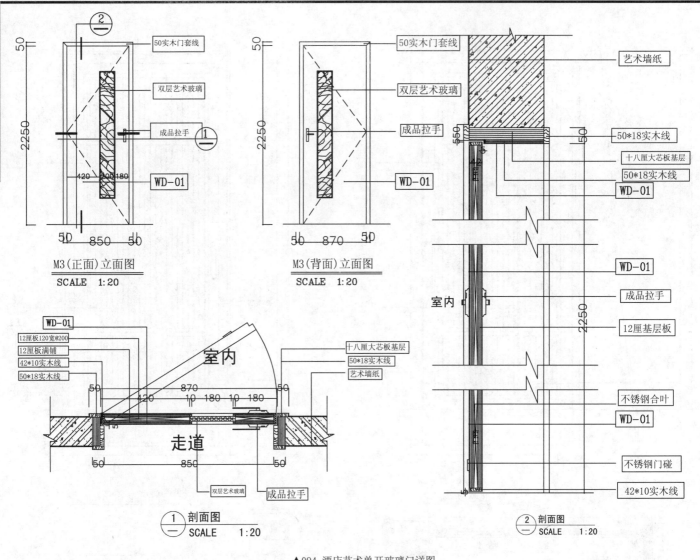

M3(正面)立面图
SCALE 1:20

50实木门套线
双层艺术玻璃
成品拉手
WD-01

M3(背面)立面图
SCALE 1:20

50实木门套线
双层艺术玻璃
成品拉手
WD-01

艺术墙纸
50*18实木线
十八厘大芯板基层
50*18实木线
WD-01
WD-01
成品拉手
12厘基层板
WD-01
不锈钢合叶
WD-01
不锈钢门碰
42*10实木线

WD-01
12厘板120宽@200
12厘板满铺
42*10实木线
50*18实木线
十八厘大芯板基层
50*18实木线
艺术墙纸

室内
走道

双层艺术玻璃
成品拉手

① 剖面图
SCALE 1:20

② 剖面图
SCALE 1:20

▲094-酒店艺术单开玻璃门详图

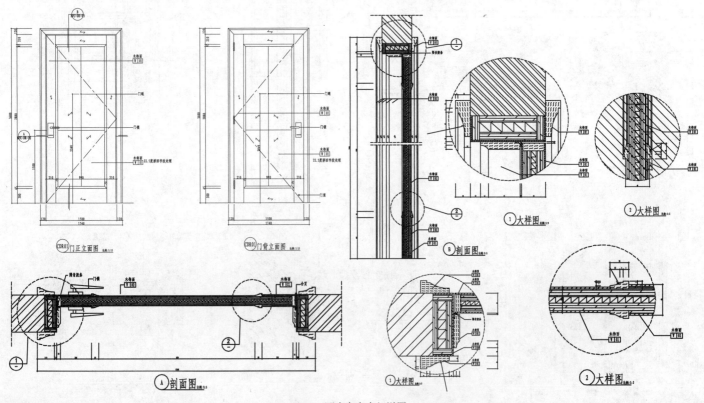

▲095-酒店套房木门详图

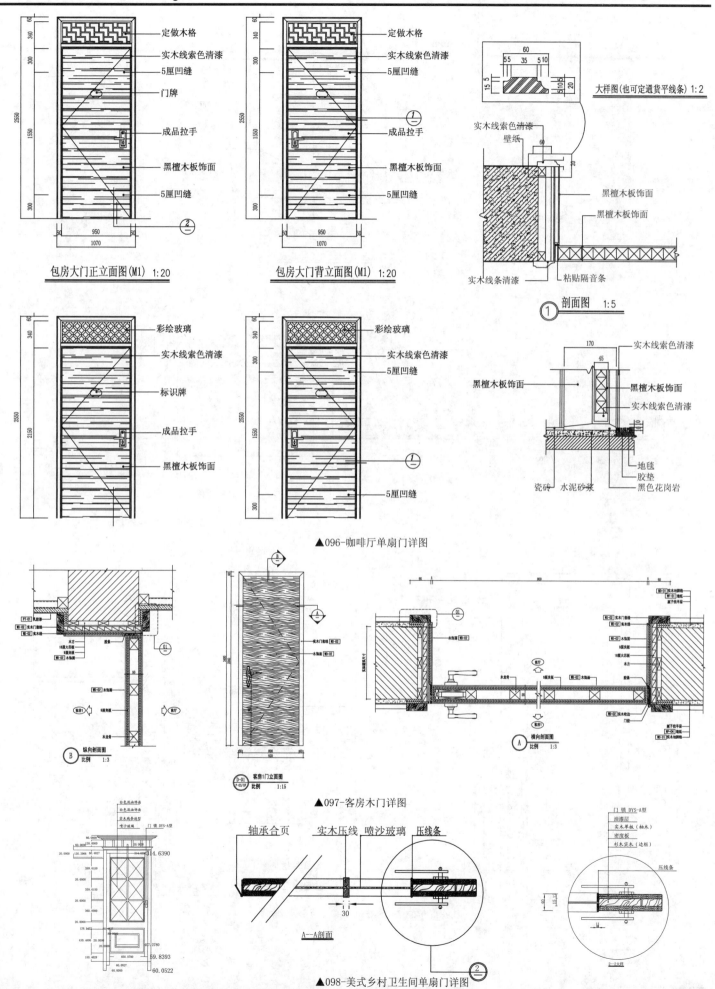

包房大门正立面图(M1) 1:20

定做木格
实木线索色清漆
5厘凹缝
门牌
成品拉手
黑檀木板饰面
5厘凹缝

包房大门背立面图(M1) 1:20

定做木格
实木线索色清漆
5厘凹缝
成品拉手
黑檀木板饰面
5厘凹缝

大样图(也可定通货平线条) 1:2

实木线索色清漆
壁纸
黑檀木板饰面
黑檀木板饰面
实木线条清漆
粘贴隔音条

剖面图 1:5

彩绘玻璃
实木线索色清漆
标识牌
成品拉手
黑檀木板饰面

彩绘玻璃
实木线索色清漆
5厘凹缝
黑檀木板饰面
5厘凹缝

实木线索色清漆
黑檀木板饰面
黑檀木板饰面
实木线索色清漆
地毯
胶垫
黑色花岗岩
瓷砖 水泥砂浆

▲096-咖啡厅单扇门详图

纵向剖面图
比例 1:3

客房1门立面图
比例 1:15

横向剖面图
比例 1:3

▲097-客房木门详图

轴承合页 实木压线 喷沙玻璃 压线条

A—A剖面

门 锁 DYS-A型
油漆层
实木单板（柚木）
密度板
杉木实木（边框）
压线条

▲098-美式乡村卫生间单扇门详图

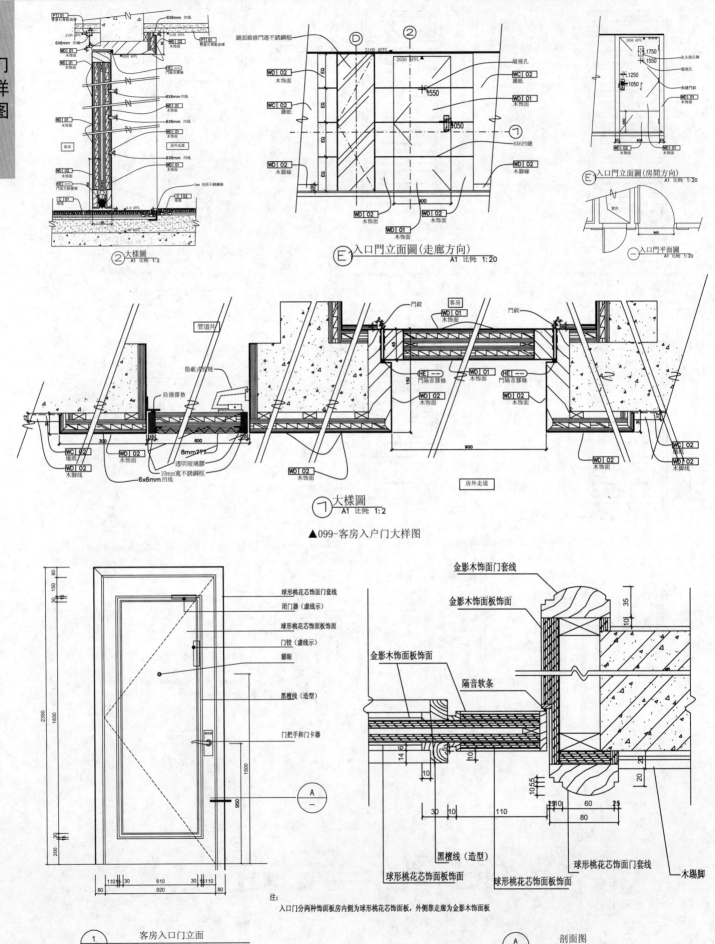

② 大样圖 A1 比例: 1:2

ⓔ 入口門立面圖(走廊方向) A1 比例: 1:20

ⓔ 入口門立面圖(房間方向) A1 比例: 1:20

一 入口門平面圖 A1 比例: 1:20

⑦ 大樣圖 A1 比例: 1:2

▲099-客房入户门大样图

1 客房入口门立面 1:15

A 剖面图 1:3

注:
入口门分两种饰面板房内侧为球形桃花芯饰面板,外侧靠走廊为金影木饰面板

球形桃花芯饰面门套线
闭门器(虚线示)
球形桃花芯饰面板饰面
门铰(虚线示)
猫眼
黑檀线(造型)
门把手和门卡器

金影木饰面门套线
金影木饰面板饰面
金影木饰面板饰面
隔音软条
黑檀线(造型)
球形桃花芯饰面板饰面
球形桃花芯饰面板饰面
球形桃花芯饰面门套线
木踢脚

▲101-客房入口门节点

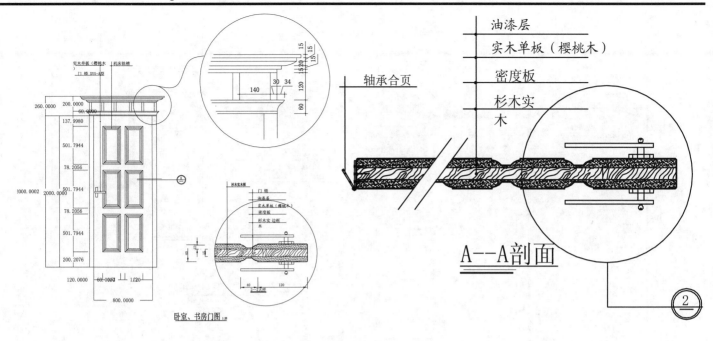

▲100-美式乡村单扇门详图

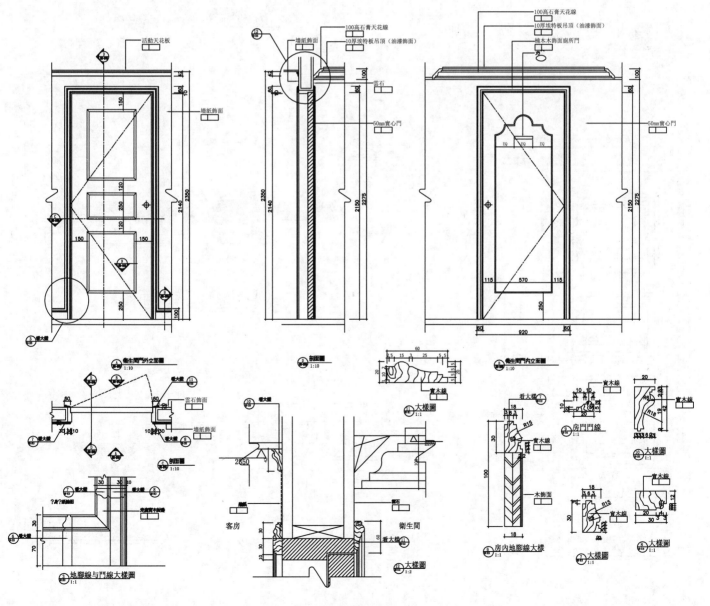

▲102-客房卫生间门大样

门详图

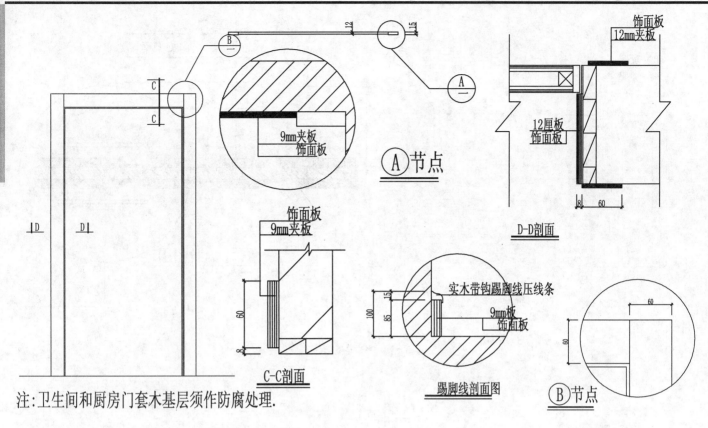

9mm夹板
饰面板

饰面板
12mm夹板

12厘板
饰面板

Ⓐ 节点

D-D剖面

饰面板
9mm夹板

实木带钩踢脚线压线条
9mm板
饰面板

C-C剖面

踢脚线剖面图

Ⓑ 节点

注：卫生间和厨房门套木基层须作防腐处理.

▲103-门节点

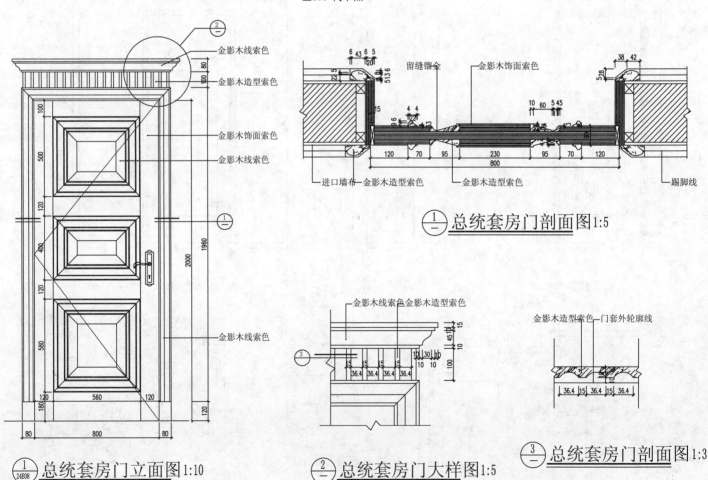

金影木线索色
金影木造型索色
金影木饰面索色
金影木线索色

金影木线索色

留缝镏金   金影木饰面索色

进口墙布   金影木造型索色   金影木造型索色   踢脚线

$\frac{1}{}$ 总统套房门剖面图 1:5

金影木线索色 金影木造型索色

金影木造型索色 门套外轮廓线

$\frac{1}{24E08}$ 总统套房门立面图 1:10

$\frac{2}{}$ 总统套房门大样图 1:5

$\frac{3}{}$ 总统套房门剖面图 1:3

▲104-总统套房门详图

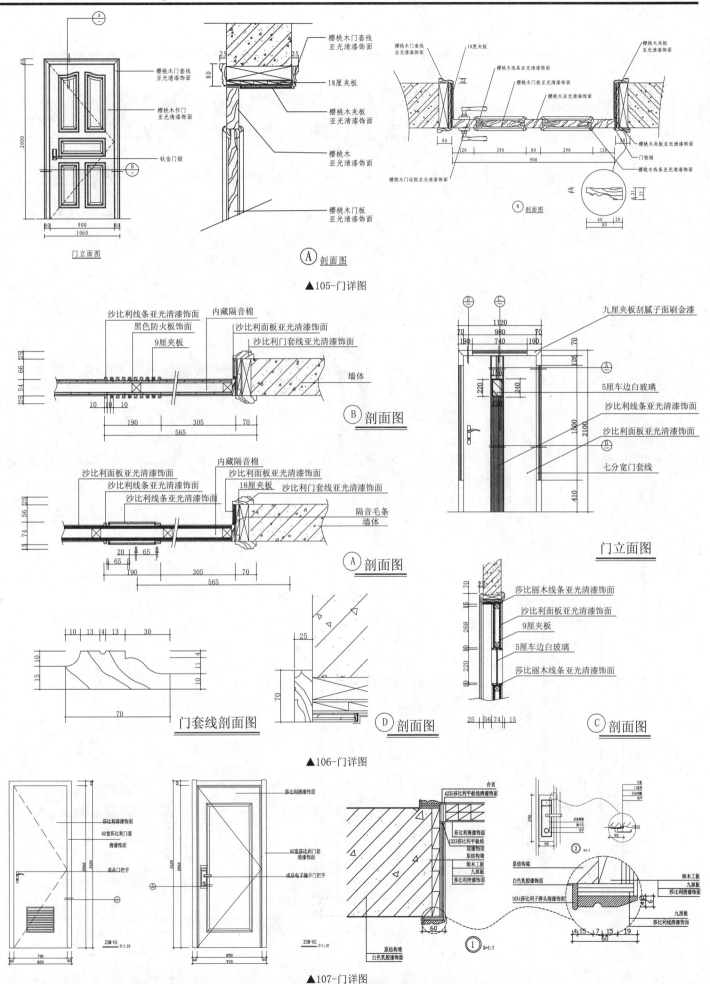

樱桃木门套线亚光清漆饰面

樱桃木作门亚光清漆饰面

钛金门锁

门立面图

樱桃木门套线亚光清漆饰面

18厘夹板

樱桃木夹板亚光清漆饰面

樱桃木亚光清漆饰面

樱桃木门板亚光清漆饰面

Ⓐ 剖面图

樱桃木门套线亚光清漆饰面
18厘夹板
樱桃木线条亚光清漆饰面
樱桃木门板亚光清漆饰面
樱桃木亚光清漆饰面
樱桃木夹板亚光清漆饰面
樱桃木门边框亚光清漆饰面
门铰链
樱桃木线条亚光清漆饰面

Ⓑ 剖面图

▲105-门详图

沙比利线条亚光清漆饰面
黑色防火板饰面
9厘夹板
内藏隔音棉
沙比利面板亚光清漆饰面
沙比利门套线亚光清漆饰面
墙体

Ⓑ 剖面图

沙比利面板亚光清漆饰面
沙比利线条亚光清漆饰面
沙比利线条亚光清漆饰面
内藏隔音棉
沙比利面板亚光清漆饰面
18厘夹板
沙比利门套线亚光清漆饰面
隔音毛条
墙体

Ⓐ 剖面图

门套线剖面图

Ⓓ 剖面图

▲106-门详图

九厘夹板刮腻子面刷金漆
5厘车边白玻璃
沙比利线条亚光清漆饰面
沙比利面板亚光清漆饰面
七分宽门套线

门立面图

莎比丽木线条亚光清漆饰面
沙比利面板亚光清漆饰面
9厘夹板
5厘车边白玻璃
莎比丽木线条亚光清漆饰面

Ⓒ 剖面图

莎比利清漆饰面
莎比利清漆饰面
60宽莎比利门套清漆饰面
成品门把手

ZSM-01 S=1:10

莎比利清漆饰面
60宽莎比利门套清漆饰面
成品电子插卡门把手

ZSM-02 S=1:10

合页
42X5莎比利平板线清漆饰面
莎比利清漆饰面
12X3莎比利平板线清漆饰面
原结饰面
原结构墙
细木工板
九厘板
莎比利清漆饰面

原结构墙
白色乳胶漆饰面

① S=1:5

门套
门边门套
后加饰板

② P=1:5

原结构墙
白色乳胶漆饰面
16X4莎比利弹头清漆饰面
细木工板
九厘板
莎比利清漆饰面
九厘板
莎比利清漆饰面

▲107-门详图

门
详
图

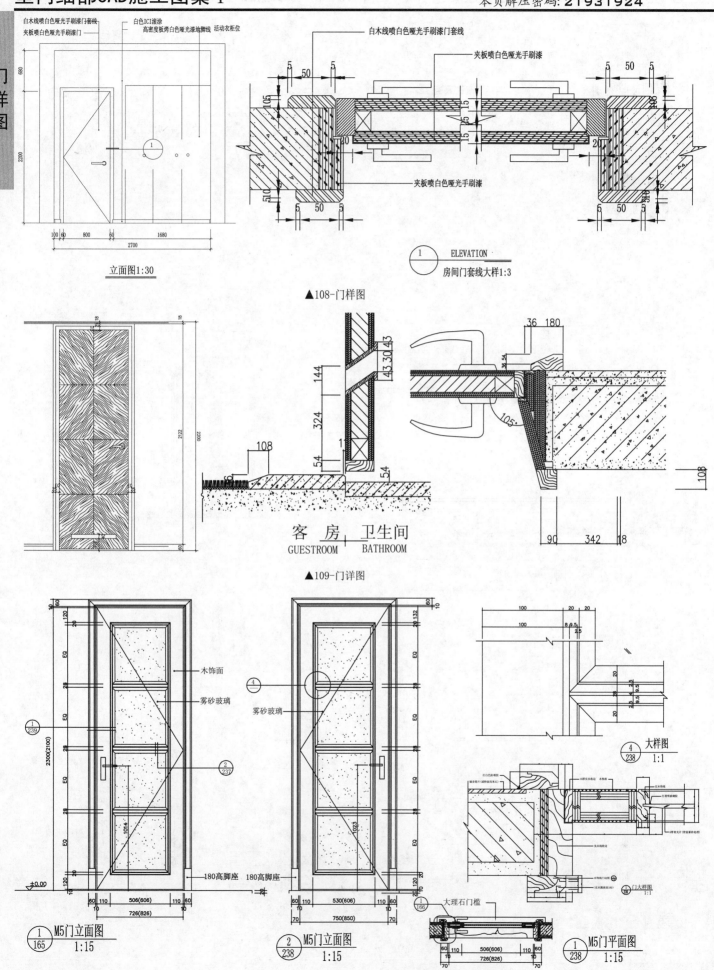

立面图1:30

① ELEVATION
房间门套线大样1:3

▲108-门样图

客 房 ╪ 卫生间
GUESTROOM BATHROOM

▲109-门详图

木饰面

雾砂玻璃

雾砂玻璃

180高脚座 180高脚座

大样图 ④
238 1:1

大理石门槛

① M5门立面图
165 1:15

② M5门立面图
238 1:15

① M5门平面图
238 1:15

▲110-磨砂玻璃单扇门详图

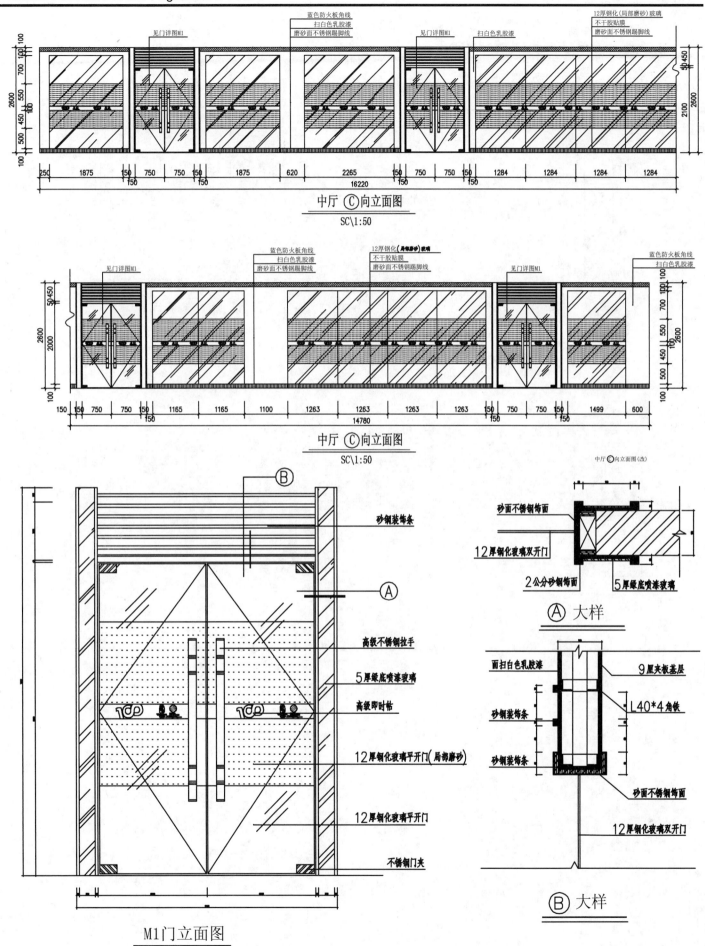

中厅 Ⓒ 向立面图
SC\1:50

中厅 Ⓒ 向立面图
SC\1:50

中厅 Ⓒ 向立面图（改）

M1门立面图

Ⓐ 大样

Ⓑ 大样

注；所有门套均改此做法　　　　　▲111-门装修详图

本页解压密码：21931924

门
详
图

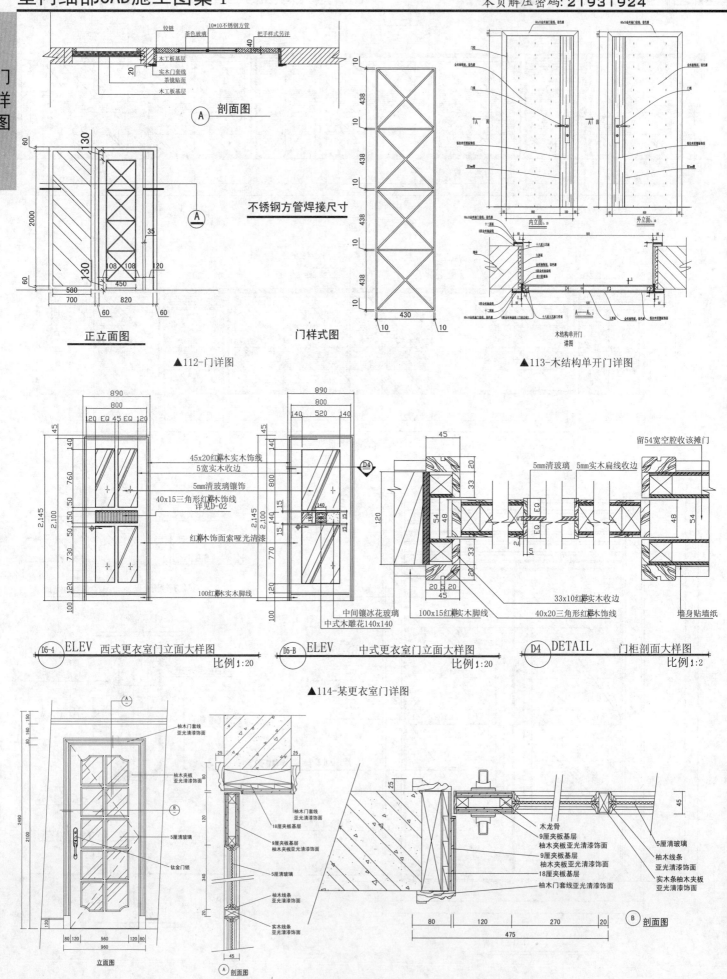

▲112-门详图

▲113-木结构单开门详图

▲114-某更衣室门详图

▲115-木门详图

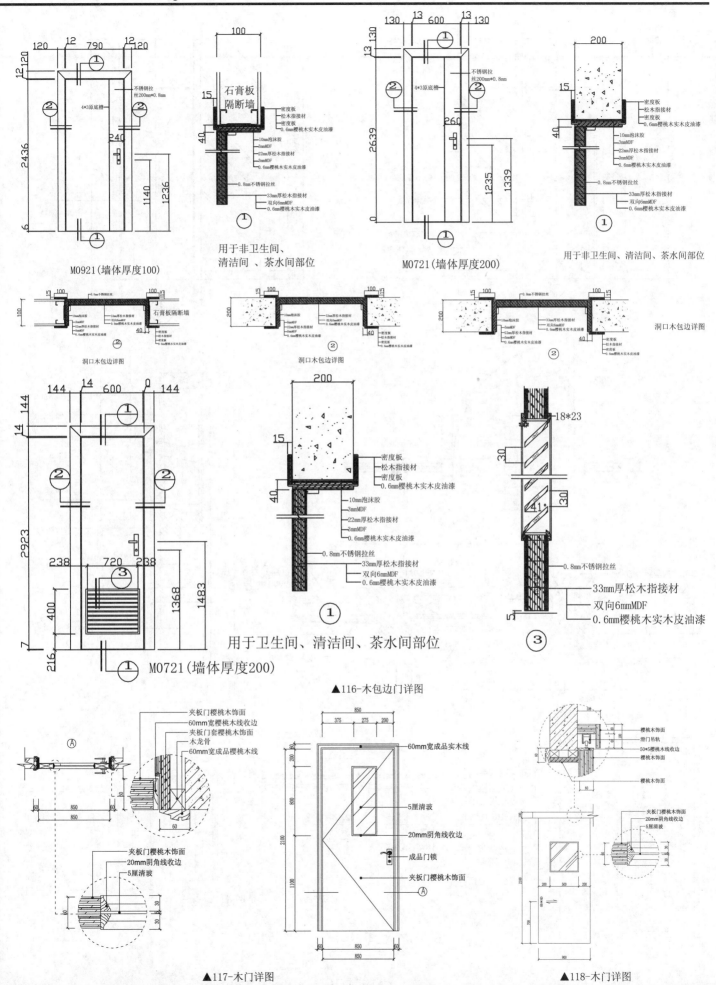

M0921(墙体厚度100)

石膏板隔断墙

用于非卫生间、清洁间、茶水间部位

M0721(墙体厚度200)

用于非卫生间、清洁间、茶水间部位

洞口木包边详图

洞口木包边详图

洞口木包边详图

M0721(墙体厚度200)

用于卫生间、清洁间、茶水间部位

▲116-木包边门详图

▲117-木门详图

▲118-木门详图

门详图

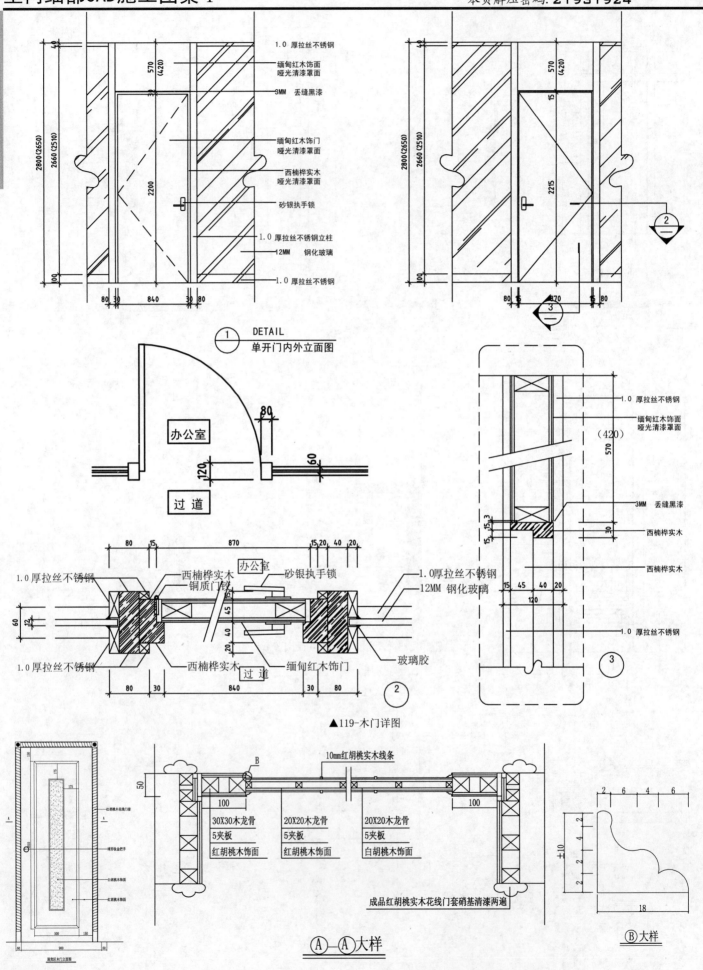

1.0 厚拉丝不锈钢
缅甸红木饰面 哑光清漆罩面
3MM 丢缝黑漆
缅甸红木饰门 哑光清漆罩面
西楠桦实木 哑光清漆罩面
砂银执手锁
1.0 厚拉丝不锈钢立柱
12MM 钢化玻璃
1.0 厚拉丝不锈钢

DETAIL
① 单开门内外立面图

办公室

过道

1.0 厚拉丝不锈钢
西楠桦实木
铜质门铰
办公室
砂银执手锁
1.0厚拉丝不锈钢
12MM 钢化玻璃

1.0 厚拉丝不锈钢
西楠桦实木
缅甸红木饰门
玻璃胶
过道

②

▲119-木门详图

1.0 厚拉丝不锈钢
缅甸红木饰面 哑光清漆罩面
（420）
3MM 丢缝黑漆
西楠桦实木
西楠桦实木
1.0 厚拉丝不锈钢

③

10mm红胡桃实木线条

30X30木龙骨 5夹板 红胡桃木饰面
20X20木龙骨 5夹板 红胡桃木饰面
20X20木龙骨 5夹板 白胡桃木饰面

成品红胡桃实木花线门套硝基清漆两遍

Ⓐ—Ⓐ大样

Ⓑ大样

▲121-木门详图

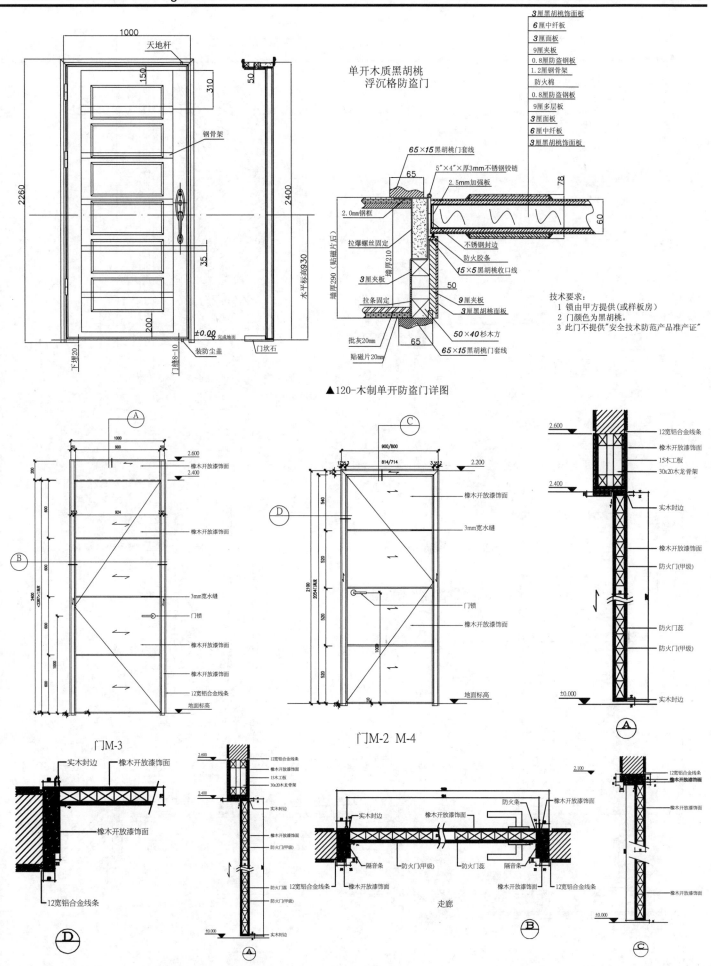

单开木质黑胡桃
浮沉格防盗门

3厘黑胡桃饰面板
6厘中纤板
3厘面板
9夹板
0.8厘防盗钢板
1.2厘钢骨架
防火棉
0.8厘防盗钢板
9厘多层板
3厘面板
6厘中纤板
3厘黑胡桃饰面板

65×15黑胡桃门套线
5"×4"×厚3mm不锈钢铰链
2.5mm加强板

2.0mm钢框
拉爆螺丝固定
不锈钢封边
防火胶条
15×5黑胡桃收口线
3厘夹板
9夹板
3厘黑胡桃面板
拉条固定

批灰20mm
贴磁片20mm
50×40杉木方
65×15黑胡桃门套线

技术要求：
1 锁由甲方提供(或样板房)
2 门颜色为黑胡桃。
3 此门不提供"安全技术防范产品准产证"

▲120-木制单开防盗门详图

门M-3

门M-2 M-4

▲122-木门详图

门
详
图

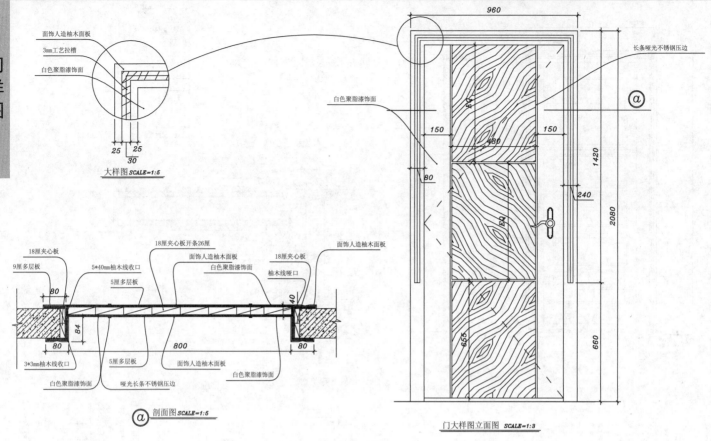

面饰人造柚木面板
3mm工艺拉槽
白色聚脂漆饰面

25 25
30

大样图 *SCALE=1:5*

960

长条哑光不锈钢压边

白色聚脂漆饰面

150   480   150

80

240

1420

2080

655

660

门大样图立面图 *SCALE=1:3*

18厘夹心板
9厘多层板
5*40mm柚木线收口
5厘多层板

18厘夹心板开条26厘
面饰人造柚木面板
白色聚脂漆饰面
柚木线哑口

18厘夹心板
柚木线哑口

面饰人造柚木面板

80   84   40

80   800   80

3*3mm柚木线收口
白色聚脂漆饰面
5厘多层板
面饰人造柚木面板
白色聚脂漆饰面
哑光长条不锈钢压边

@ 剖面图 *SCALE=1:5*

▲123-木制装饰门节点详图

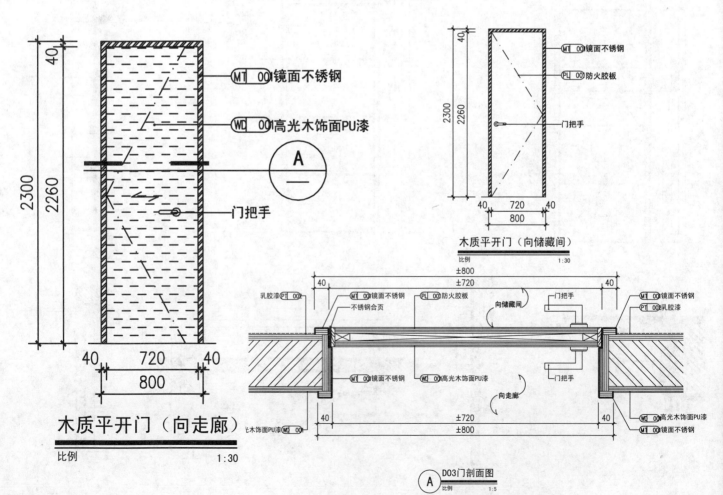

MT 001 镜面不锈钢

WD 001 高光木饰面PU漆

A ⎯

门把手

40

2300
2260

40   720   40
800

木质平开门（向走廊）

比例   1:30

40

2300
2260

MT 001 镜面不锈钢

PL 001 防火胶板

门把手

40   720   40
800

木质平开门（向储藏间）

比例   1:30

±800
40   ±720   40

乳胶漆 PT 001
MT 001 镜面不锈钢
不锈钢合页
PL 001 防火胶板
向储藏间
门把手
MT 001 镜面不锈钢
PT 001 乳胶漆

MT 001 镜面不锈钢
WD 001 高光木饰面PU漆
向走廊

40   ±720   40
±800

高光木饰面PU漆 WD 001

WD 001 高光木饰面PU漆
MT 001 镜面不锈钢

A D03门剖面图

比例   1:5

▲125-木质平开门详图

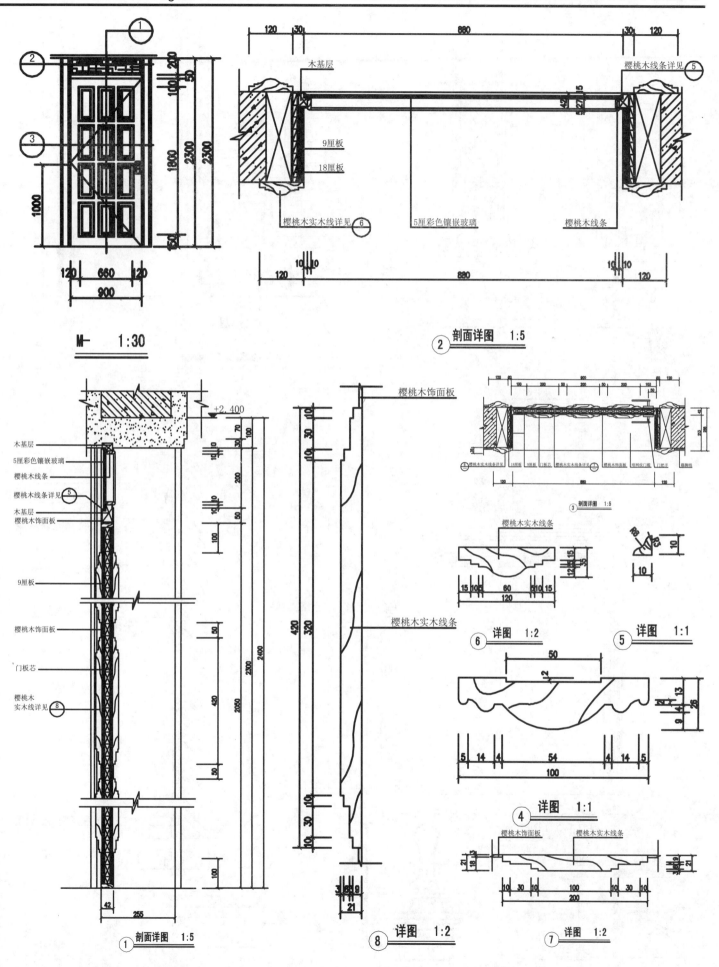

木基层
9厘板
18厘板
樱桃木线条详见 ⑤
樱桃木实木线详见 ⑥
5厘彩色镶嵌玻璃
樱桃木线条

② 剖面详图 1:5

M 1:30

木基层
5厘彩色镶嵌玻璃
樱桃木线条
樱桃木线条详见 ⑤
木基层
樱桃木饰面板
9厘板
樱桃木饰面板
门板芯
樱桃木
实木线详见 ⑧

+2.400

① 剖面详图 1:5

樱桃木饰面板

樱桃木实木线条

③ 剖面详图 1:5

樱桃木实木线条

⑥ 详图 1:2   ⑤ 详图 1:1

④ 详图 1:1

樱桃木饰面板   樱桃木实木线条

⑧ 详图 1:2   ⑦ 详图 1:2

▲124-木门详图

门详图

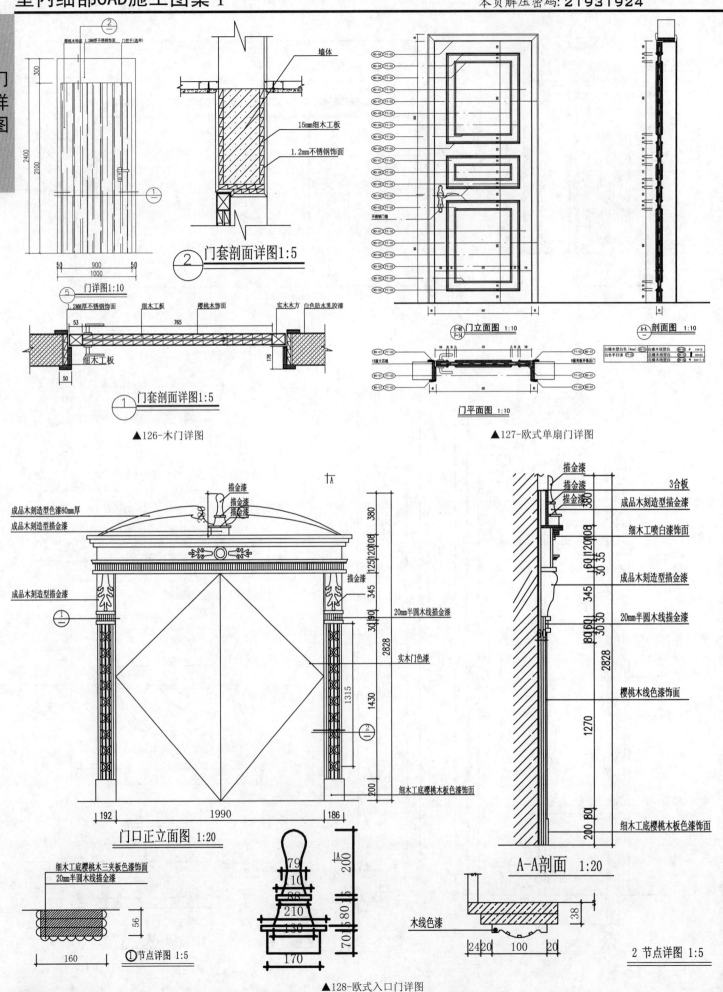

▲126-木门详图

▲127-欧式单扇门详图

▲128-欧式入口门详图

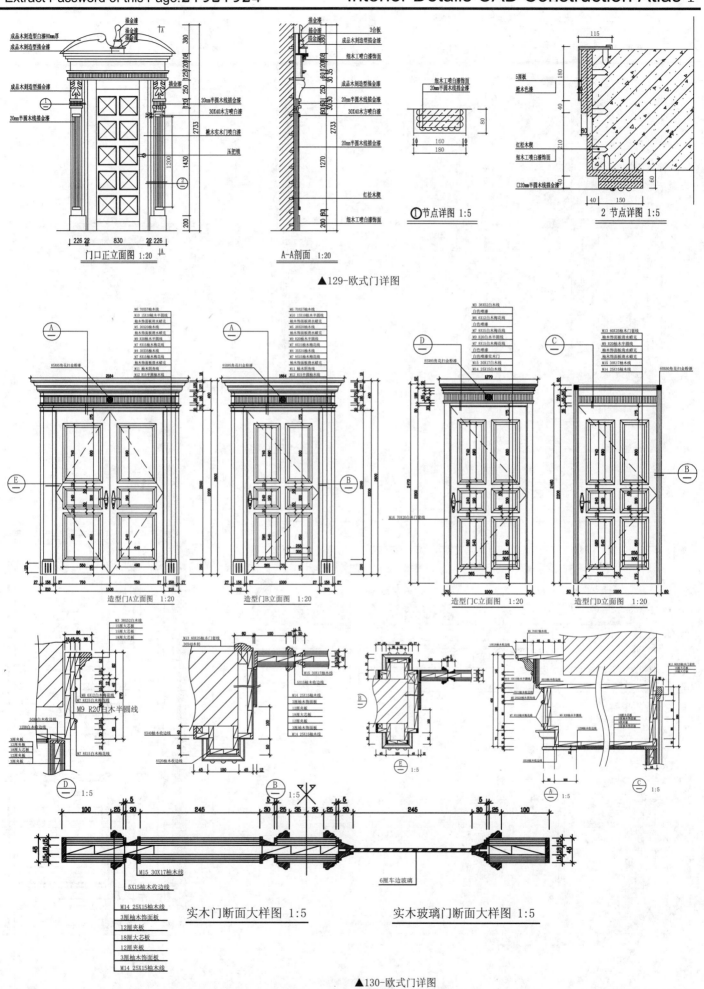

门口正立面图 1:20

A-A剖面 1:20

① 节点详图 1:5

2 节点详图 1:5

▲129-欧式门详图

造型门A立面图 1:20

造型门B立面图 1:20

造型门C立面图 1:20

造型门D立面图 1:20

实木门断面大样图 1:5

实木玻璃门断面大样图 1:5

▲130-欧式门详图

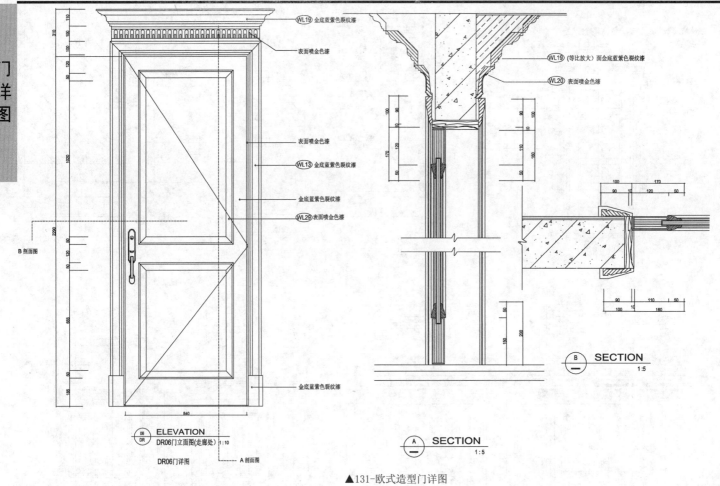

WL19 金底蓝紫色裂纹漆

表面喷金色漆

WL19 (等比放大) 面金底蓝紫色裂纹漆

WL20 表面喷金色漆

表面喷金色漆

WL13 金底蓝紫色裂纹漆

金底蓝紫色裂纹漆

WL29 表面喷金色漆

B 剖面图

金底蓝紫色裂纹漆

08
DR **ELEVATION**
DR06门立面图(走廊处) 1:10

DR06门详图

A 剖面图

B **SECTION**
1:5

A **SECTION**
1:5

▲131-欧式造型门详图

实木花线

WD-1 木饰面(球纹)

实木线

实木花线

WD-1 木饰面(球纹)

实木花线

WD-1 木饰面(球纹)

WD-1 木饰面(球纹)

主卧门纵剖面大样图
比例 1:5

实木花线 WD-1木饰面(球纹) 实木花线   实木线 WD-1木饰面(球纹)   拉手   实木线   WD-1木饰面(球纹) 实木花线 木配砂面

主卧室门横剖面大样图

WD-1 木饰面(球纹)

主卧门立面大样图
比例 1:10

▲132-欧式主卧门详图

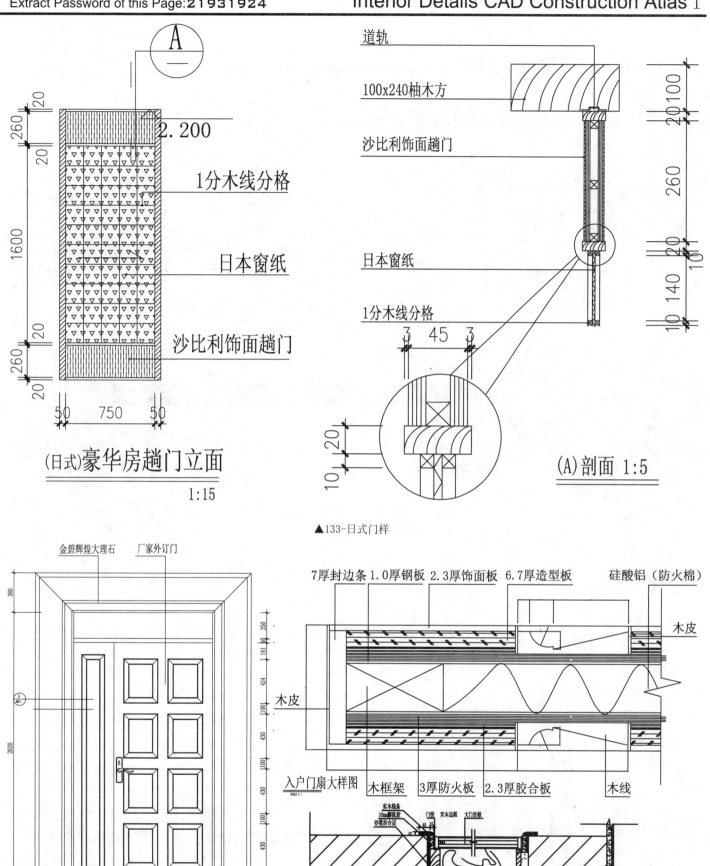

A

2.200

1分木线分格

日本窗纸

沙比利饰面趟门

260
20
1600
260
20

50   750   50

(日式)豪华房趟门立面
1:15

道轨

100x240柚木方

沙比利饰面趟门

日本窗纸

1分木线分格

3   45   3

260

140
20
10
20
10
20 100

10
20

(A)剖面 1:5

▲133-日式门样

金碧辉煌大理石   厂家外订门

木皮

入户门扇大样图

380
2620

85 138 85 94 248 96 248 94
46 90 50
380 400   980   380
1380

入户门大样图
SCALE 1:15

250
161
424
100
430
100
430
155

7厚封边条 1.0厚钢板 2.3厚饰面板 6.7厚造型板   硅酸铝（防火棉）

木皮

木框架 3厚防火板 2.3厚胶合板   木线

▲134-入户门大样

门详图

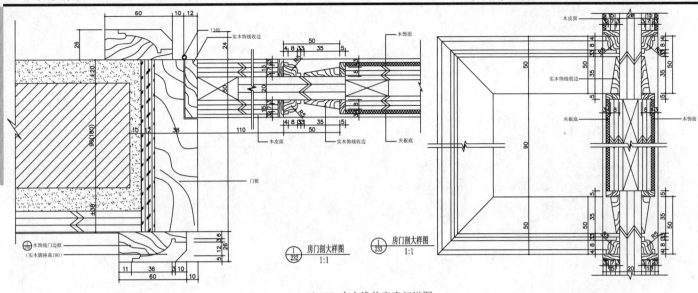

▲135-实木线单扇房门详图

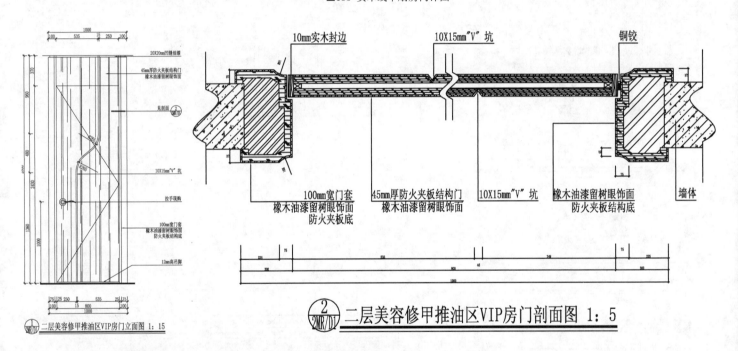

▲136-桑拿美容区门详图

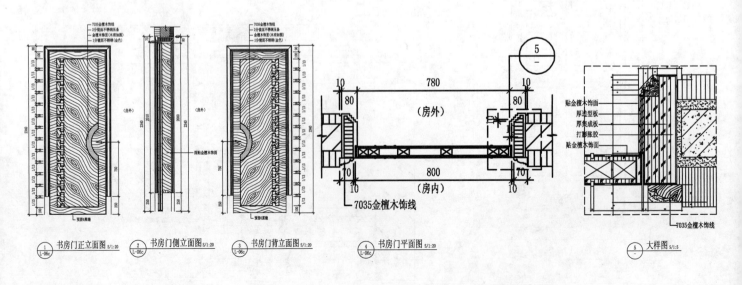

▲138-书房木门详图

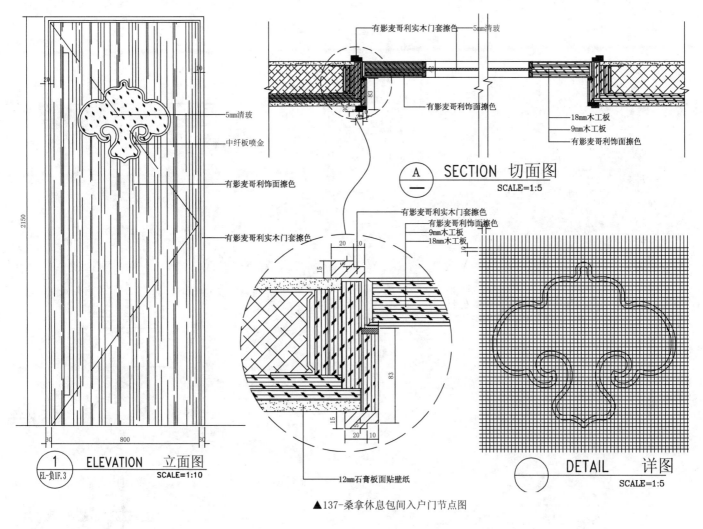

2150

5mm清玻
中纤板喷金
有影麦哥利饰面擦色
有影麦哥利实木门套擦色

800

① ELEVATION 立面图
EL-负1F.3   SCALE=1:10

有影麦哥利实木门套擦色   5mm清玻
有影麦哥利饰面擦色
18mm木工板
9mm木工板
有影麦哥利饰面擦色

Ⓐ SECTION 切面图
SCALE=1:5

有影麦哥利实木门套擦色
有影麦哥利饰面擦色
9mm木工板
18mm木工板

83

12mm石膏板面贴壁纸

DETAIL 详图
SCALE=1:5

▲137-桑拿休息包间入户门节点图

3250
2900

80mm宽乌木线

乌木面门框
80mm宽乌木线

乌木饰面
防火夹板底子

门拉手¥1200元/对

乌木门框

20mm厚云石门框脚

单门立面图 1:15

50MM厚乌木饰面门   铰链   乌木门框   20X20mm凹缝油漆   墙体

防火隔音胶垫

③ 大样图 1:5
5PV2/D2

见详图 ③
5PV2/D1

墙体   乌木门框   80mm宽乌木线   乌木面门   铰链

302   170   960   170   300
220   60   1910   60   220
2470

② 门剖面图 1:10
5PV2/D1

▲139-桑拿豪华包房单扇门详图

门详图

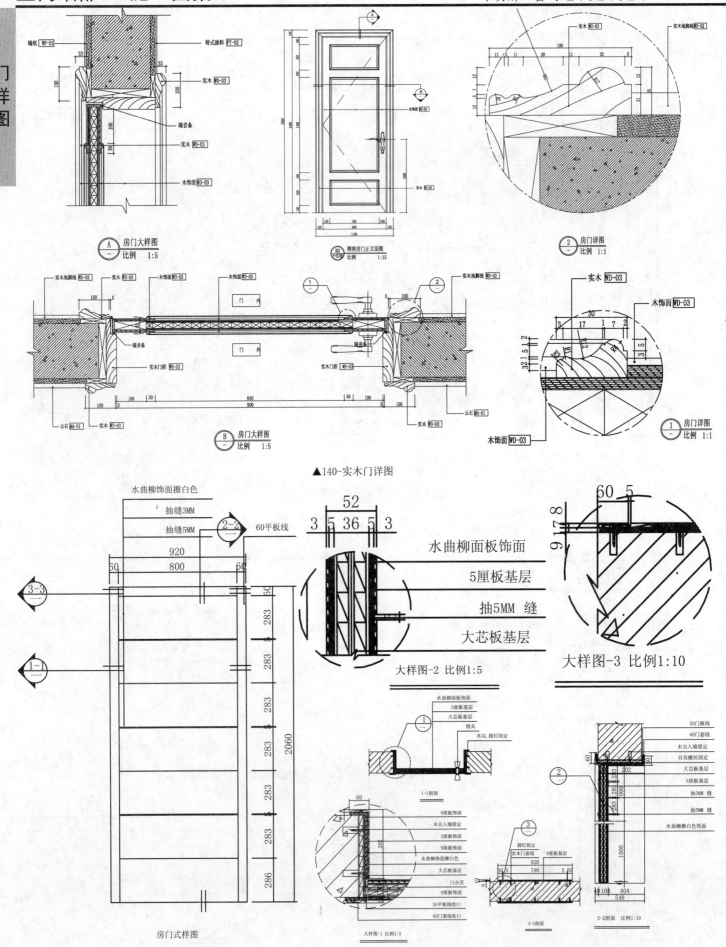

▲140-实木门详图

大样图-2 比例1:5

大样图-3 比例1:10

房门式样图

大样图-1 比例1:5

▲142-水曲柳饰面门详图

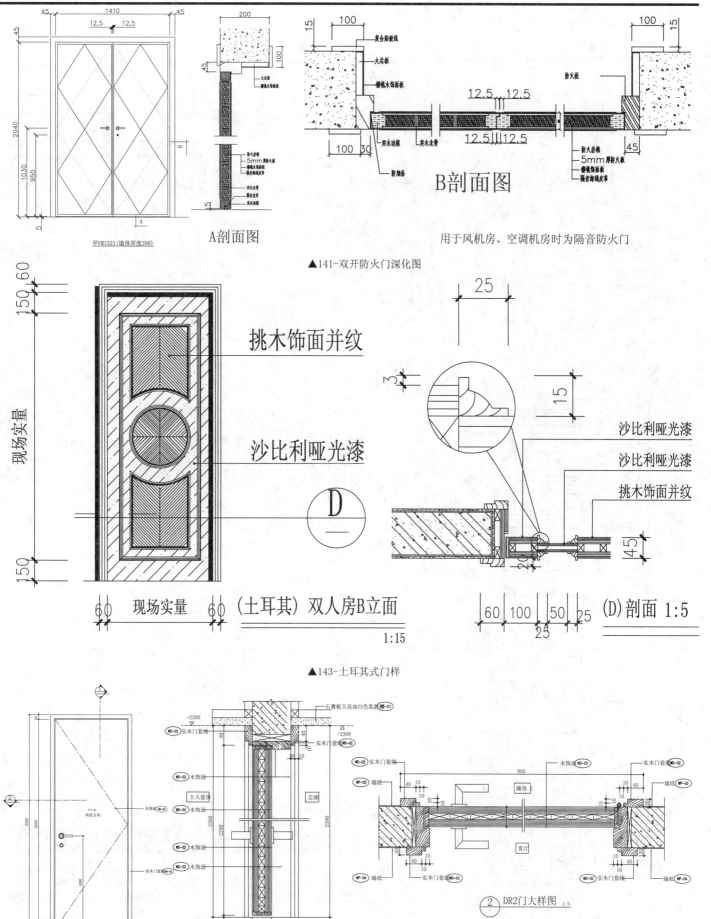

甲FM1521(墙体厚度200)

A剖面图

B剖面图

用于风机房、空调机房时为隔音防火门

▲141-双开防火门深化图

挑木饰面并纹

沙比利哑光漆

沙比利哑光漆

沙比利哑光漆

挑木饰面并纹

现场实量

（土耳其）双人房B立面

1:15

(D)剖面 1:5

▲143-土耳其式门样

DR2立面图

DR2大样图 1:5

DR2门大样图 1:5

▲144-睡房单扇木门详图

本页解压密码: 21931924

门详图

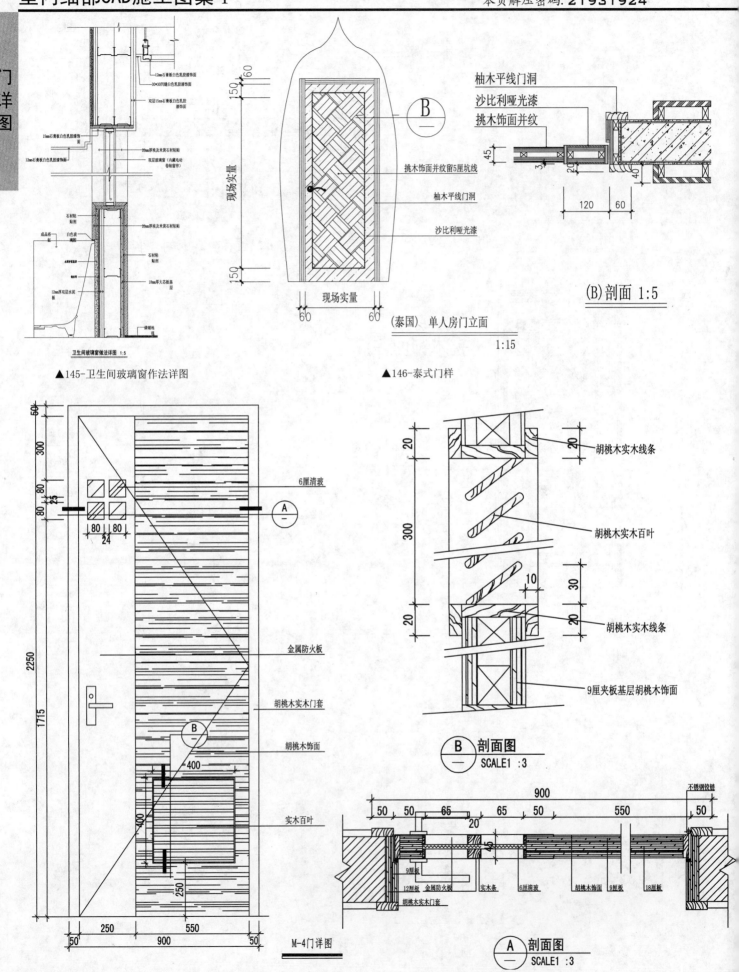

12mm石青板白色乳胶漆饰面
30*100凹缝白色乳胶漆饰面
双层15mm石青板白色乳胶漆饰面

15mm石青板白色乳胶漆饰面
30mm厚灰及米黄石材粘贴
双层玻璃(内藏电动卷帘窗帘)
12mm石青板白色乳胶漆饰面

石材贴贴剂
成品浴缸
白色玻璃缸胶
石材贴贴剂
18mm厚大芯板基层
12mm厚双层水泥板
调锚地板

卫生间玻璃窗做法详图 1:5

▲145-卫生间玻璃窗作法详图

挑木饰面并纹
柚木平线门洞
沙比利哑光漆

挑木饰面并纹留5厘坑线
柚木平线门洞
沙比利哑光漆

现场实量

(泰国) 单人房门立面
1:15

▲146-泰式门样

柚木平线门洞
沙比利哑光漆
挑木饰面并纹

(B) 剖面 1:5

6厘清玻
金属防火板
胡桃木实木门套
胡桃木饰面
实木百叶

M-4门详图

胡桃木实木线条
胡桃木实木百叶
胡桃木实木线条
9厘夹板基层胡桃木饰面

Ⓑ 剖面图
SCALE1:3

不锈钢铰链

9厘板
12厘板 金属防火板
实木条
6厘清玻
胡桃木饰面 9厘板 18厘板
胡桃木实木门套

Ⓐ 剖面图
SCALE1:3

▲147-卫生间门详图

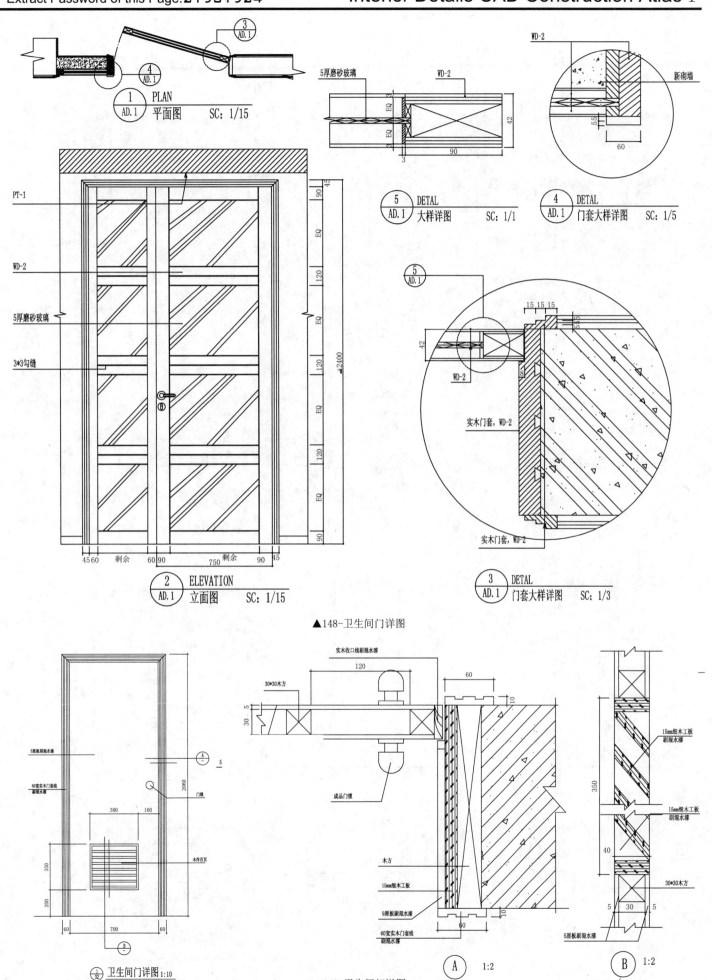

1 PLAN
AD.1 平面图   SC: 1/15

5厚磨砂玻璃   WD-2

5 DETAL
AD.1 大样详图   SC: 1/1

WD-2   新砌墙

4 DETAL
AD.1 门套大样详图   SC: 1/5

PT-1
WD-2
5厚磨砂玻璃
3*3勾缝

实木门套, WD-2
实木门套, WD-2

2 ELEVATION
AD.1 立面图   SC: 1/15

3 DETAL
AD.1 门套大样详图   SC: 1/3

▲148-卫生间门详图

5厘板刷混水漆
60宽实木门套线刷混水漆
木作百页
门锁

卫生间门详图 1:10

实木收口线刷混水漆
30*30木方
成品门锁
木方
15mm细木工板
9厘板刷混水漆
60宽实木门套线刷混水漆

A   1:2

15mm细木工板刷混水漆
15mm细木工板刷混水漆
30*30木方
5厘板刷混水漆

B   1:2

149-卫生间门详图

门详图

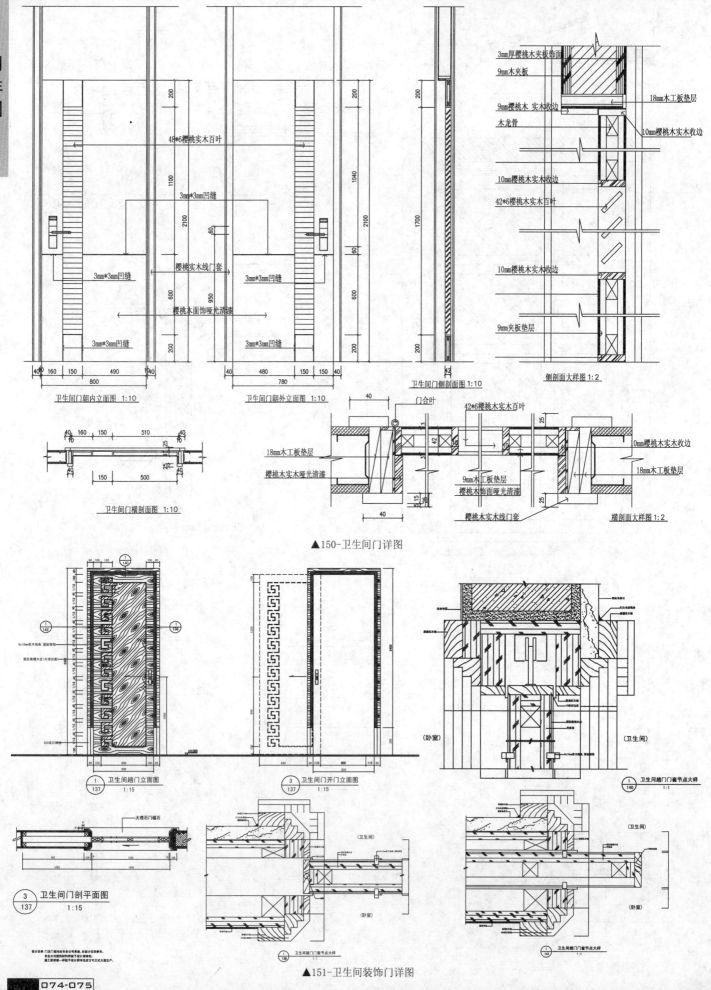

▲150-卫生间门详图

▲151-卫生间装饰门详图

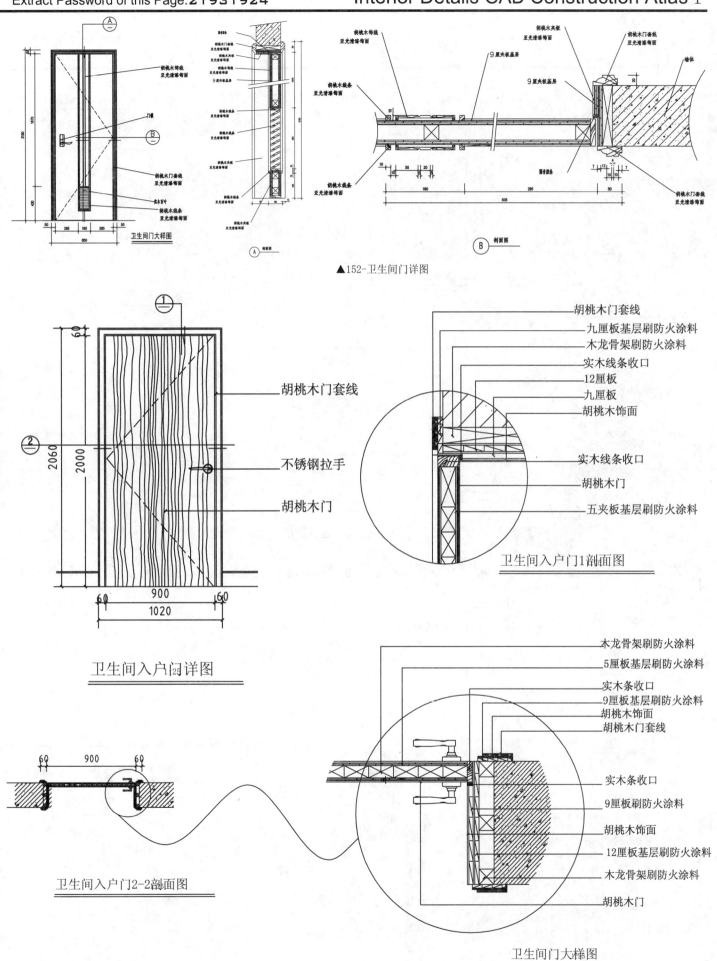

▲152-卫生间门详图

胡桃木门套线
不锈钢拉手
胡桃木门

卫生间入户门详图

胡桃木门套线
九厘板基层刷防火涂料
木龙骨架刷防火涂料
实木线条收口
12厘板
九厘板
胡桃木饰面
实木线条收口
胡桃木门
五夹板基层刷防火涂料

卫生间入户门1剖面图

卫生间入户门2-2剖面图

木龙骨架刷防火涂料
5厘板基层刷防火涂料
实木条收口
9厘板基层刷防火涂料
胡桃木饰面
胡桃木门套线
实木条收口
9厘板刷防火涂料
胡桃木饰面
12厘板基层刷防火涂料
木龙骨架刷防火涂料
胡桃木门

卫生间门大样图

▲153-卫生间门详图

门
详
图

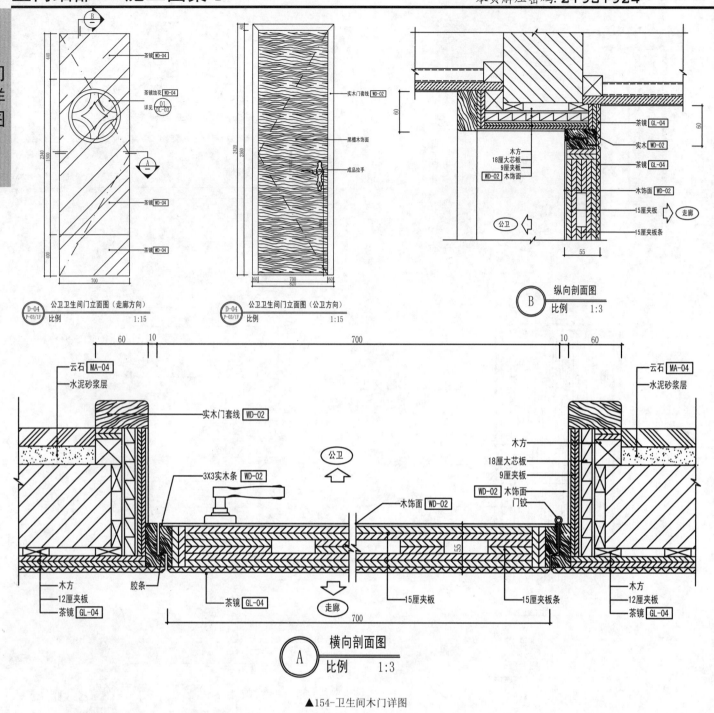

茶镜 WD-04
茶镜饰花 WD-04
详见 01 GL-03
茶镜 WD-04
茶镜 WD-04

实木门套线 WD-02
黑檀木饰面
成品拉手

D-04 公卫卫生间门立面图 (走廊方向)
P-03/1F 比例 1:15

D-04 公卫卫生间门立面图 (公卫方向)
P-03/1F 比例 1:15

茶镜 GL-04
实木 WD-02
茶镜 GL-04
木方
18厘大芯板
9厘夹板 WD-02 木饰面
木饰面 WD-02
5厘夹板
5厘夹板条
公卫
走廊

B 纵向剖面图
比例 1:3

云石 MA-04
水泥砂浆层
实木门套线 WD-02
3X3实木条 WD-02
公卫
木饰面 WD-02
云石 MA-04
水泥砂浆层
木方
18厘大芯板
9厘夹板
WD-02 木饰面
门铰
木方
12厘夹板
茶镜 GL-04
胶条
茶镜 GL-04
走廊
15厘夹板
15厘夹板条
木方
12厘夹板
茶镜 GL-04

A 横向剖面图
比例 1:3

▲154-卫生间木门详图

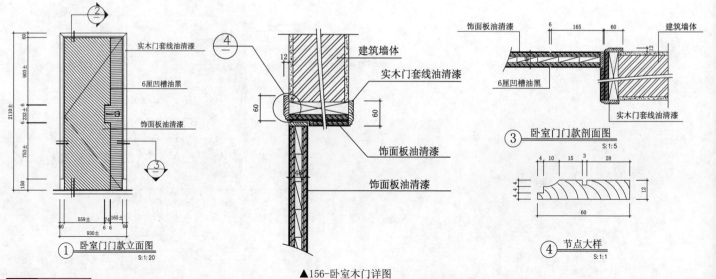

实木门套线油清漆
6厘凹槽油黑
饰面板油清漆

卧室门门款立面图
S:1:20

建筑墙体
实木门套线油清漆
饰面板油清漆
饰面板油清漆
饰面板油清漆
6厘凹槽油黑

节点大样
S:1:1

饰面板油清漆
建筑墙体
6厘凹槽油黑
实木门套线油清漆

3 卧室门门款剖面图
S:1:5

4 节点大样
S:1:1

▲156-卧室木门详图

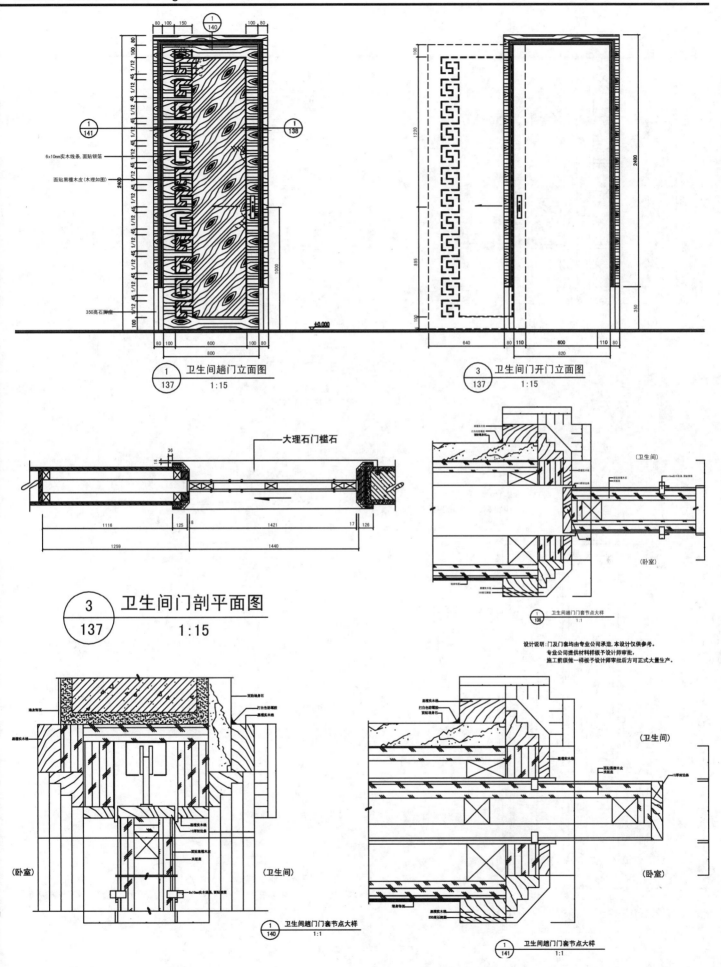

6x10mm实木线条,面贴银箔

面贴黑檀木皮(木理如图)

350高石脚座

1 / 137   卫生间趟门立面图   1:15

3 / 137   卫生间门开门立面图   1:15

大理石门槛石

3 / 137   卫生间门剖平面图   1:15

1 / 138   卫生间趟门门套节点大样   1:1

设计说明:门及门套均由专业公司承造,本设计仅供参考.
专业公司提供材料样板予设计师审批,
施工前须做一样板予设计师审批后方可正式大量生产.

1 / 140   卫生间趟门门套节点大样   1:1

1 / 141   卫生间趟门门套节点大样   1:1

▲155-卫生间装饰门详图

门
详
图

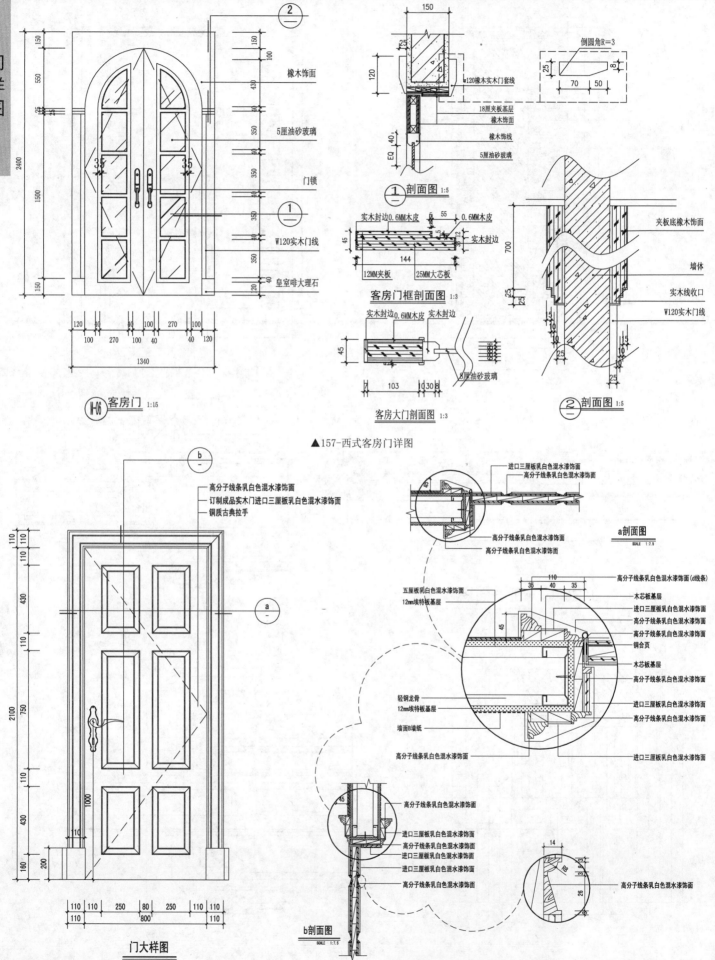

▲157-西式客房门详图

▲158-销售中心单扇门详图

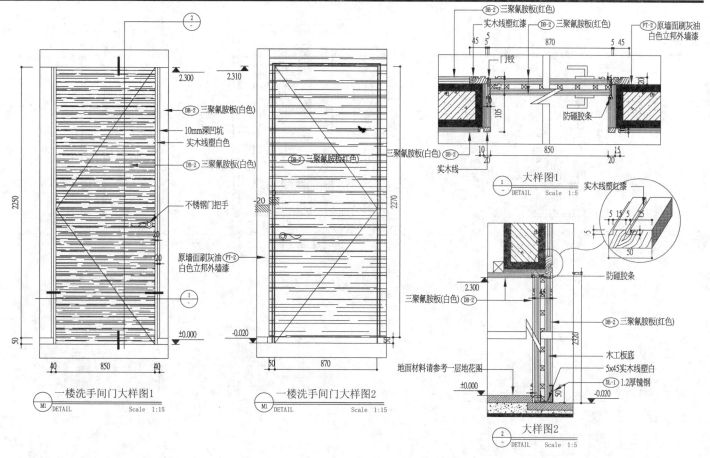

▲159-洗手间单扇门详图

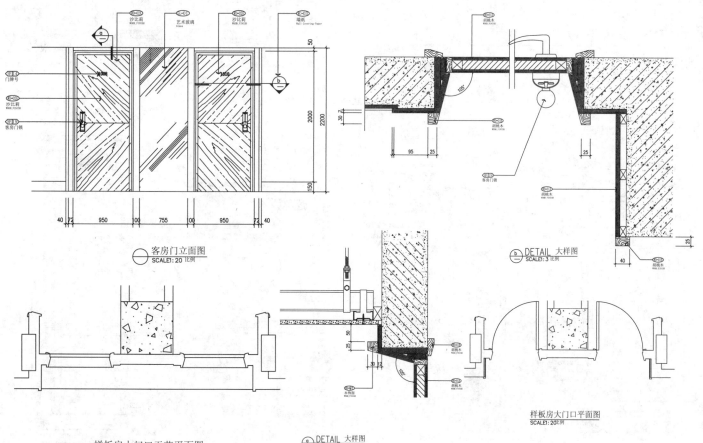

▲160-样板房单扇门详图

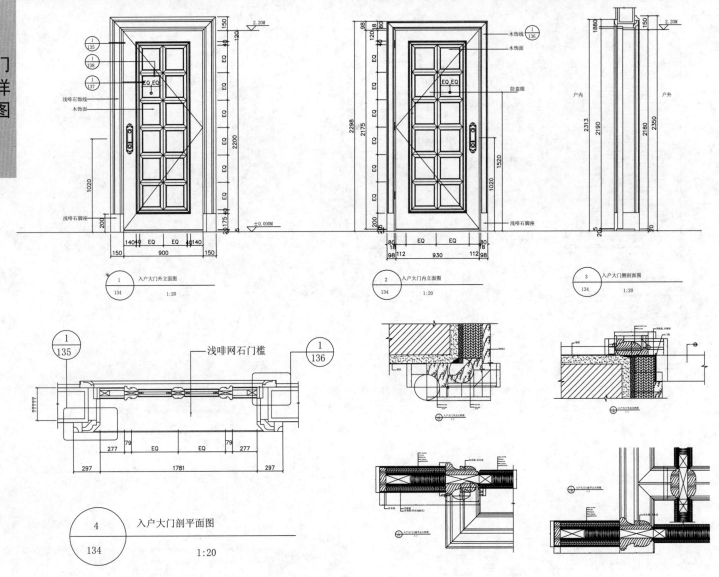

▲162-样板房入户门详图

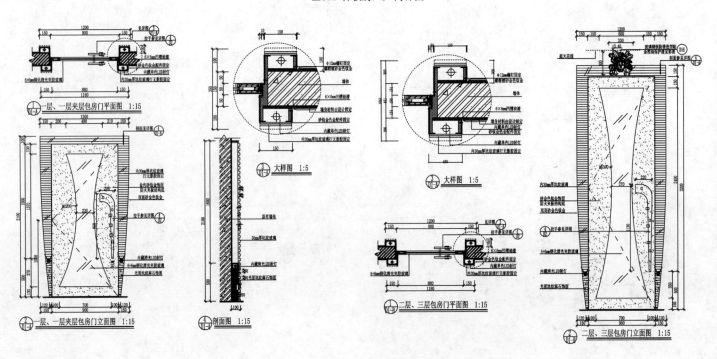

▲164-夜总会包房门详图

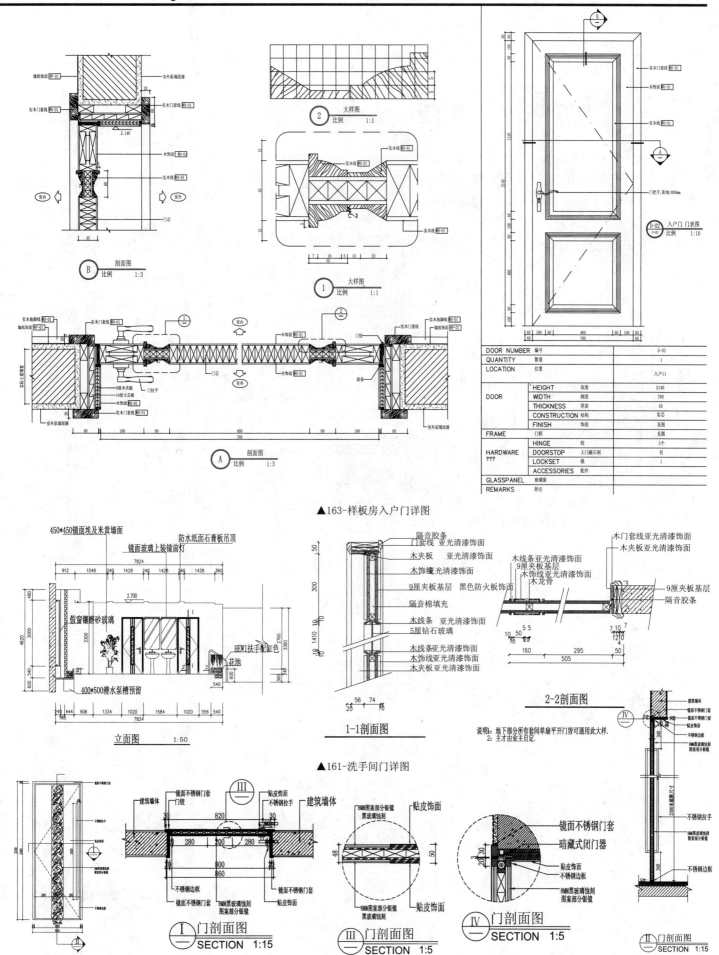

DOOR NUMBER	编号		D-02
QUANTITY	数量		1
LOCATION	位置		入户口
DOOR	HEIGHT	高度	2140
	WIDTH	阔度	780
	THICKNESS	厚度	45
	CONSTRUCTION	结构	实芯
	FINISH	饰面	见图
FRAME	门框		见图
HARDWARE ???	HINGE	铰	3个
	DOORSTOP	大门磁石制	有
	LOCKSET	锁	1
	ACCESSORIES	配件	
GLASSPANEL	玻璃窗		
REMARKS	附注		

▲163-样板房入户门详图

▲161-洗手间门详图

▲165-夜总会房间卫生间门详图

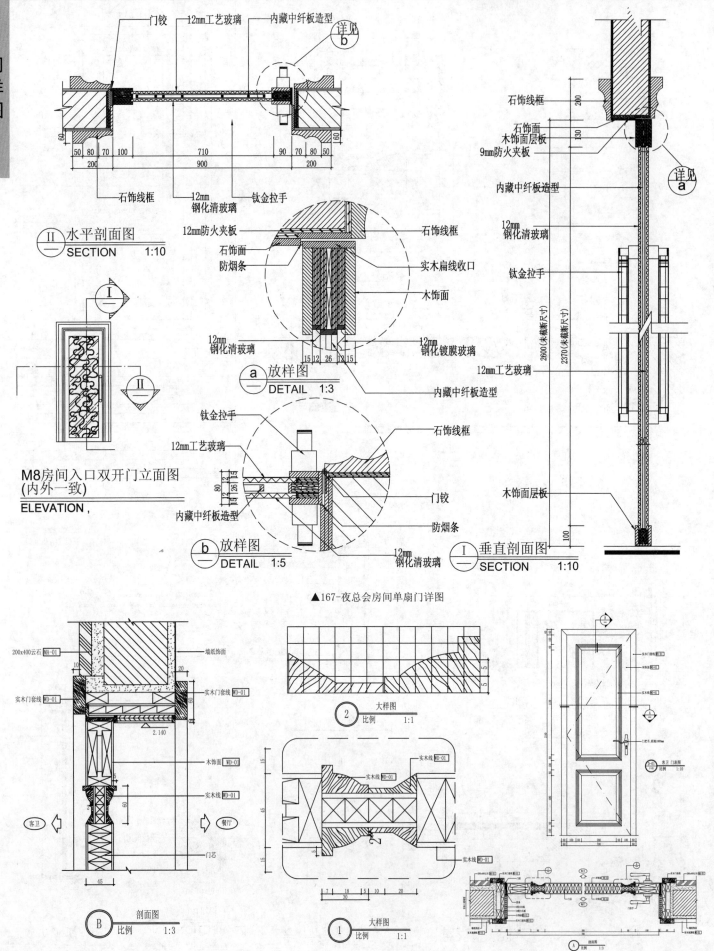

门铰　12mm工艺玻璃　内藏中纤板造型

详见 b

50 80 70 100　710　90 70 80 50
200　　900　　200

石饰线框　12mm钢化清玻璃　钛金拉手

II 水平剖面图
SECTION　1:10

12mm防火夹板
石饰面
防烟条

石饰线框
实木扁线收口
木饰面

12mm钢化清玻璃　12mm钢化镀膜玻璃

15 12 26 12 15

a 放样图
DETAIL　1:3

内藏中纤板造型

钛金拉手
12mm工艺玻璃

石饰线框
门铰
防烟条

80　12 12
15 15 26 15

内藏中纤板造型

12mm钢化清玻璃

b 放样图
DETAIL　1:5

M8房间入口双开门立面图
(内外一致)
ELEVATION,

石饰线框　200
石饰面　130
木饰面层板
9mm防火夹板

详见 a

内藏中纤板造型

12mm钢化清玻璃

钛金拉手

12mm工艺玻璃

木饰面层板

2600(未截断尺寸)
2370(未截断尺寸)
100

I 垂直剖面图
SECTION　1:10

▲167-夜总会房间单扇门详图

200x400云石 MA-01　墙纸饰面

实木门套线 WD-01
实木门套线 WD-01

2.140

木饰面 WD-01
实木线 WD-01

客卫　　餐厅

门芯

45

B 剖面图
比例　1:3

2 大样图
比例　1:1

实木线 WD-01
实木线 WD-01

实木线 WD-01

1 大样图
比例　1:1

▲166-样板房卫生间门详图

单开门 AD-1

A-A剖面

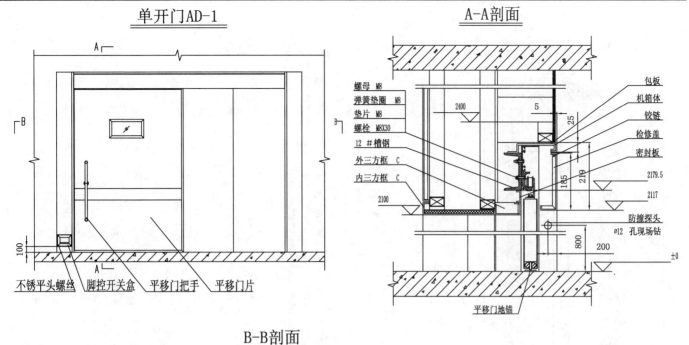

螺母 M8
弹簧垫圈 M8
垫片 M8
螺栓 M8X30
12#槽钢
外三方框 C
内三方框 C
2100

包板
机箱体
铰链
检修盖
密封板
2179.5
2117
防撞探头
Ø12 孔现场钻

2400
5
25
185
219
800
200
±0

不锈平头螺丝　脚控开关盒　平移门把手　平移门片

平移门地锚

B-B剖面

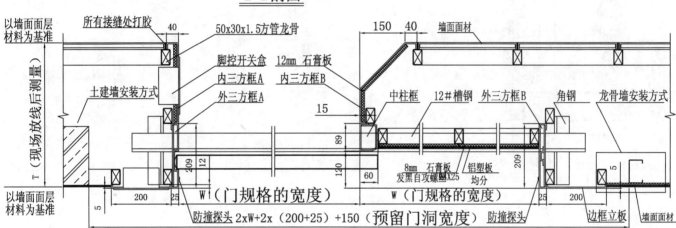

以墙面面层材料为基准
所有接缝处打胶
50x30x1.5方管龙骨
脚控开关盒
12mm 石膏板
内三方框A
外三方框A
内三方框B
土建墙安装方式
中柱框
12#槽钢
外三方框B
角钢
龙骨墙安装方式
墙面面材
150
40
15
89
120
60
8mm 石膏板
发黑自攻螺丝X25
铝塑板
均分
209 12
209
5
200 25
W（门规格的宽度）
W（门规格的宽度）
防撞探头 2xW+2x（200+25）+150（预留门洞宽度）
防撞探头
边框立板
墙面面材
T（现场放线后测量）
以墙面面层材料为基准

▲168-医院单开感应电动门详图

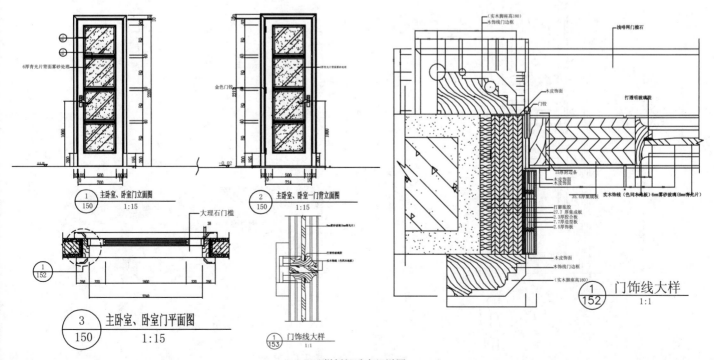

6厚青光片背面雾砂处理

金色门铰

1/150 主卧室、卧室门立面图 1:15

2/150 主卧室、卧室门背立面图 1:15

大理石门槛

1/152 主卧室、卧室门平面图

3/150 主卧室、卧室门平面图 1:15

1/153 门饰线大样 1:1

（实木脚座高180）
木饰线门边框
浅啡网门槛石
木皮饰面
门铰
打透明玻璃胶
15厚斜边条
木皮饰面
35.4厚宽成板　实木饰线（色同木线板）6mm雾砂玻璃（6mm青光片）
打影集胶
27.7 厚集成板
2.3厚胶合板
6.7厚造型板
2.5厚板
木皮饰面
木饰线门边框
（实木脚座180）

1/152 门饰线大样 1:1

▲169-样板间卧室门详图

本页解压密码: **21931924**

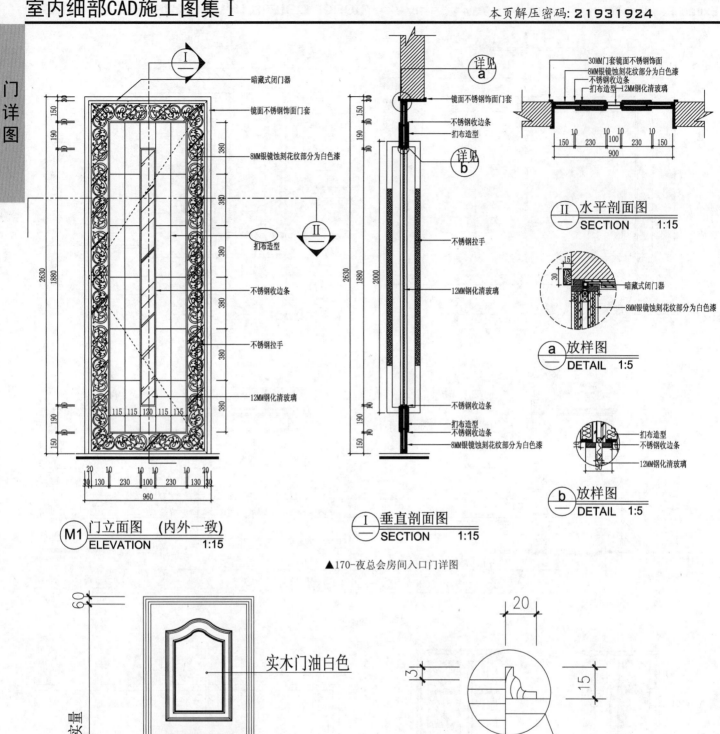

暗藏式闭门器

镜面不锈钢饰面门套

8MM银镜蚀刻花纹部分为白色漆

扣布造型

不锈钢收边条

不锈钢拉手

12MM钢化清玻璃

Ⅱ **水平剖面图** SECTION 1:15

30MM门套镜面不锈钢饰面
8MM银镜蚀刻花纹部分为白色漆
不锈钢收边条
扣布造型—12MM钢化清玻璃

镜面不锈钢饰面门套
不锈钢收边条
扣布造型

不锈钢拉手

12MM钢化清玻璃

不锈钢收边条
扣布造型
不锈钢收边条
8MM银镜蚀刻花纹部分为白色漆

M1 **门立面图** (内外一致) ELEVATION 1:15

Ⅰ **垂直剖面图** SECTION 1:15

暗藏式闭门器
8MM银镜蚀刻花纹部分为白色漆

a **放样图** DETAIL 1:5

扣布造型
不锈钢收边条
12MM钢化清玻璃

b **放样图** DETAIL 1:5

▲170-夜总会房间入口门详图

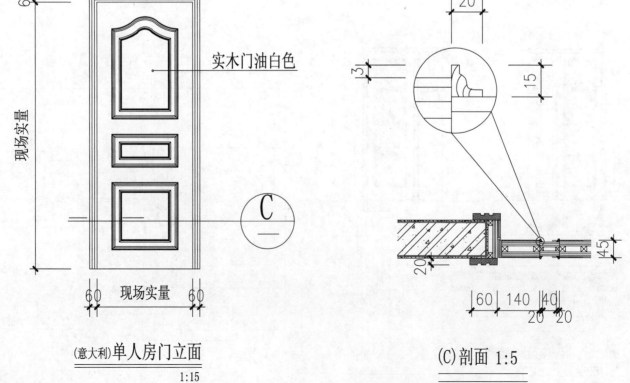

实木门油白色

现场实量

现场实量

(意大利)**单人房门立面** 1:15

C

(C)**剖面** 1:5

▲171-意大利式门样

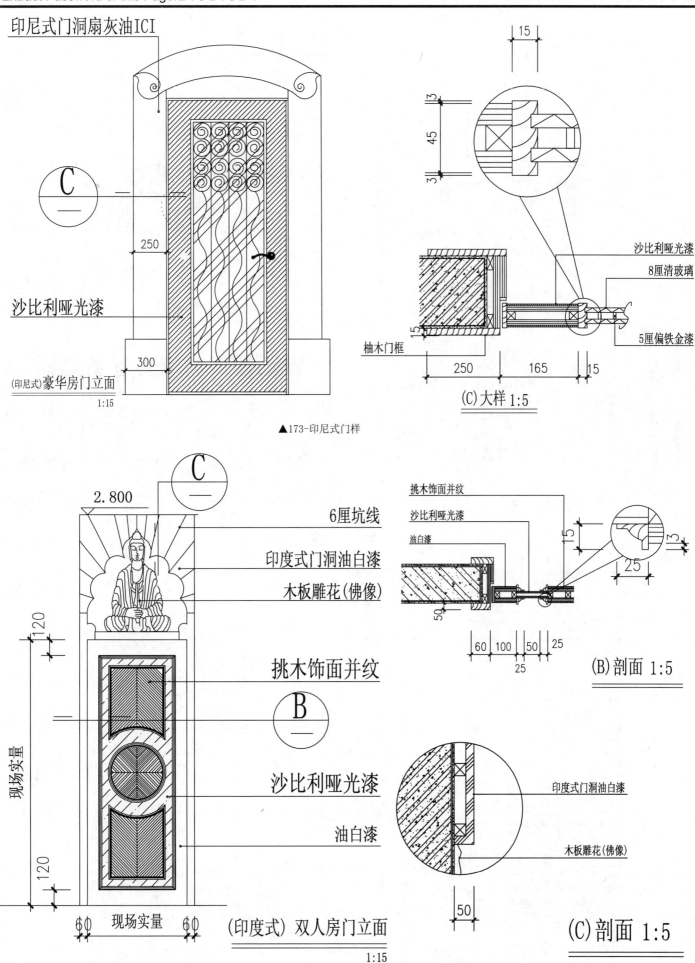

印尼式门洞扇灰油ICI

C

250

沙比利哑光漆

300

(印尼式)豪华房门立面
1:15

15

3

45

3

沙比利哑光漆
8厘清玻璃

柚木门框

5厘偏铁金漆

250   165   15

(C)大样 1:5

▲173-印尼式门样

C

2.800

6厘坑线

印度式门洞油白漆

木板雕花(佛像)

挑木饰面并纹

B

沙比利哑光漆

油白漆

120

现场实量

120

60   现场实量   60

(印度式) 双人房门立面
1:15

挑木饰面并纹
沙比利哑光漆
油白漆

15

3

25

50

60 100 50 25
        25

(B) 剖面 1:5

印度式门洞油白漆

木板雕花(佛像)

50

(C) 剖面 1:5

▲172-印度式门样

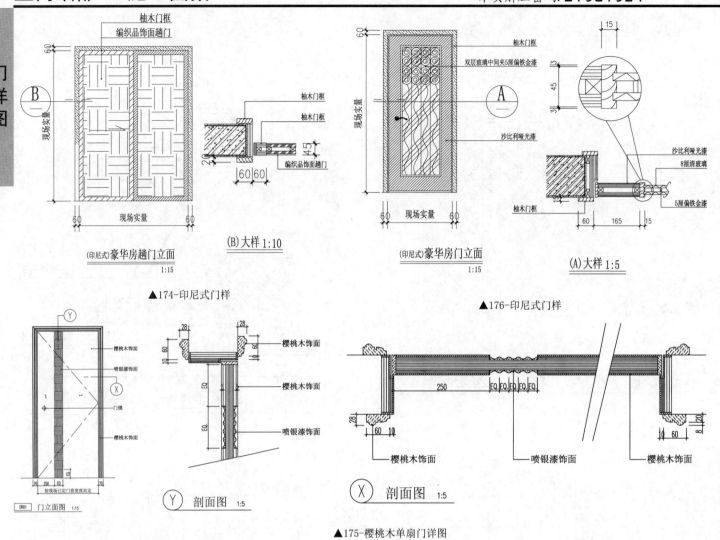

柚木门框
编织品饰面趟门

柚木门框
柚木门框
编织品饰面趟门

现场实量

(B)大样 1:10

(印尼式)豪华房趟门立面
1:15

▲174-印尼式门样

柚木门框
双层玻璃中间夹5厘偏铁金漆
沙比利哑光漆

现场实量

沙比利哑光漆
8厘清玻璃
5厘偏铁金漆

柚木门框

(印尼式)豪华房门立面
1:15

(A)大样 1:5

▲176-印尼式门样

樱桃木饰面
喷银漆饰面
门锁
樱桃木饰面

门立面图 1:15

樱桃木饰面
樱桃木饰面
喷银漆饰面

Y 剖面图 1:5

樱桃木饰面
喷银漆饰面
樱桃木饰面

X 剖面图 1:5

▲175-樱桃木单扇门详图

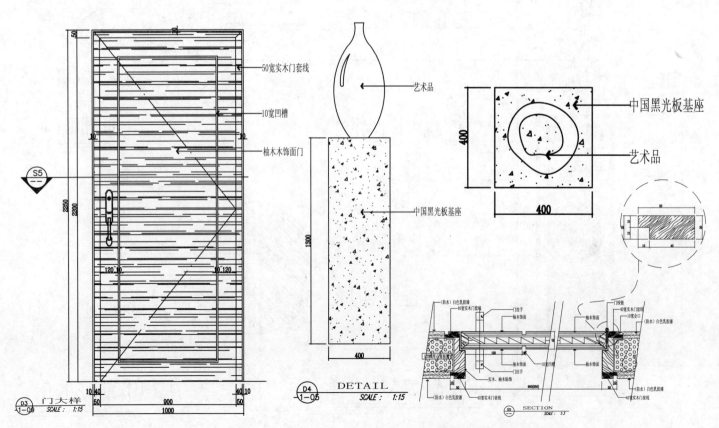

50宽实木门套线
10宽凹槽
柚木木饰面门

艺术品

中国黑光板基座

艺术品

中国黑光板基座

门大样

DETAIL
SCALE: 1:15

▲178-柚木单扇门详图

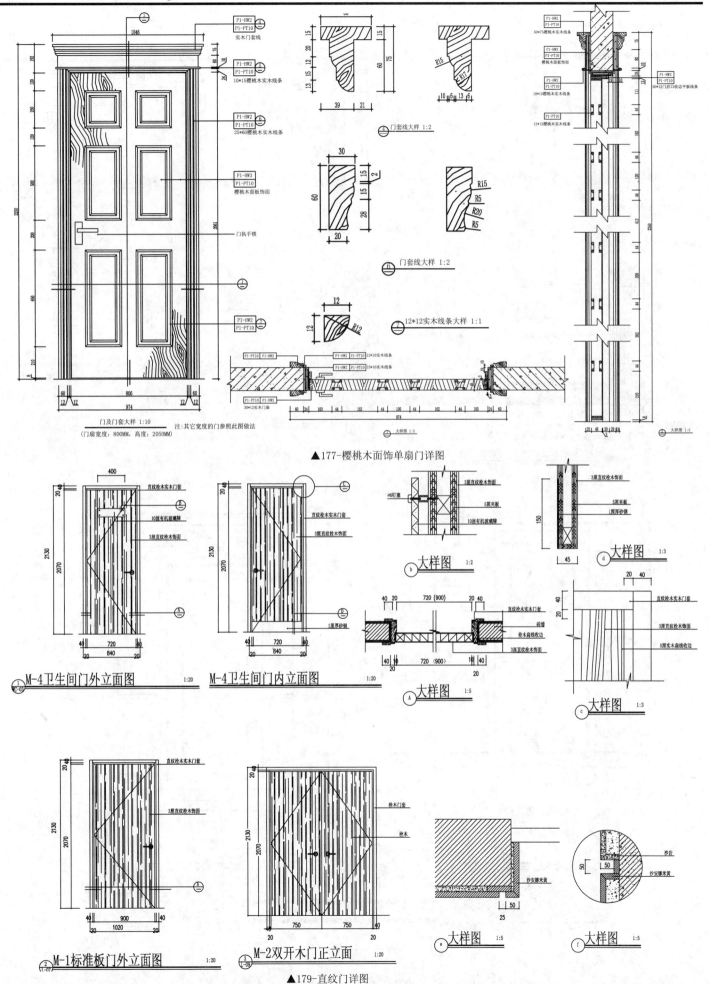

▲177-樱桃木面饰单扇门详图

▲179-直纹门详图

门详图

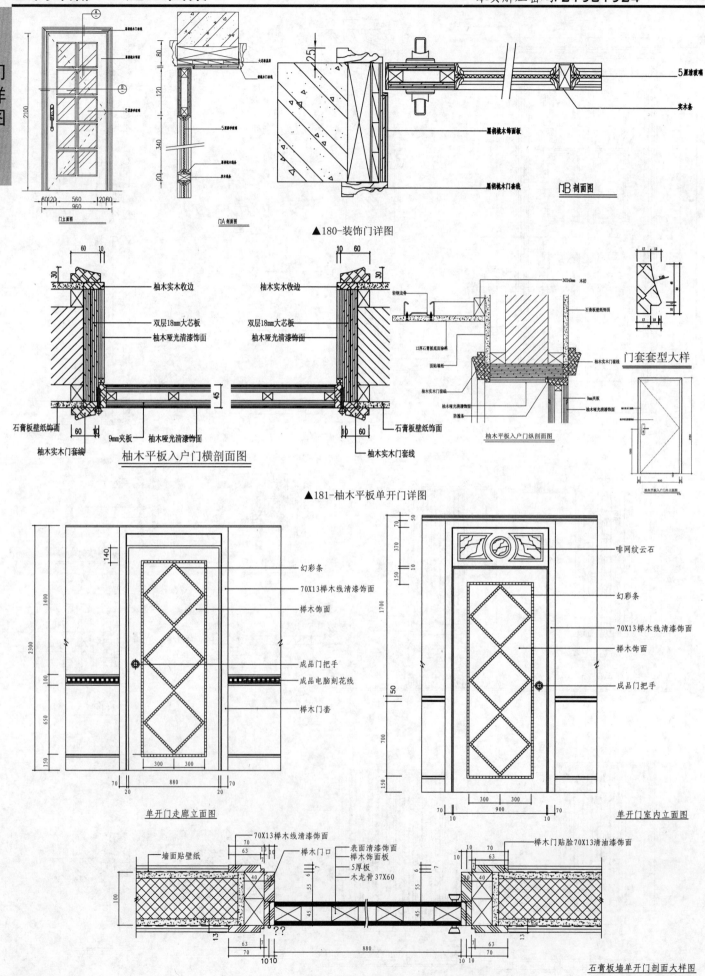

▲180-装饰门详图

柚木平板入户门横剖面图

▲181-柚木平板单开门详图

门套套型大样

单开门走廊立面图

单开门室内立面图

▲182-装饰榉木门详图

石膏板墙单开门剖面大样图

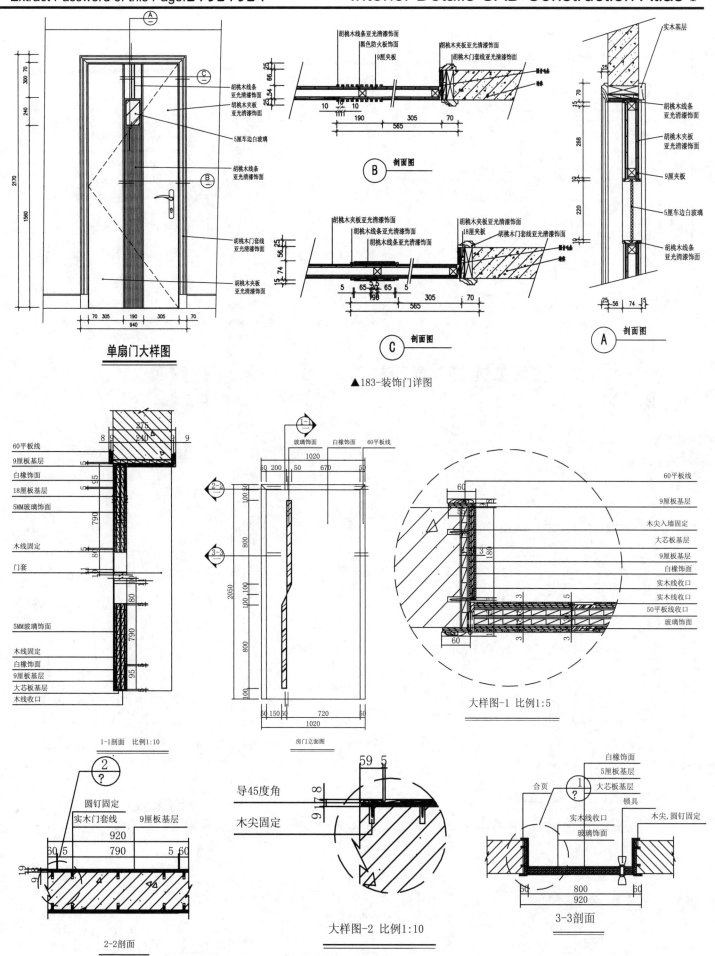

单扇门大样图

胡桃木线条亚光清漆饰面
胡桃木夹板亚光清漆饰面
5厘车边白玻璃
胡桃木线条亚光清漆饰面
胡桃木门套线亚光清漆饰面
胡桃木夹板亚光清漆饰面

胡桃木线条亚光清漆饰面
黑色防火板饰面
9厘夹板
胡桃木夹板亚光清漆饰面
胡桃木门套线亚光清漆饰面

B 剖面图

胡桃木夹板亚光清漆饰面
胡桃木线条亚光清漆饰面
胡桃木夹板亚光清漆饰面
18夹板
胡桃木门套线亚光清漆饰面

C 剖面图

实木基层
胡桃木线条亚光清漆饰面
胡桃木夹板亚光清漆饰面
9厘夹板
5厘车边白玻璃
胡桃木线条亚光清漆饰面

A 剖面图

▲183-装饰门详图

60平板线
9厘板基层
白橡饰面
18厘板基层
5MM玻璃饰面
木线固定
门套
5MM玻璃饰面
木线固定
白橡饰面
9厘板基层
大芯板基层
木线收口

玻璃饰面
白橡饰面
60平板线

房门立面图

1-1剖面 比例1:10

60平板线
9厘板基层
木尖入墙固定
大芯板基层
9厘板基层
白橡饰面
实木线收口
实木线收口
50平板线收口
玻璃饰面

大样图-1 比例1:5

圆钉固定
实木门套线
9厘板基层

2-2剖面

导45度角
木尖固定

大样图-2 比例1:10

白橡饰面
5厘板基层
大芯板基层
锁具
合页
实木线收口
玻璃饰面
木尖,圆钉固定

3-3剖面

▲184-造型门详图

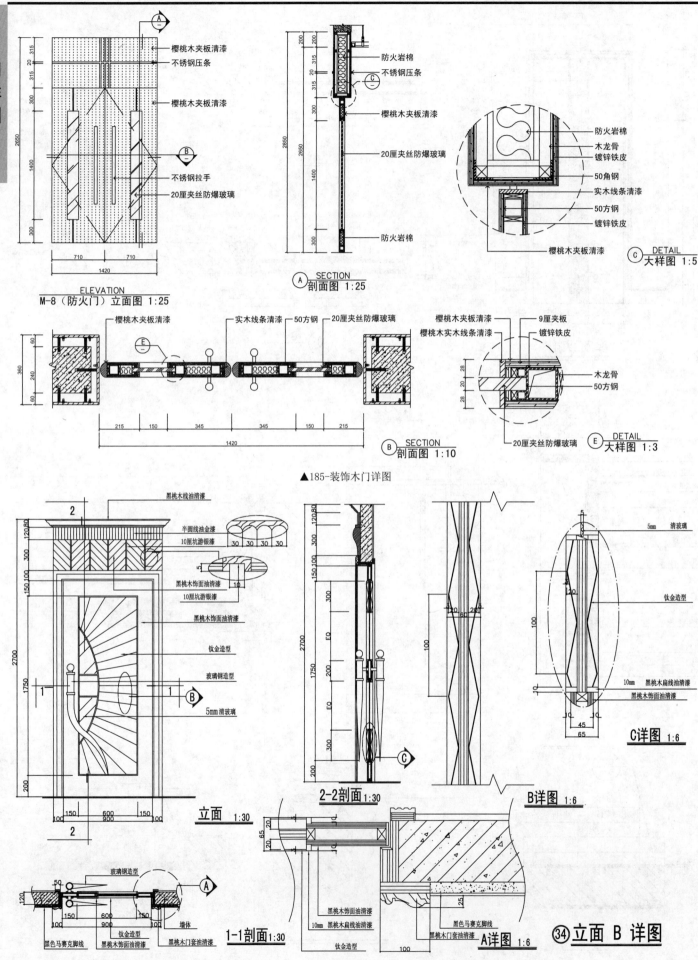

樱桃木夹板清漆
不锈钢压条
樱桃木夹板清漆
不锈钢拉手
20厘夹丝防爆玻璃

M-8（防火门）立面图 1:25
ELEVATION

防火岩棉
不锈钢压条
樱桃木夹板清漆
20厘夹丝防爆玻璃
防火岩棉

SECTION
剖面图 1:25

防火岩棉
木龙骨
镀锌铁皮
50角钢
实木线条清漆
50方钢
镀锌铁皮
樱桃木夹板清漆

DETAIL
大样图 1:5

樱桃木夹板清漆
实木线条清漆
50方钢
20厘夹丝防爆玻璃

樱桃木夹板清漆
樱桃木实木线条清漆
9厘夹板
镀锌铁皮
木龙骨
50方钢
20厘夹丝防爆玻璃

SECTION
剖面图 1:10

DETAIL
大样图 1:3

▲185-装饰木门详图

黑桃木线油清漆
半圆线油金漆
10厘坑游银漆
黑桃木饰面油清漆
10厘坑游银漆
黑桃木饰面油清漆
钛金造型
玻璃钢造型
5mm清玻璃

立面 1:30

2-2剖面 1:30

B详图 1:6

5mm 清玻璃
钛金造型
10mm 黑桃木扁线油清漆
黑桃木饰面油清漆

C详图 1:6

玻璃钢造型
黑色马赛克脚线
钛金造型
黑桃木饰面油清漆
墙体

1-1剖面 1:30

黑桃木饰面油清漆
10mm 黑桃木扁线油清漆
钛金造型

黑色马赛克线
黑桃木门套油清漆

A详图 1:6

㉞ 立面 B 详图

▲188-装饰造型门详图

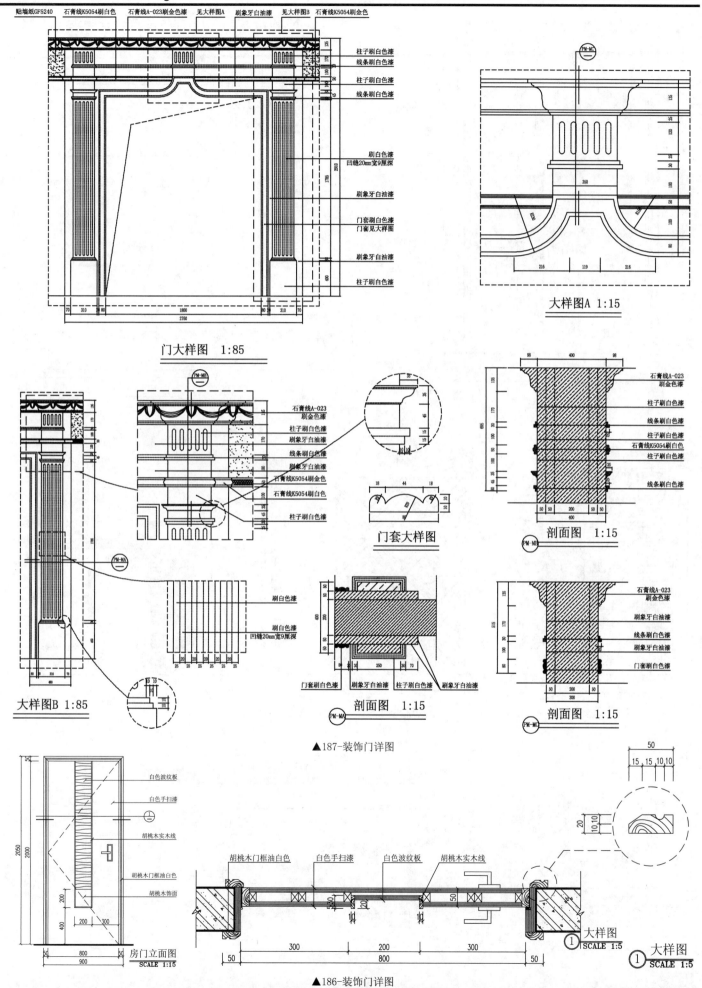

双扇门

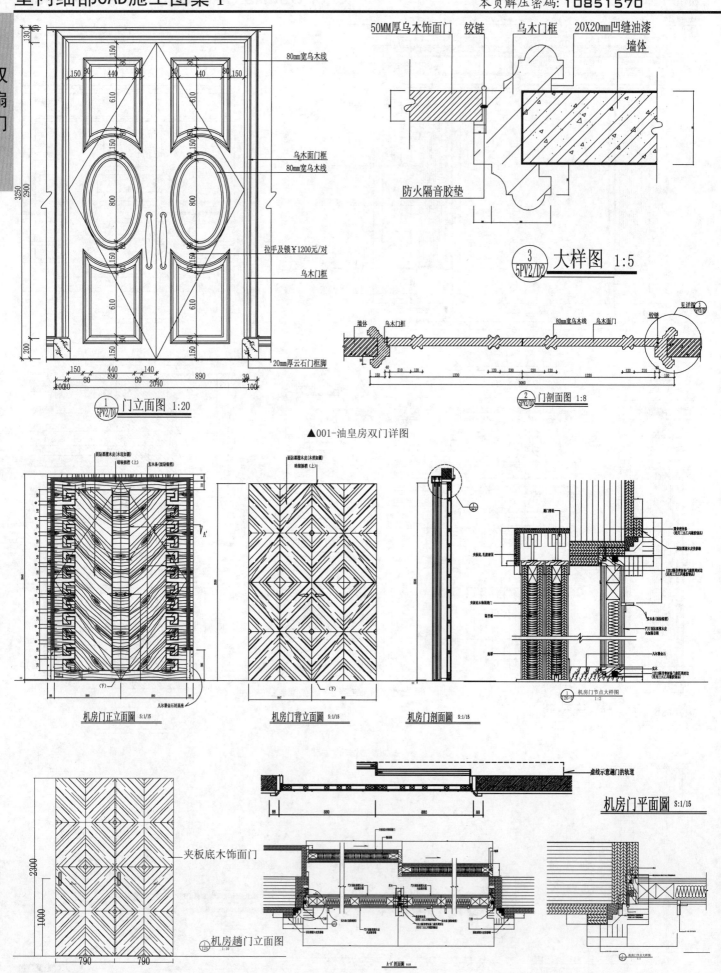

50MM厚乌木饰面门　铰链　乌木门框　20X20mm凹缝油漆　墙体

防火隔音胶垫

3/5PV2/D2　大样图　1:5

80mm宽乌木线

乌木面门框
80mm宽乌木线

拉手及锁¥1200元/对

乌木门框

20mm厚云石门框脚

① 门立面图 1:20
5PV2/D1

② 门剖面图 1:8
5PV2/D2

▲001-油皇房双门详图

夹板底木饰面门

机房门正立面图 S:1/15　　机房门背立面图 S:1/15　　机房门剖面图 S:1/15　　机房门节点大样图 1:2

机房门平面图 S:1/15

机房趟门立面图 1:10

A-A'剖面图

▲002-机房门

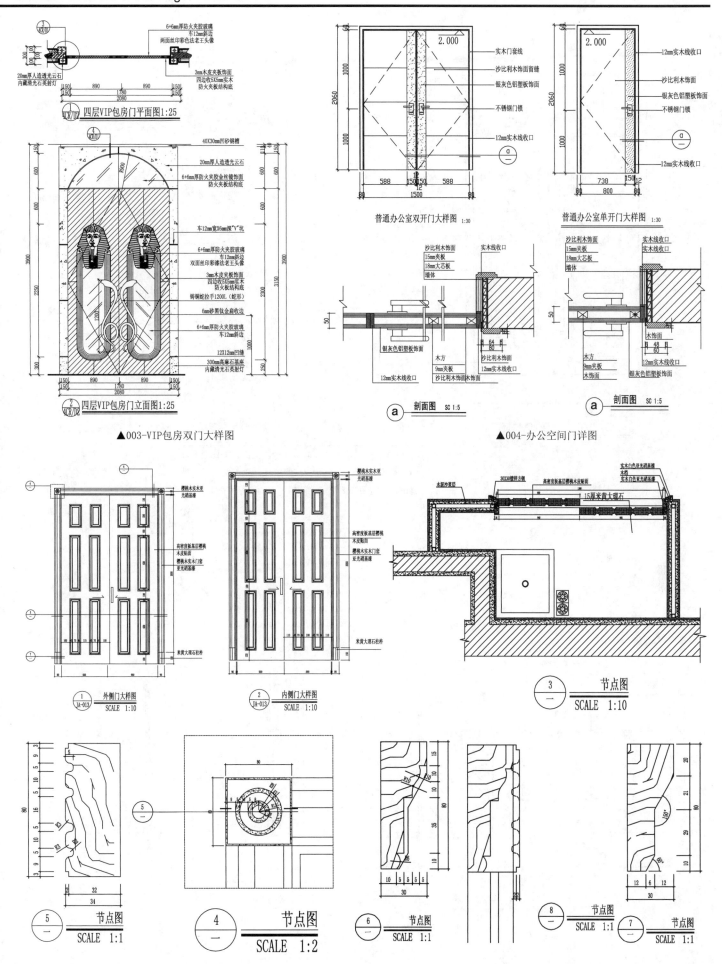

四层VIP包房门平面图 1:25

四层VIP包房门立面图 1:25

▲003-VIP包房双门大样图

普通办公室双开门大样图 1:30

普通办公室单开门大样图 1:30

剖面图 SC 1:5

剖面图 SC 1:5

▲004-办公空间门详图

① 外侧门大样图 JA-013 SCALE 1:10

② 内侧门大样图 JA-013 SCALE 1:10

③ 节点图 SCALE 1:10

⑤ 节点图 SCALE 1:1

④ 节点图 SCALE 1:2

⑥ 节点图 SCALE 1:1

⑧ 节点图 SCALE 1:1

⑦ 节点图 SCALE 1:1

▲005-白色哑光双扇门详图

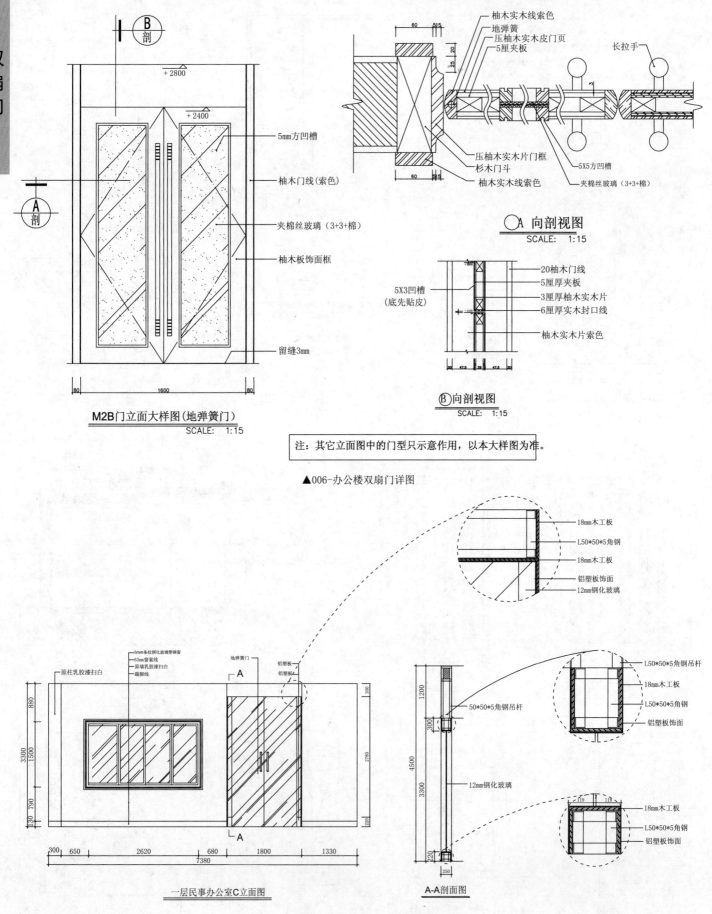

5mm方凹槽

柚木门线(索色)

夹棉丝玻璃(3+3+棉)

柚木板饰面框

留缝3mm

M2B门立面大样图(地弹簧门)
SCALE: 1:15

柚木实木线索色
地弹簧
压柚木实木皮门页
5厘夹板

长拉手

压柚木实木片门框
杉木门斗
柚木实木线索色

5X5方凹槽
夹棉丝玻璃(3+3+棉)

Ⓐ 向剖视图
SCALE: 1:15

5X3凹槽
(底先贴皮)

20柚木门线
5厘厚夹板
3厘厚柚木实木片
6厘厚实木封口线
柚木实木片索色

Ⓑ 向剖视图
SCALE: 1:15

注:其它立面图中的门型只示意作用,以本大样图为准。

▲006-办公楼双扇门详图

18mm木工板
L50*50*5角钢
18mm木工板
铝塑板饰面
12mm钢化玻璃

一层民事办公室C立面图

原柱乳胶漆扫白

5mm条纹钢化玻璃塑钢窗
63mm窗套线
原墙乳胶漆扫白
踢脚线

地弹簧门

铝塑板
铝塑板

50*50*5角钢吊杆

12mm钢化玻璃

A-A剖面图

L50*50*5角钢吊杆
18mm木工板
L50*50*5角钢
铝塑板饰面

18mm木工板
L50*50*5角钢
铝塑板饰面

一层民事办公室立面图

▲007-办公室玻璃双开门详图

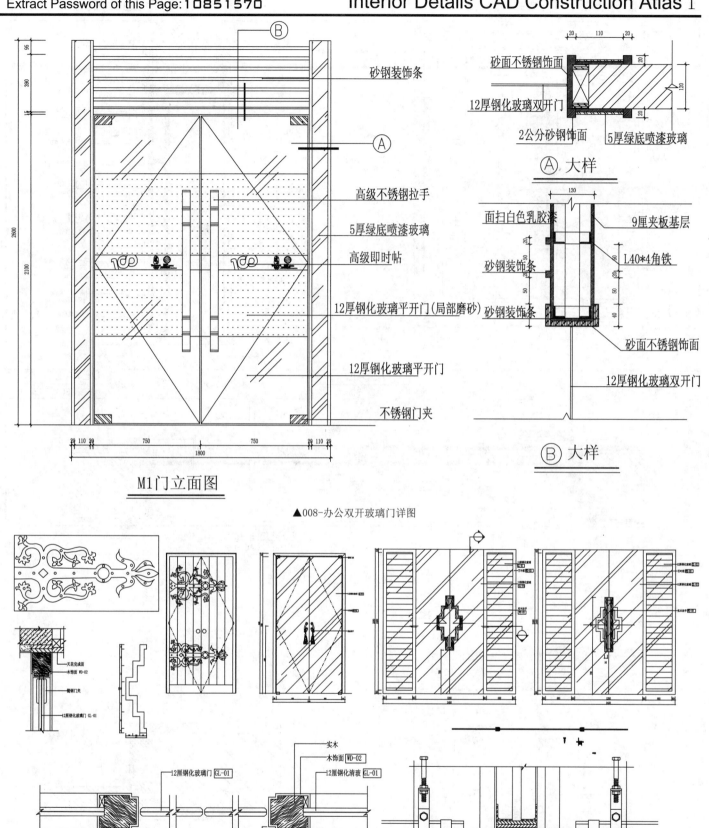

砂钢装饰条

砂面不锈钢饰面

12厚钢化玻璃双开门

2公分砂钢饰面

5厚绿底喷漆玻璃

Ⓐ 大样

面扫白色乳胶漆

9厘夹板基层

砂钢装饰条

L40*4角铁

砂钢装饰条

砂面不锈钢饰面

12厚钢化玻璃双开门

Ⓑ 大样

高级不锈钢拉手

5厚绿底喷漆玻璃

高级即时帖

12厚钢化玻璃平开门(局部磨砂)

12厚钢化玻璃平开门

不锈钢门夹

M1门立面图

▲008-办公双开玻璃门详图

天花完成面

木物面 WD-02

镜钢门夹

12厘钢化玻璃门 GL-01

12厘钢化玻璃门 GL-01

实木

木饰面 WD-02

12厘钢化清玻 GL-01

成品五金吊轨

防水石膏板

乳胶漆 PT-01

防水石膏板

百叶门框 WD-03

百叶 WD-03

清玻 GL-01

餐厅   厨房

▲009-别墅厨房双开玻璃门详图

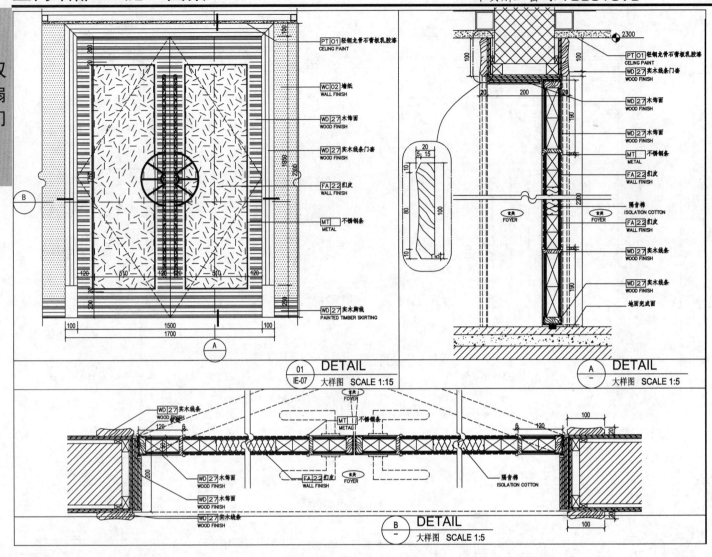

▲010-标准层总统套房双扇门详图

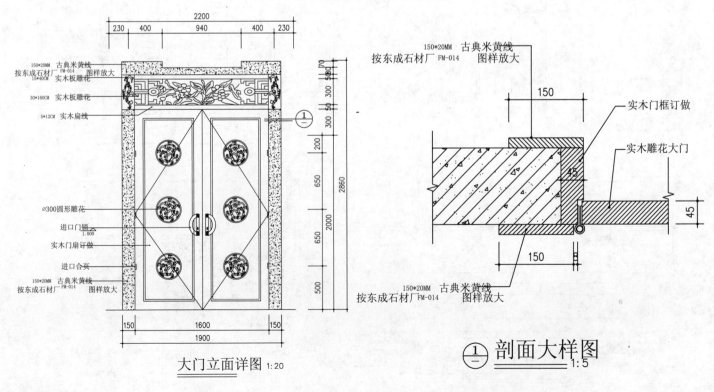

大门立面详图 1:20

① 剖面大样图 1:5

▲012-别墅中式双扇门详图

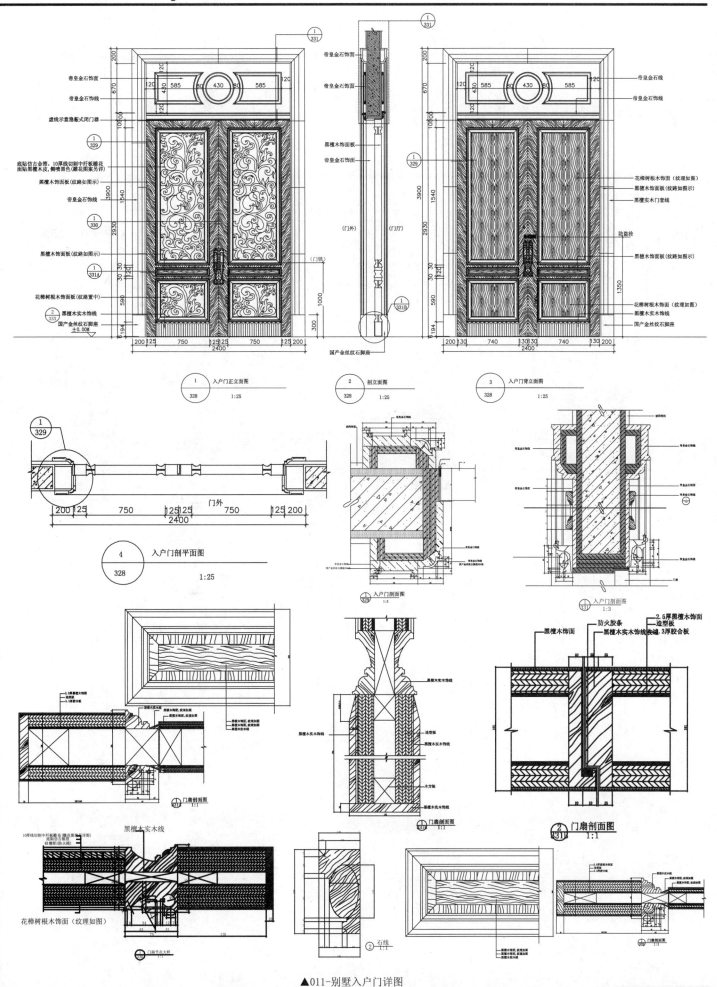

▲011-别墅入户门详图

双扇门

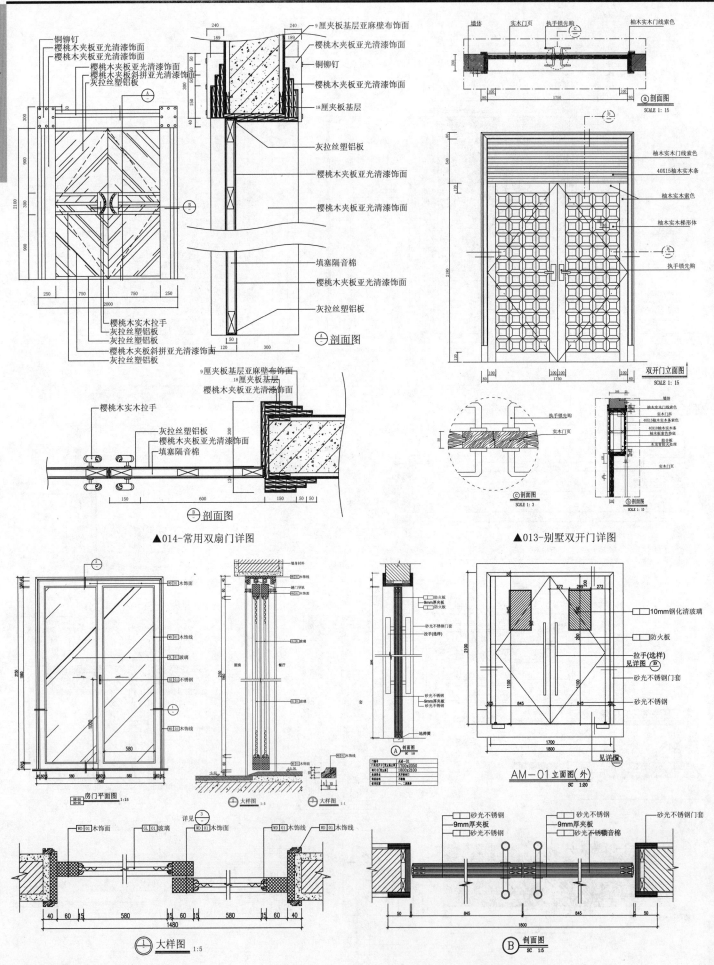

铜铆钉
樱桃木夹板亚光清漆饰面
樱桃木夹板亚光清漆饰面
樱桃木夹板亚光清漆饰面
樱桃木夹板斜拼亚光清漆饰面
灰拉丝塑铝板

9厘夹板基层亚麻壁布饰面
樱桃木夹板亚光清漆饰面
铜铆钉
樱桃木夹板亚光清漆饰面
18厘夹板基层
灰拉丝塑铝板
樱桃木夹板亚光清漆饰面
樱桃木夹板亚光清漆饰面
填塞隔音棉
樱桃木夹板亚光清漆饰面
灰拉丝塑铝板

墙体   实木门页   执手锁先购   柚木实木门线索色

ⓐ 剖面图   SCALE 1:15

柚木实木门线索色
40X15柚木实木条
柚木实木索色
柚木实木梯形体
执手锁先购

双开门立面图   SCALE 1:15

樱桃木实木拉手
灰拉丝塑铝板
樱桃木夹板斜拼亚光清漆饰面
灰拉丝塑铝板

Ⓐ 剖面图

樱桃木实木拉手
灰拉丝塑铝板
樱桃木夹板亚光清漆饰面
填塞隔音棉

9厘夹板基层亚麻壁布饰面
18厘夹板基层
樱桃木夹板亚光清漆饰面

ⓒ 剖面图   SCALE 1:3

执手锁先购
实木门页

ⓑ 剖面图   SCALE 1:10

Ⓑ 剖面图

▲014-常用双扇门详图

▲013-别墅双开门详图

房门平面图 1:15

大样图

大样图

A 剖面图

▲015-厨房玻璃门详图

10mm钢化清玻璃
防火板
拉手(选样) 见详图
砂光不锈钢门套
砂光不锈钢

AM-01 立面图(外)   SC 1:20

砂光不锈钢
9mm厚夹板
砂光不锈钢
砂光不锈钢
9mm厚夹板
砂光不锈钢填音棉
砂光不锈钢门套

Ⓑ 剖面图   SC 1:5

▲016-厨房门详图

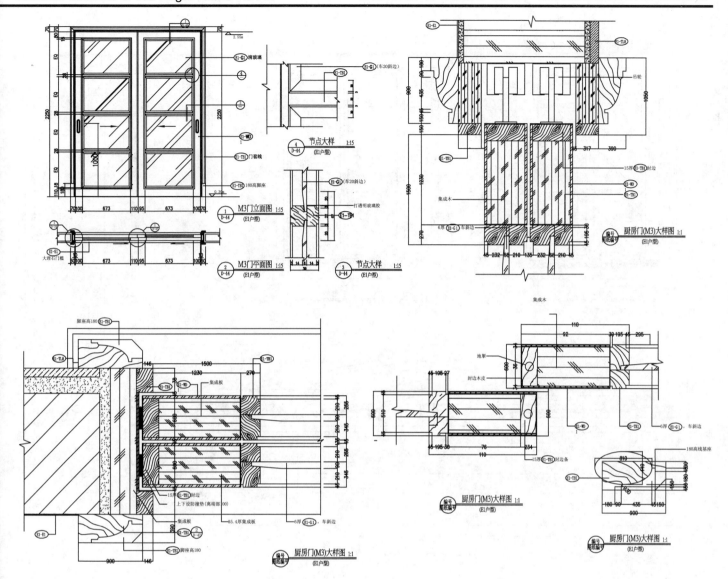

▲017-厨房双开门详图

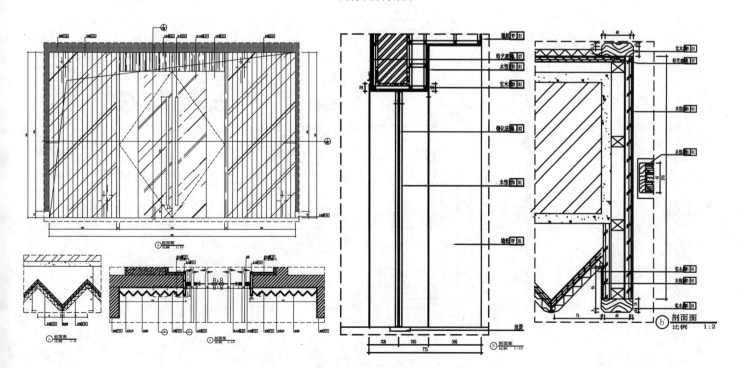

▲018-大堂装饰门详图

双
扇
门

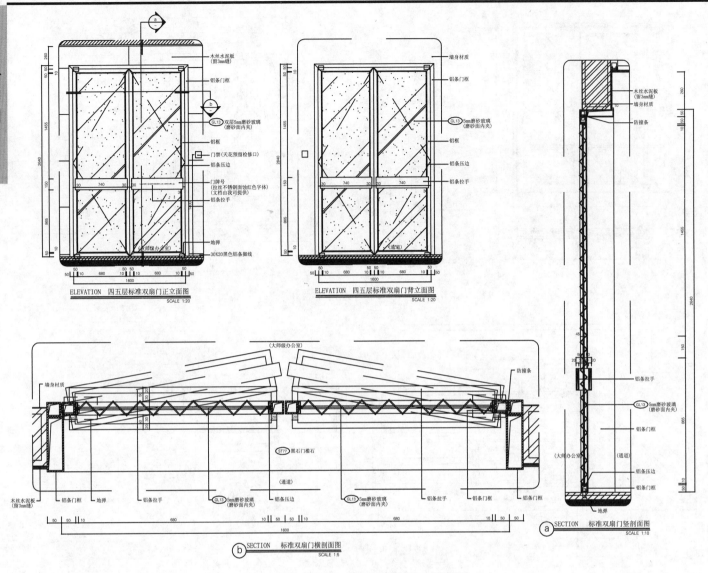

ELEVATION 四五层标准双扇门正立面图
SCALE 1:20

ELEVATION 四五层标准双扇门背立面图
SCALE 1:20

b SECTION 标准双扇门横剖面图
SCALE 1:5

a SECTION 标准双扇门竖剖面图
SCALE 1:10

▲019-创艺办公楼标准双扇门详图

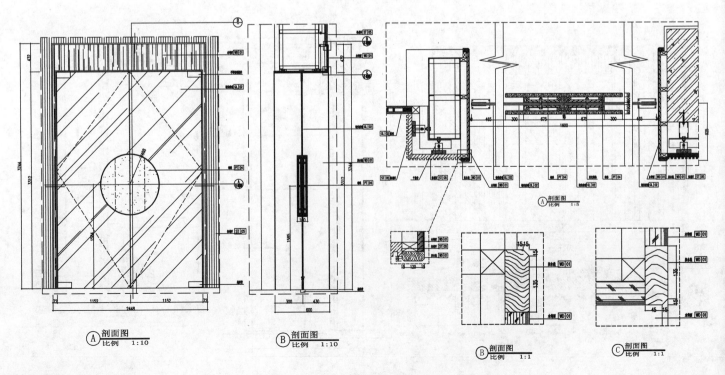

A 剖面图 比例 1:10

B 剖面图 比例 1:10

A 剖面图 比例 1:5

B 剖面图 比例 1:1

C 剖面图 比例 1:1

▲020-大堂钢化玻璃门详图

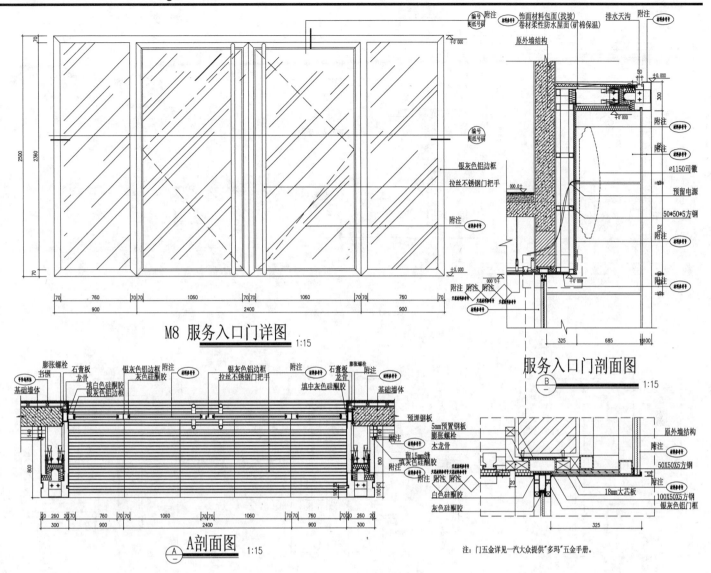

M8 服务入口门详图 1:15

服务入口门剖面图 1:15

A剖面图 1:15

注：门五金详见一汽大众提供"多玛"五金手册。

▲021-服务大厅入口门详图

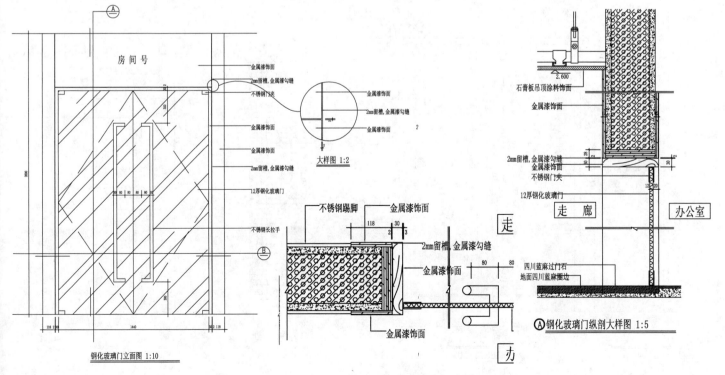

钢化玻璃门立面图 1:10

大样图 1:2

Ⓐ 钢化玻璃门纵剖大样图 1:5

▲022-钢化玻璃双开门详图

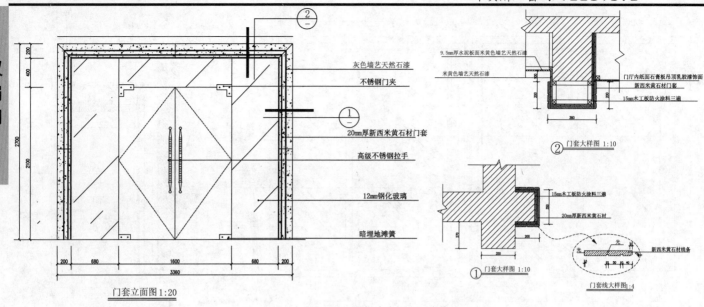

灰色墙艺天然石漆

不锈钢门夹

9.5mm厚水泥板面米黄色墙艺天然石漆

米黄色墙艺天然石漆

门厅内纸面石膏板吊顶乳胶漆饰面
新西米黄石材门套
15mm木工板防火涂料三遍

20mm厚新西米黄石材门套

高级不锈钢拉手

12mm钢化玻璃

暗埋地滩簧

② 门套大样图 1:10

15mm木工板防火涂料三遍

20mm厚新西米黄石材

新西米黄石材线条

① 门套大样图 1:10

门套线大样图 1:4

门套立面图 1:20

▲023-钢化玻璃双开门详图

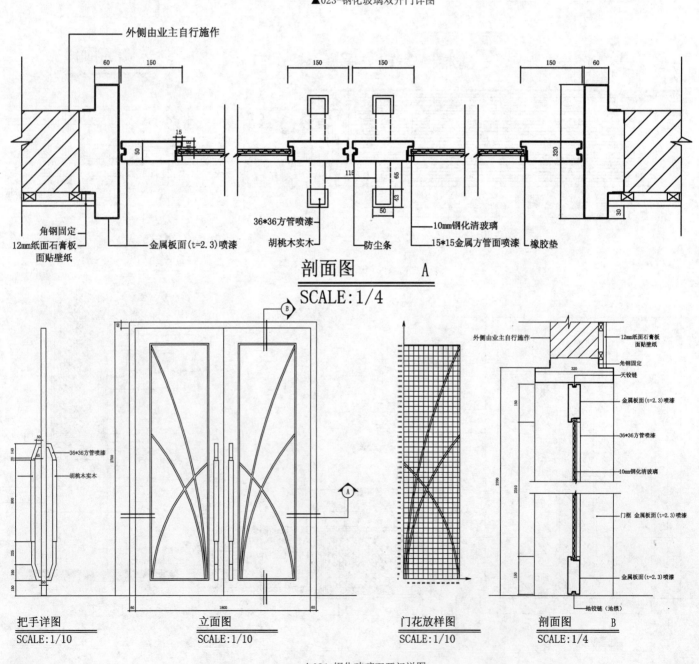

外侧由业主自行施作

角钢固定
12mm纸面石膏板
面贴壁纸

金属板面(t=2.3)喷漆

36*36方管喷漆
胡桃木实木

防尘条

10mm钢化清玻璃

15*15金属方管面喷漆

橡胶垫

剖面图　　　A
SCALE:1/4

36*36方管喷漆
胡桃木实木

外侧由业主自行施作

12mm纸面石膏板
面贴壁纸

角钢固定

天铰链

金属板面(t=2.3)喷漆

36*36方管喷漆

10mm钢化清玻璃

门框 金属板面(t=2.3)喷漆

金属板面(t=2.3)喷漆

地铰链(地锁)

把手详图
SCALE:1/10

立面图
SCALE:1/10

门花放样图
SCALE:1/10

剖面图　　　B
SCALE:1/4

▲024-钢化玻璃双开门详图

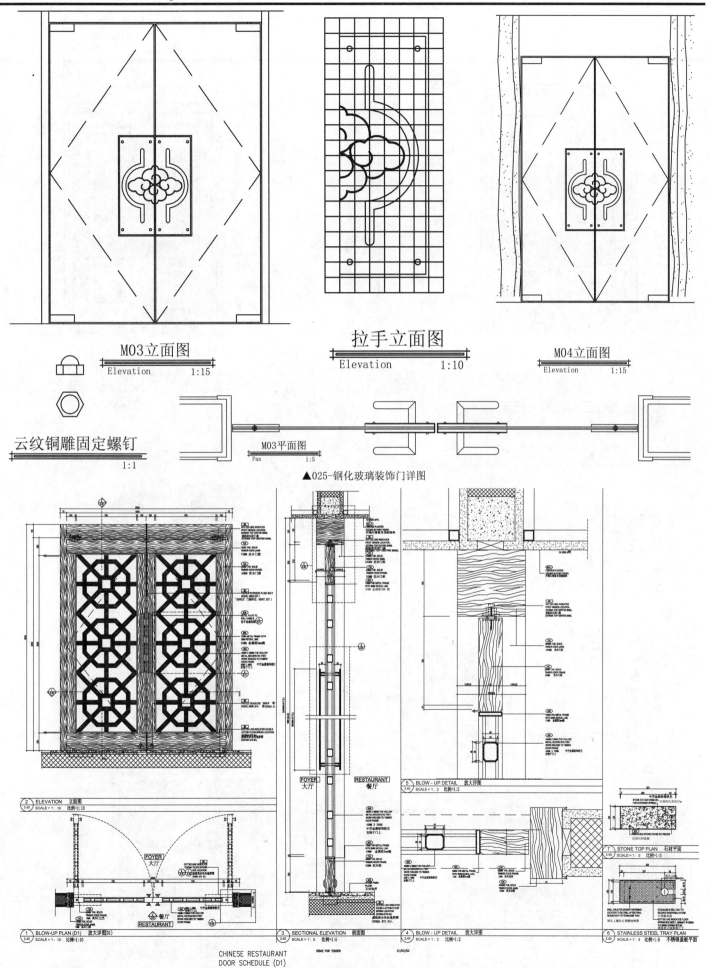

M03立面图
Elevation 1:15

拉手立面图
Elevation 1:10

M04立面图
Elevation 1:15

云纹铜雕固定螺钉
1:1

M03平面图
Pan 1:5

▲025-钢化玻璃装饰门详图

① BLOW-UP PLAN (D1) 放大详图(D1)
SCALE 1:10 比例1:10

② ELEVATION 立面图
SCALE 1:10 比例1:10

③ SECTIONAL ELEVATION 剖面图
SCALE 1:5 比例1:5

④ BLOW - UP DETAIL 放大详图
SCALE 1:2 比例1:2

⑤ BLOW - UP DETAIL 放大详图
SCALE 1:2 比例1:2

⑥ STAINLESS STEEL TRAY PLAN 不锈钢盖板平面
SCALE 1:5 比例1:5

⑦ STONE TOP PLAN 石材平面
SCALE 1:5 比例1:5

FOYER 大厅

RESTAURANT 餐厅

ISSUE FOR TENDER

31/03/03

CHINESE RESTAURANT
DOOR SCHEDULE (D1)

▲026-豪华餐厅双开门详图

双扇门

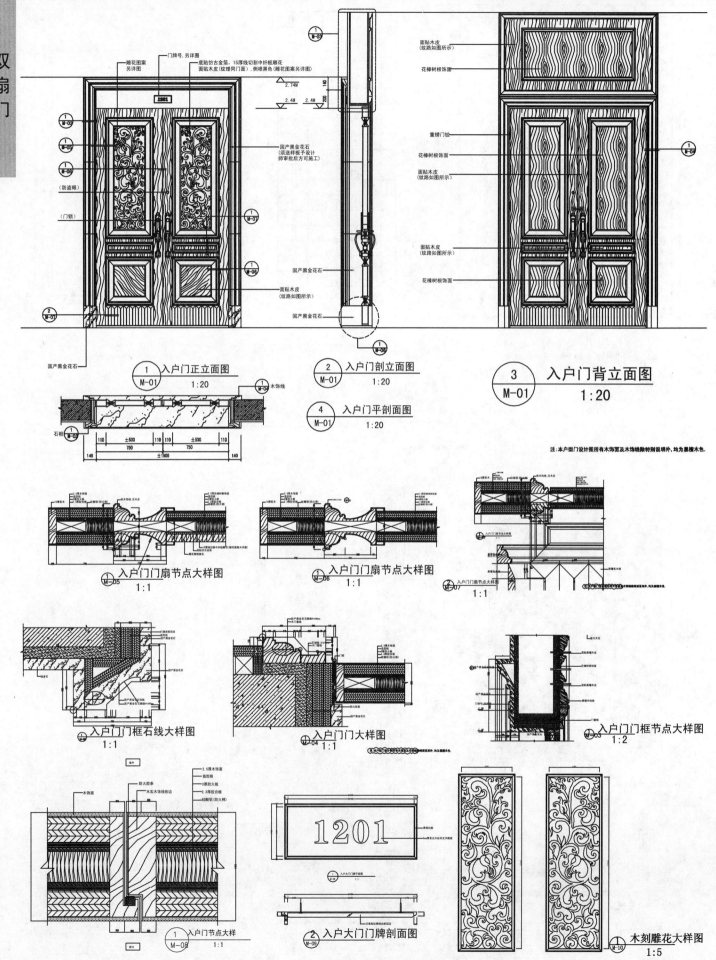

▲027-豪华雕花入户木门详图

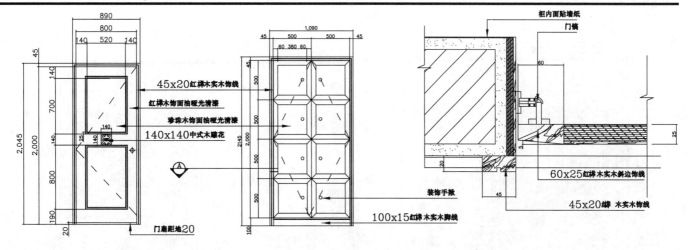

45x20红缬木实木饰线
红缬木饰面油哑光清漆
珍森木饰面油哑光清漆
140x140中式木雕花

柜内面贴墙纸
门槽

装饰手撕
100x15红缬木实木脚线

60x25红缬木实木斜边饰线
45x20缬 木实木饰线

门扇距地20

D6 ELEV　中式客房门立面大样图　比例: 1:20

D7 ELEV　中式行李室门立面大样图　比例: 1:20

A DETAIL　行李房门A剖大样图　比例: 1:10

▲028-豪华公寓入户大门详图

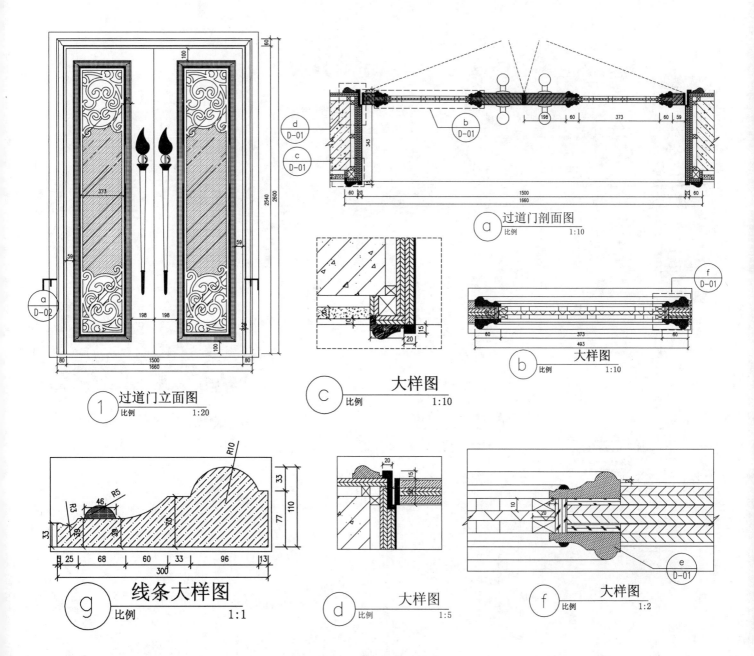

d D-01
c D-01
b D-01

a 过道门剖面图　比例　1:10

a D-02

1 过道门立面图　比例　1:20

c 大样图　比例　1:10

f D-01
b 大样图　比例　1:10

g 线条大样图　比例　1:1

d 大样图　比例　1:5

f 大样图　比例　1:2
e D-01

▲029-黑檀木双扇门详图

双扇门

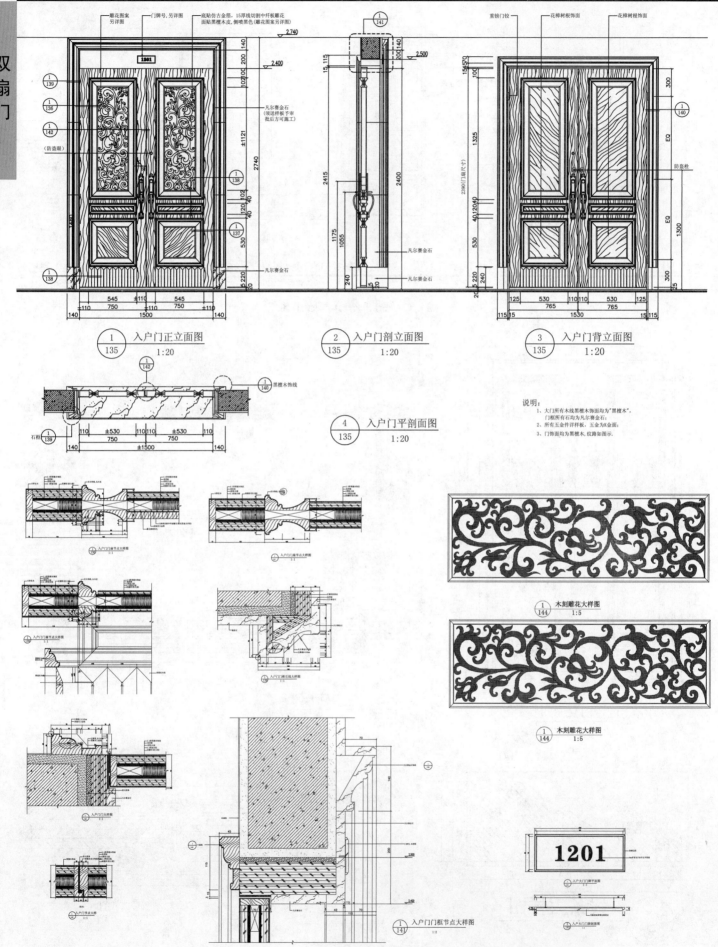

① 入户门正立面图
135   1:20

② 入户门剖立面图
135   1:20

③ 入户门背立面图
135   1:20

④ 入户门平剖面图
135   1:20

说明:
1、大门所有木线黑檀木饰面均为"黑檀木",门框所有石均为凡尔赛金石;
2、所有五金件详样板,五金为K金面;
3、门饰面均为黑檀木,纹路如图示.

① 木刻雕花大样图
144   1:5

① 木刻雕花大样图
144   1:5

▲030-豪华公寓入户大门详图

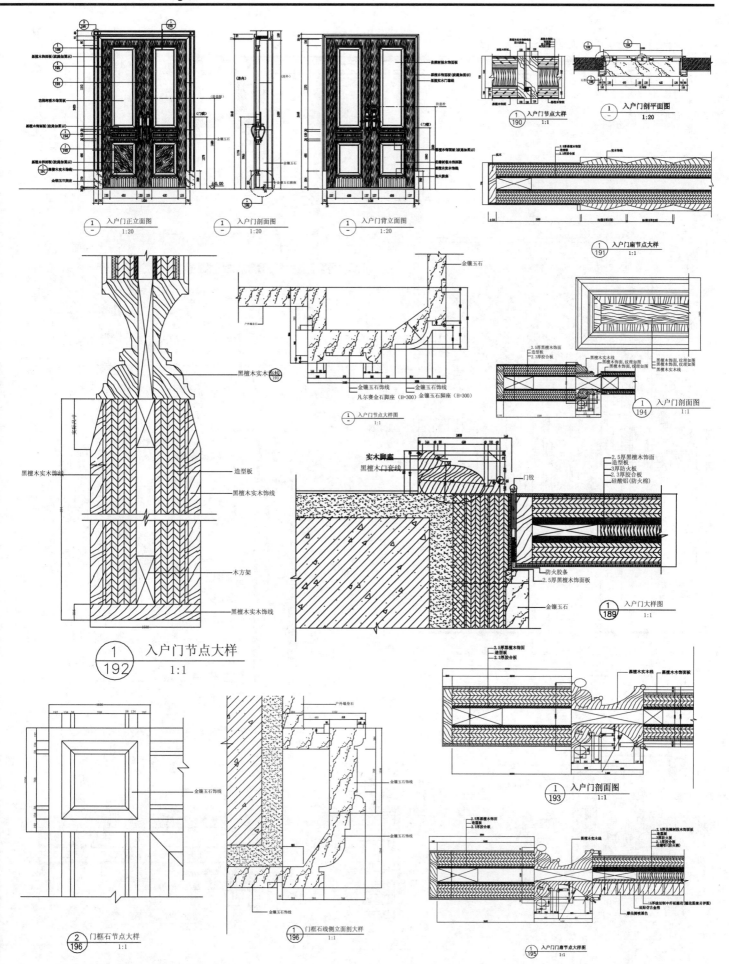

▲031-黑檀木入户门详图

双扇门

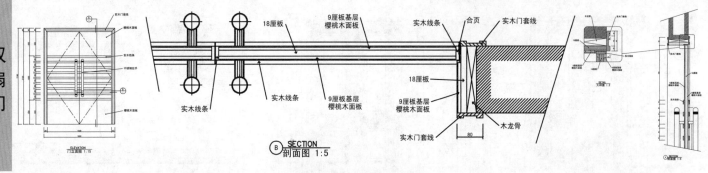

▲035-会议室双开木门详图

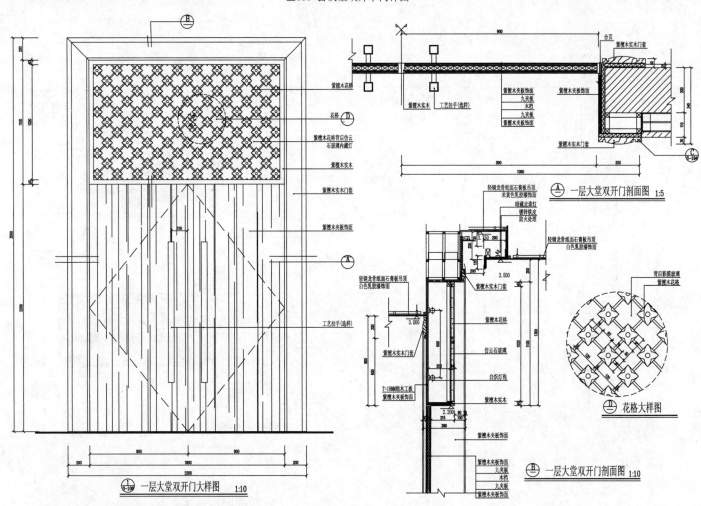

▲036-酒店大堂双开门详图

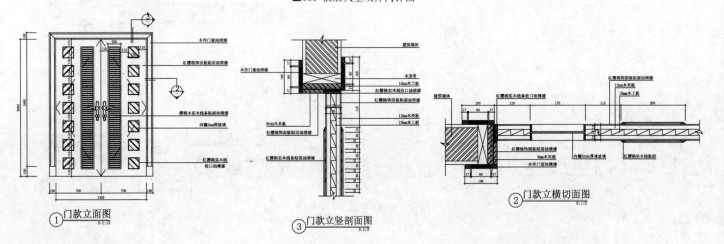

▲038-酒楼防火门详图

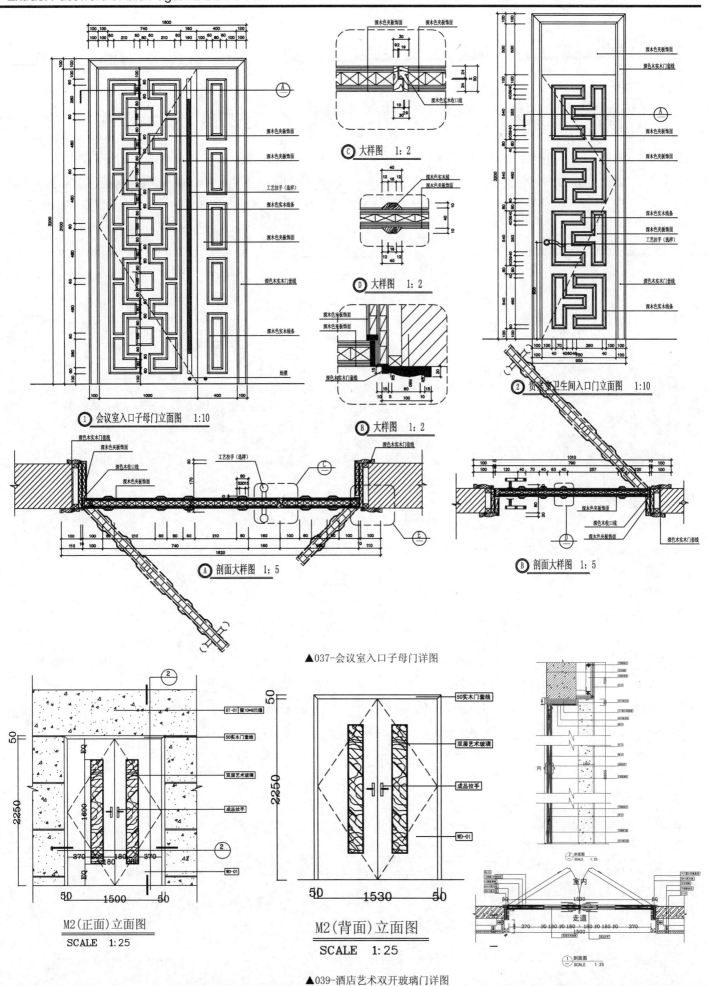

① 会议室入口子母门立面图 1:10

Ⓒ 大样图 1:2

Ⓓ 大样图 1:2

Ⓑ 大样图 1:2

② 贵宾男卫生间入口门立面图 1:10

Ⓐ 剖面大样图 1:5

Ⓑ 剖面大样图 1:5

▲037-会议室入口子母门详图

M2(正面)立面图
SCALE 1:25

M2(背面)立面图
SCALE 1:25

▲039-酒店艺术双开玻璃门详图

双扇门

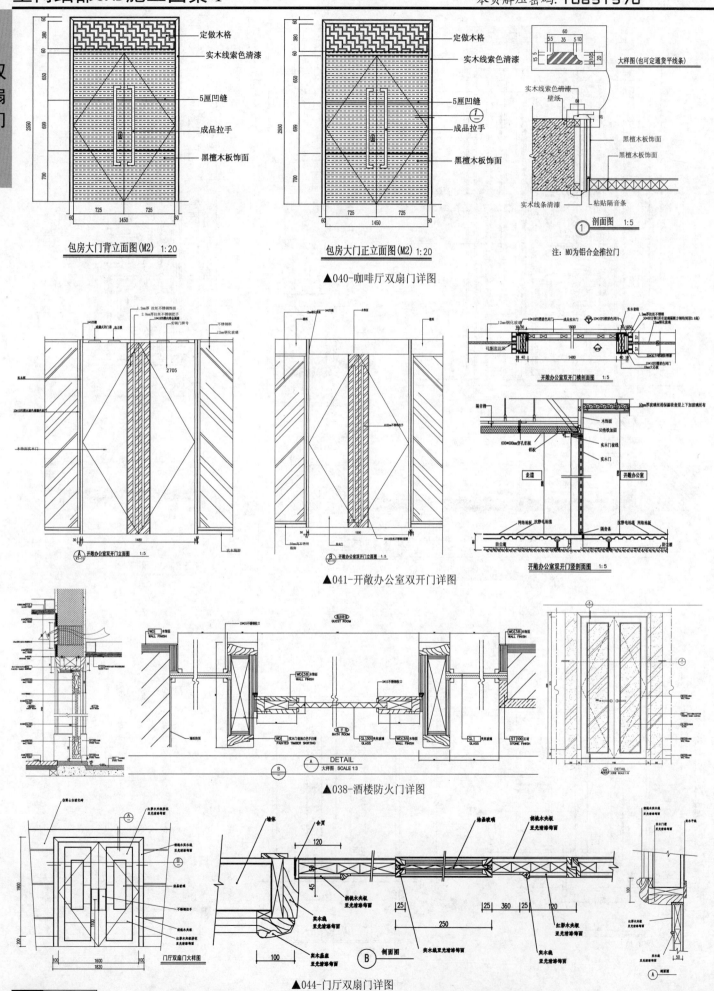

包房大门背立面图(M2) 1:20

定做木格
实木线索色清漆
5厘凹缝
成品拉手
黑檀木板饰面

包房大门正立面图(M2) 1:20

定做木格
实木线索色清漆
5厘凹缝
成品拉手
黑檀木板饰面

大样图(也可定通货平线条)

实木线索色清漆
壁纸
黑檀木板饰面
黑檀木板饰面
实木线条清漆
粘贴隔音条

① 剖面图 1:5

注:M0为铝合金推拉门

▲040-咖啡厅双扇门详图

开敞办公室双开门立面图 1:5

开敞办公室双开门立面图 1:5

开敞办公室双开门墙剖面图 1:5

开敞办公室双开门竖剖面图 1:5

▲041-开敞办公室双开门详图

▲038-酒楼防火门详图

门厅双扇门大样图

剖面图

▲044-门厅双扇门详图

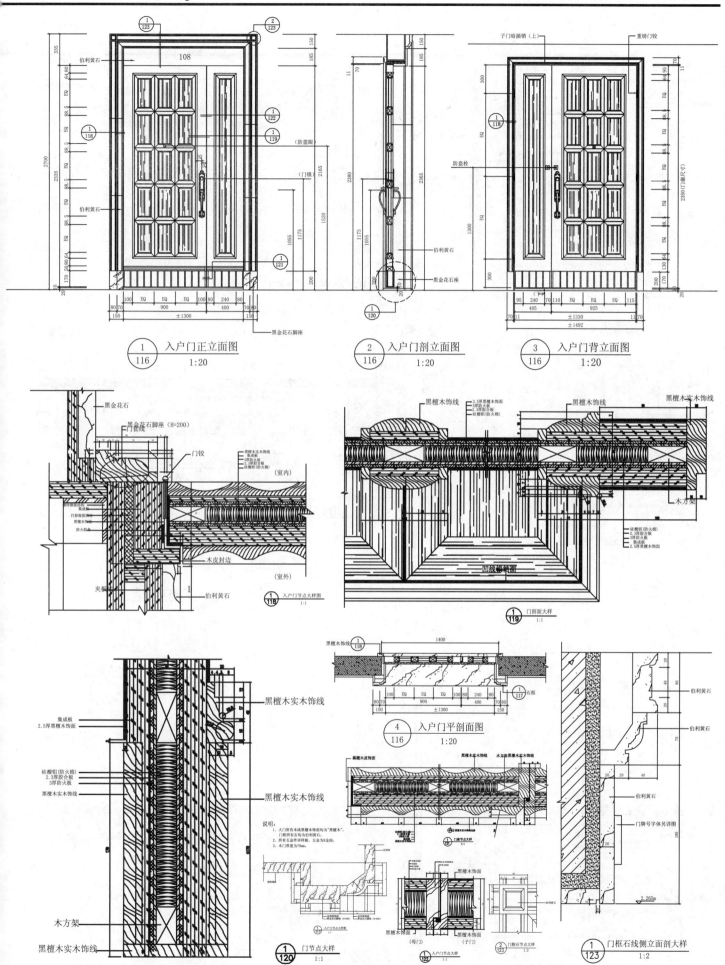

① 入户门正立面图
116
1:20

② 入户门剖立面图
116
1:20

③ 入户门背立面图
116
1:20

④ 入户门平剖面图
116
1:20

▲042-门大样

本页解压密码: 10851570

双扇门

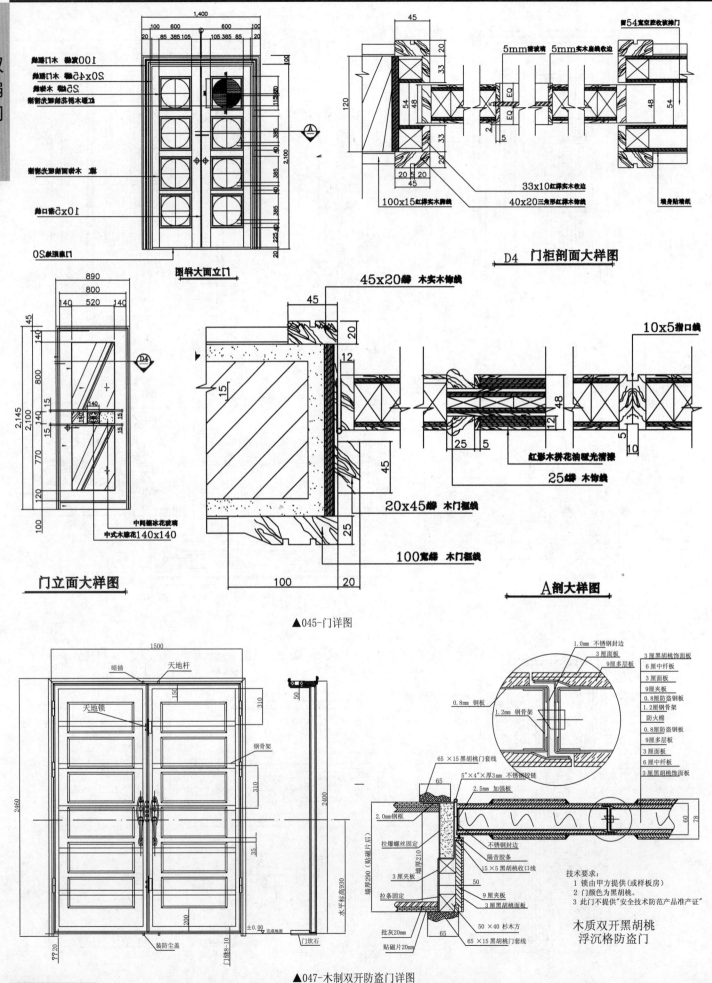

图样大面立门

门立面大样图

D4 **门柜剖面大样图**

45x20 檀 木实木饰木线

10x5挡口线

红影木拼花油暧光清漆

25檀 木饰线

20x45檀 木门框线

100宽檀 木门框线

A剖大样图

▲045-门详图

技术要求:
1 锁由甲方提供(或样板房)
2 门颜色为黑胡桃。
3 此门不提供"安全技术防范产品准产证"

木质双开黑胡桃
浮沉格防盗门

▲047-木制双开防盗门详图

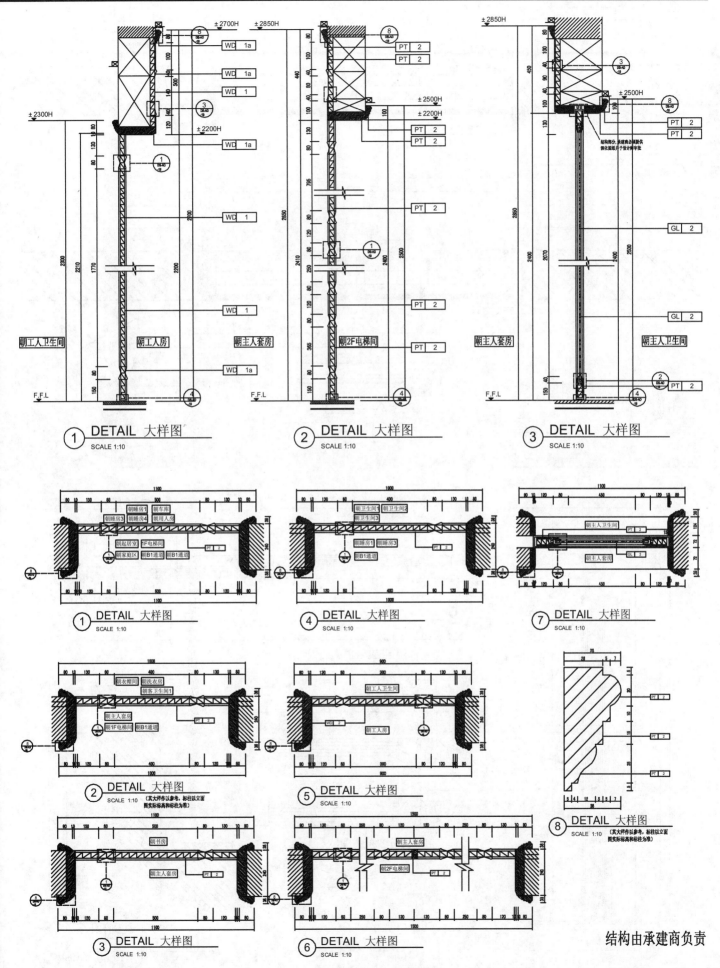

▲046-欧式双开门详图

结构由承建商负责

双扇门

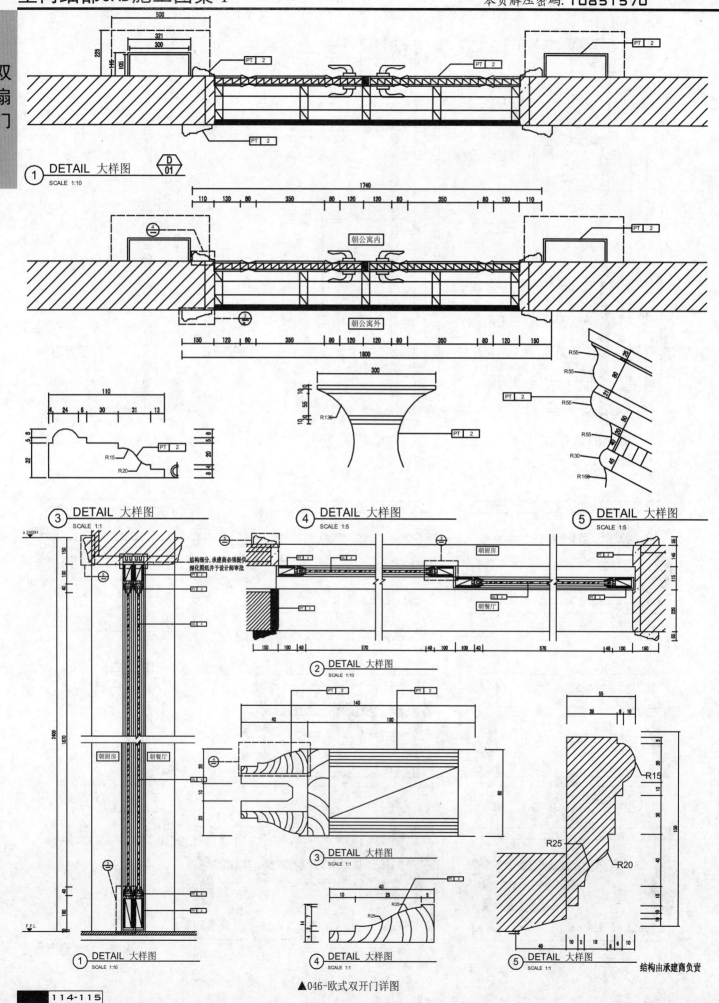

① DETAIL 大样图 ◇D 01
SCALE 1:10

③ DETAIL 大样图
SCALE 1:1

④ DETAIL 大样图
SCALE 1:5

⑤ DETAIL 大样图
SCALE 1:5

② DETAIL 大样图
SCALE 1:10

② DETAIL 大样图
SCALE 1:10

① DETAIL 大样图
SCALE 1:10

③ DETAIL 大样图
SCALE 1:1

④ DETAIL 大样图
SCALE 1:1

⑤ DETAIL 大样图
SCALE 1:1

结构由承建商负责

▲046-欧式双开门详图

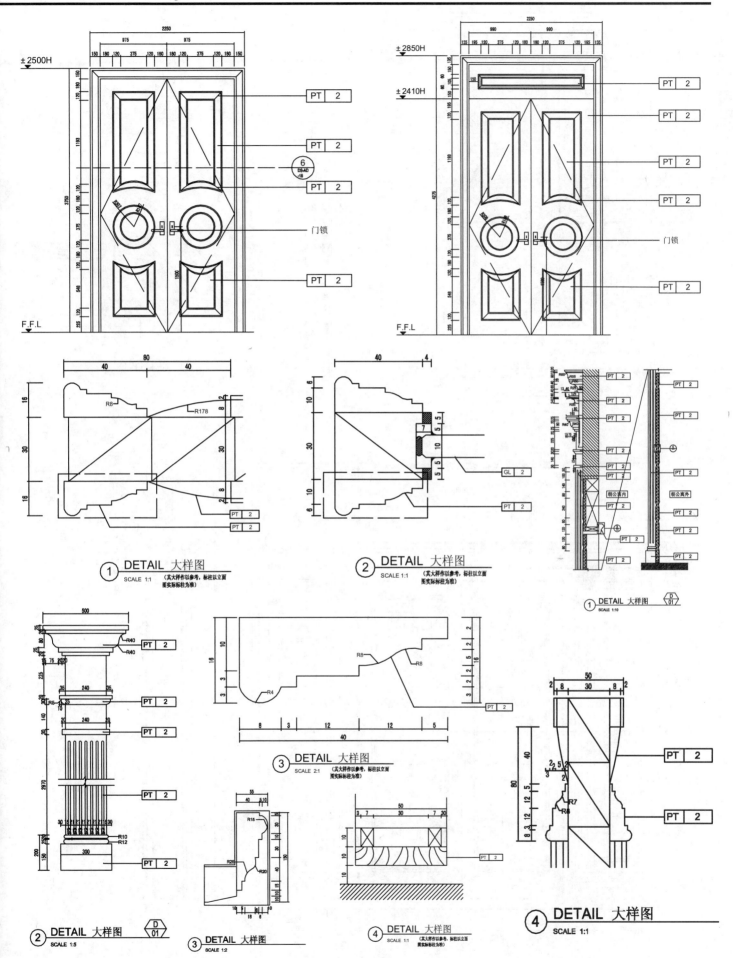

▲46-欧式双开门详图

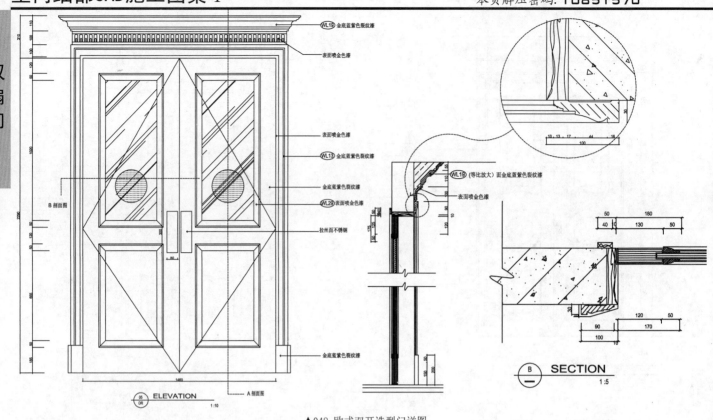

▲048-欧式双开造型门详图

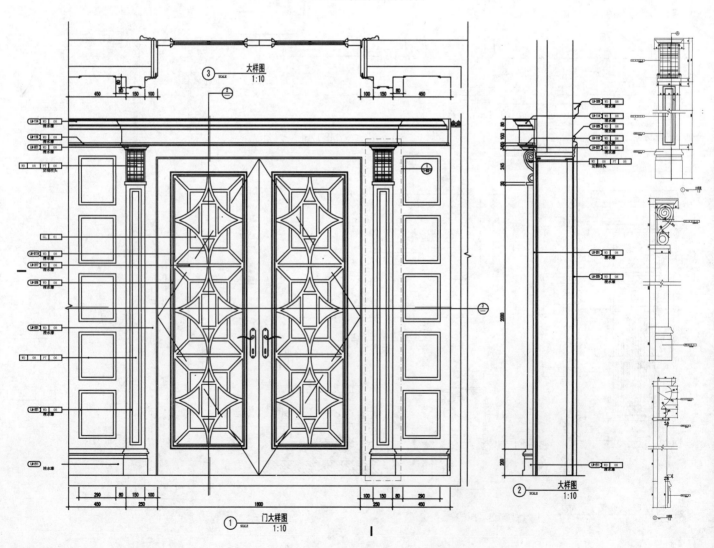

▲049-欧式双扇门详图

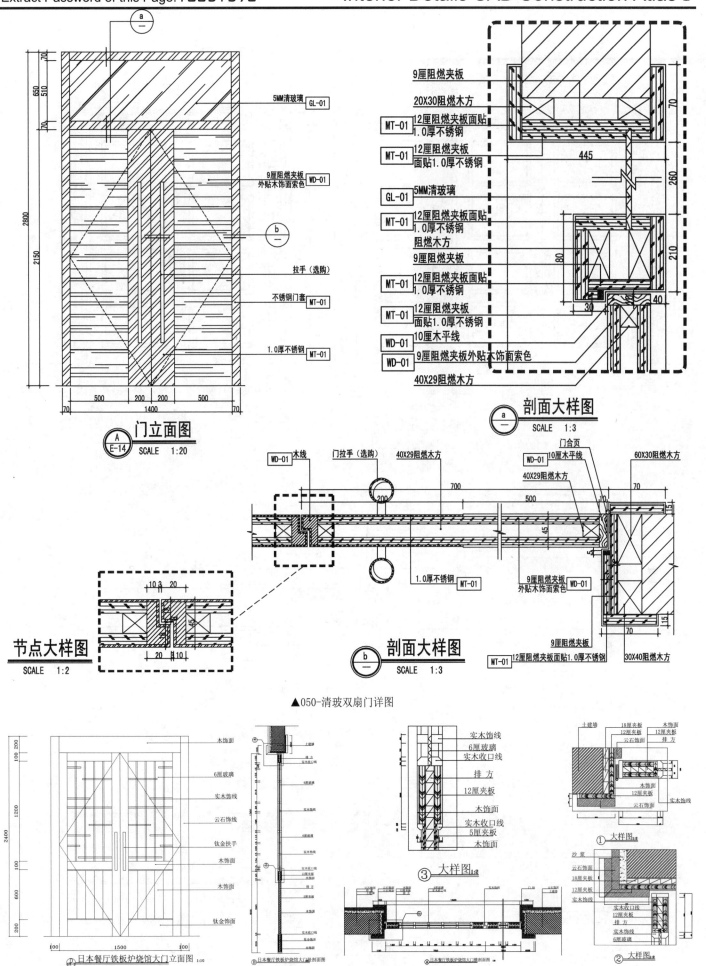

5MM清玻璃 GL-01

9厘阻燃夹板 WD-01
外贴木饰面索色

拉手（选购）

不锈钢门套 MT-01

1.0厚不锈钢 MT-01

门立面图
A
E-14
SCALE 1:20

9厘阻燃夹板
20X30阻燃木方
MT-01 12厘阻燃夹板面贴1.0厚不锈钢
MT-01 12厘阻燃夹板面贴1.0厚不锈钢
GL-01 5MM清玻璃
MT-01 12厘阻燃夹板面贴1.0厚不锈钢
阻燃木方
9厘阻燃夹板
MT-01 12厘阻燃夹板面贴1.0厚不锈钢
MT-01 12厘阻燃夹板面贴1.0厚不锈钢
WD-01 10厘木平线
WD-01 9厘阻燃夹板外贴木饰面索色
40X29阻燃木方

剖面大样图
a
SCALE 1:3

WD-01 木线　门拉手（选购）　40X29阻燃木方　　门合页　WD-01 10厘木平线　60X30阻燃木方
40X29阻燃木方

1.0厚不锈钢 MT-01
9厘阻燃夹板 WD-01
外贴木饰面索色
9厘阻燃夹板
MT-01 12厘阻燃夹板面贴1.0厚不锈钢　30X40阻燃木方

节点大样图
SCALE 1:2

剖面大样图
b
SCALE 1:3

▲050-清玻双扇门详图

木饰面
6厘玻璃
实木饰线
云石饰线
钛金扶手
木饰面
木饰面
钛金饰面

①日本餐厅铁板炉烧馆大门立面图 1:10

实木饰线
6厘玻璃
实木收口线
排方
12厘夹板
木饰面
实木收口线
5厘夹板
木饰面

③大样图1:2

土建墙　18厘夹板　木饰面
12厘夹板
云石饰面
排方
木饰面
12厘夹板
云石饰面
实木饰线

①大样图

沙浆
云石饰面
18厘夹板
12厘夹板
木饰面
实木收口线
12厘夹板
排方
实木饰线
6厘玻璃

②大样图

▲051-日式铁板炉烧官门详图

本页解压密码：10851570

双扇门

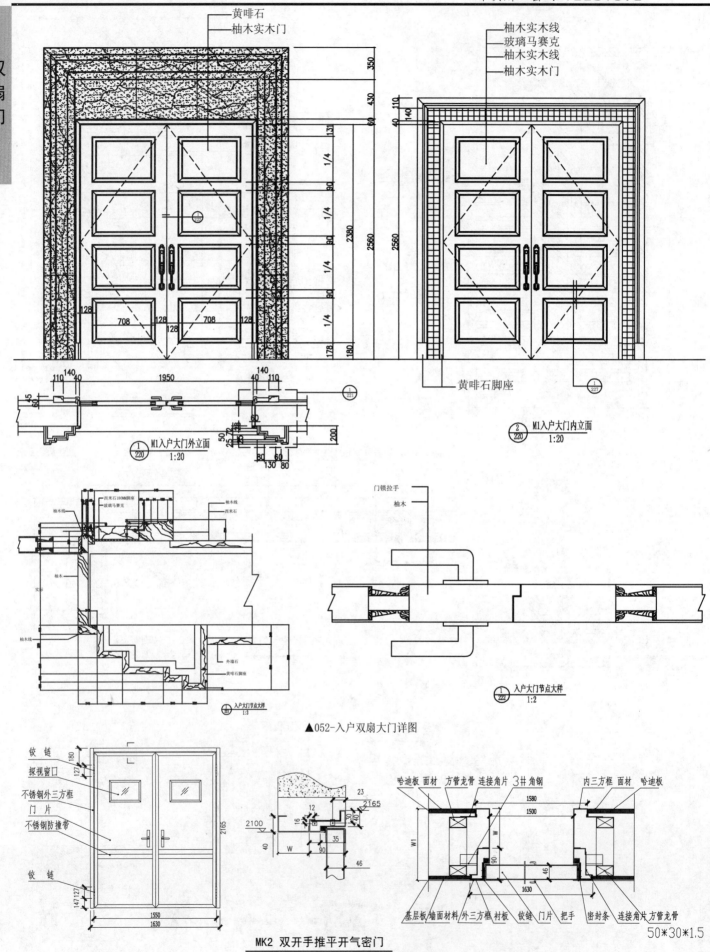

黄啡石
柚木实木门

柚木实木线
玻璃马赛克
柚木实木线
柚木实木门

黄啡石脚座

① M1入户大门外立面 1:20

② M1入户大门内立面 1:20

西米石180MM脚座
柚木线
玻璃马赛克
西米石

柚木

实体

柚木线

外墙石
黄啡石脚座

入户大门节点大样 1:3

门锁拉手
柚木

① 入户大门节点大样 1:2

▲052-入户双扇大门详图

铰链
探视窗口
不锈钢外三方框
门片
不锈钢防撞带
铰链

MK2 双开手推平开气密门

哈迪板 面材 方管龙骨 连接角片 3#角钢
内三方框 面材 哈迪板

基层板 墙面材料 外三方框 衬板 铰链 门片 把手 密封条 连接角片 方管龙骨

50*30*1.5

▲053-手术室双开气密门详图

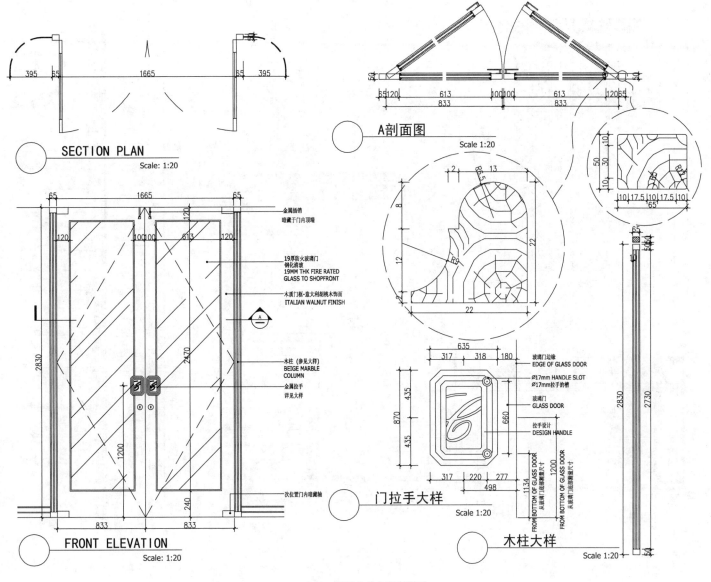

SECTION PLAN
Scale: 1:20

A剖面图
Scale 1:20

FRONT ELEVATION
Scale: 1:20

金属插销
暗藏于门内顶端

19厚防火玻璃门
钢化清玻
19MM THK FIRE RATED
GLASS TO SHOPFRONT

木质门框-意大利胡桃木饰面
ITALIAN WALNUT FINISH

木柱（参见大样）
BEIGE MARBLE
COLUMN

金属拉手
详见大样

次位置门内暗藏轴

玻璃门边缘
EDGE OF GLASS DOOR

Ø17mm HANDLE SLOT
Ø17mm拉手的槽

玻璃门
GLASS DOOR

拉手设计
DESIGN HANDLE

门拉手大样
Scale 1:20

木柱大样
Scale: 1:20

FROM BOTTOM OF GLASS DOOR
从玻璃门底部测量尺寸

▲054-商场内外立面门详图

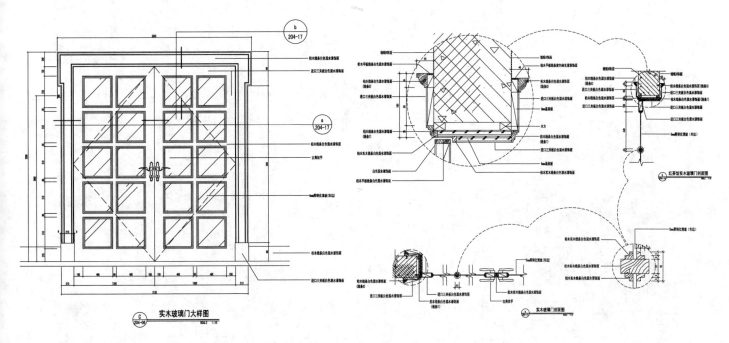

实木玻璃门大样图

▲055-实木玻璃门详图

本页解压密码: 10851570

双扇门

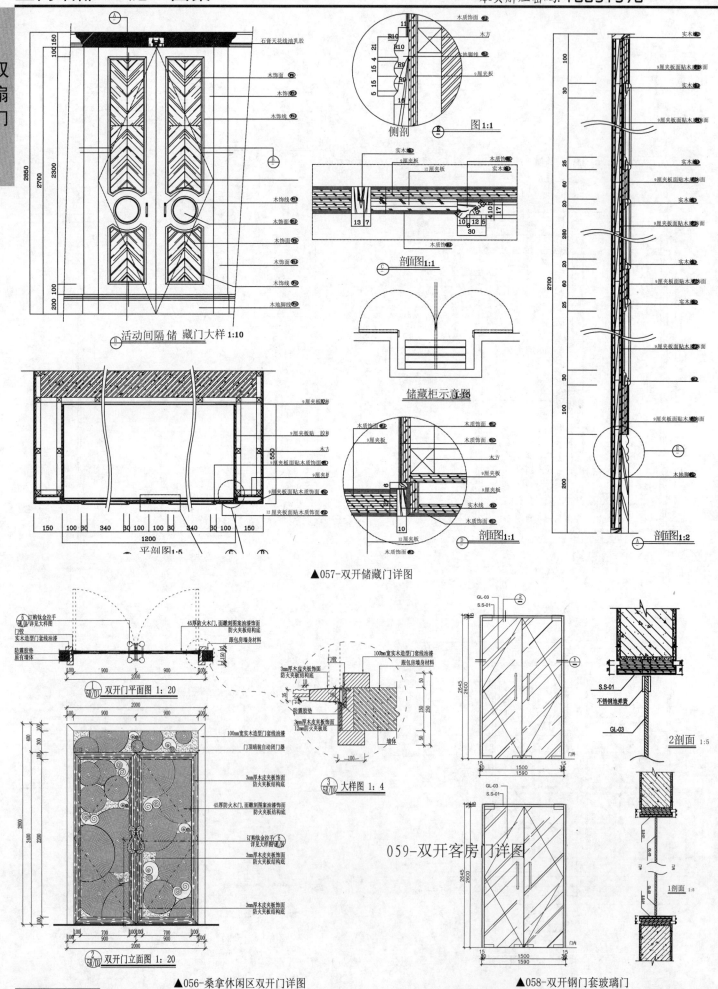

石膏天花线油乳胶

木饰面
木饰面
木饰线

木饰线
木饰面
木饰面

木饰面
木饰线
木地脚线

活动间隔储 藏门大样 1:10

侧剖

图 1:1

剖面图 1:1

储藏柜示意图

剖面图 1:1

剖面图 1:2

9夹板配
9夹板贴 胶板
木方
9夹板面贴木质饰面
9夹板面贴木质饰面
12夹板面贴木质饰面

平剖图 1:5

▲057-双开储藏门详图

双开门平面图 1:20

双开门立面图 1:20

大样图 1:4

059-双开客房门详图

2剖面 1:5

1剖面 1:5

▲056-桑拿休闲区双开门详图

▲058-双开钢门套玻璃门

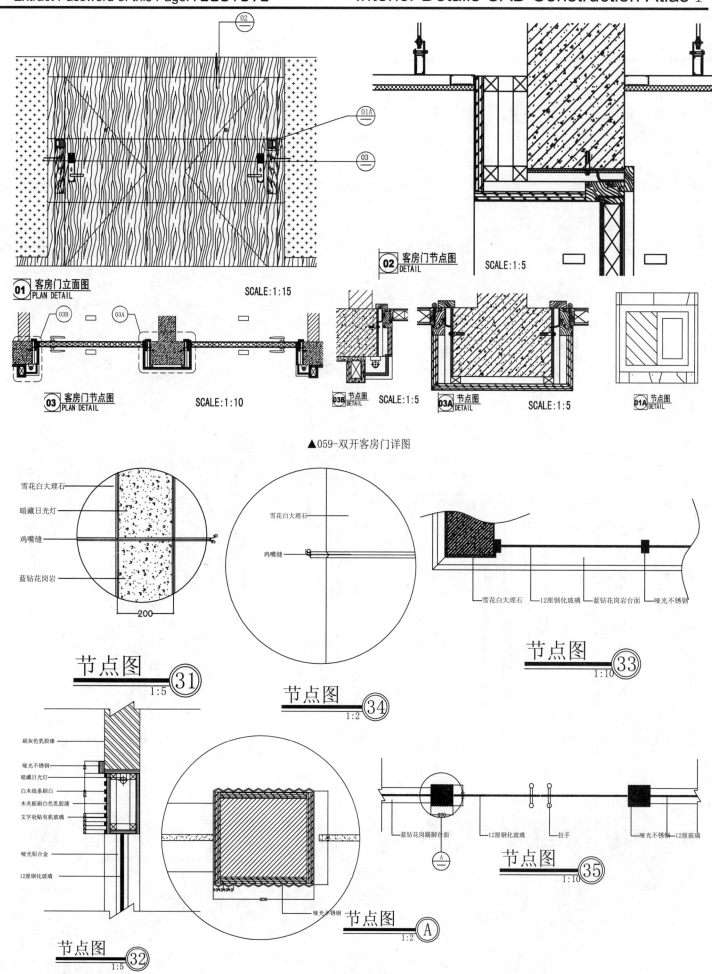

01 客房门立面图
PLAN DETAIL　　　　　　SCALE:1:15

03B　**03A**

03 客房门节点图
PLAN DETAIL　　　　　　SCALE:1:10

02 客房门节点图
DETAIL　　　SCALE:1:5

03B 节点图
DETAIL　SCALE:1:5

03A 节点图
DETAIL　SCALE:1:5

01A 节点图
DETAIL

▲059-双开客房门详图

雪花白大理石
暗藏日光灯
鸡嘴缝
蓝钻花岗岩

节点图 ③①
1:5

雪花白大理石
鸡嘴缝

节点图 ③④
1:2

雪花白大理石　12厘钢化玻璃　蓝钻花岗岩台面　哑光不锈钢

节点图 ③③
1:10

刷灰色乳胶漆
哑光不锈钢
暗藏日光灯
白木线条刷白
木夹板刷白色乳胶漆
文字处贴有机玻璃
哑光铝合金
12厘钢化玻璃

哑光不锈钢

节点图 Ⓐ
1:2

节点图 ③②
1:5

蓝钻花岗岩踢脚台面　12厘钢化玻璃　拉手　哑光不锈钢-12厘玻璃

节点图 ③⑤
1:10

▲060-双开门节点

双
扇
门

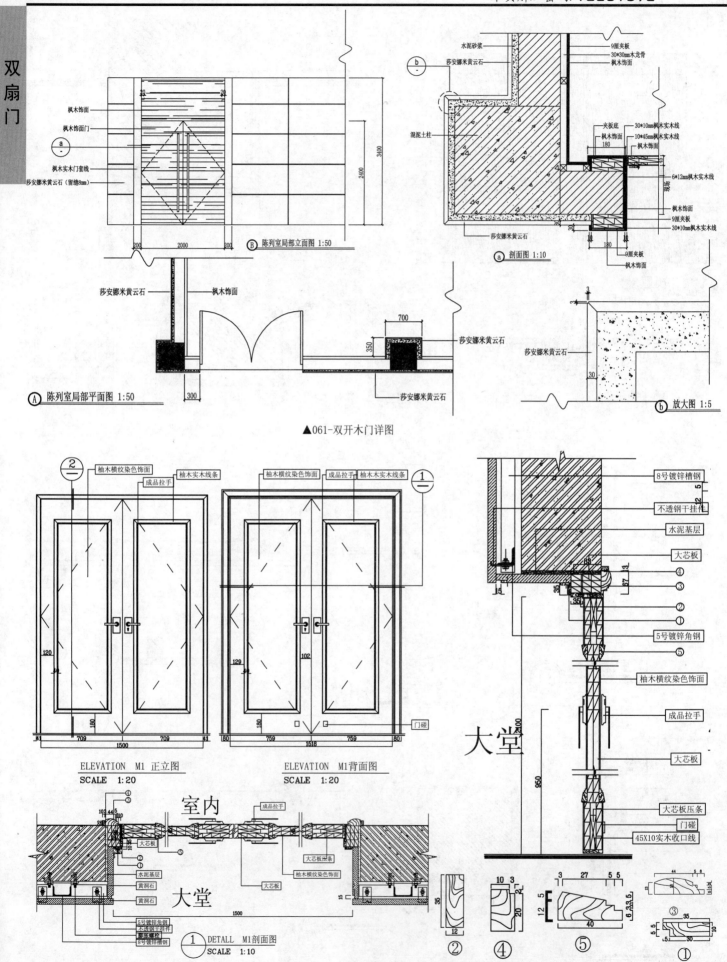

Ⓐ 陈列室局部平面图 1:50

Ⓑ 陈列室局部立面图 1:50

ⓐ 剖面图 1:10

ⓑ 放大图 1:5

▲061-双开木门详图

ELEVATION M1 正立图
SCALE 1:20

ELEVATION M1 背面图
SCALE 1:20

大堂

① DETELL M1剖面图
SCALE 1:10

② ④ ⑤ ①

▲062-双开实木门详图

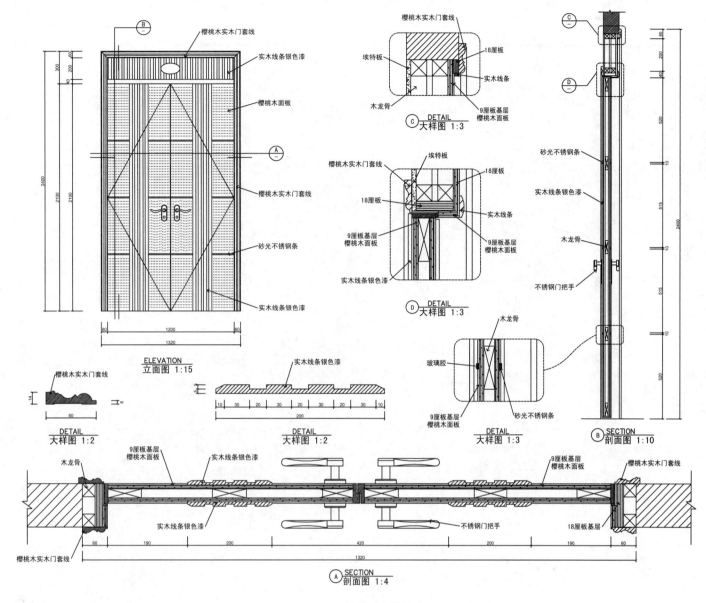

▲063-双开装饰木门详图

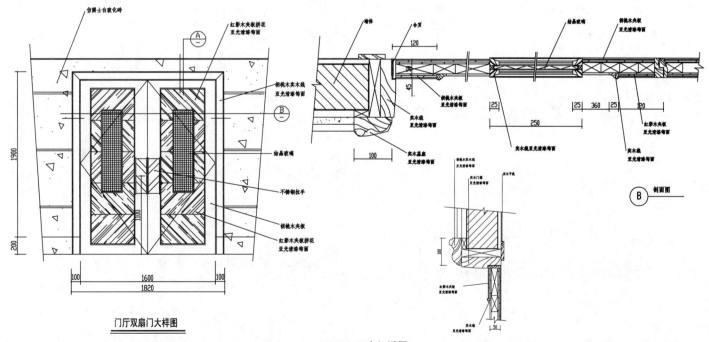

▲064-双扇门详图

双扇门

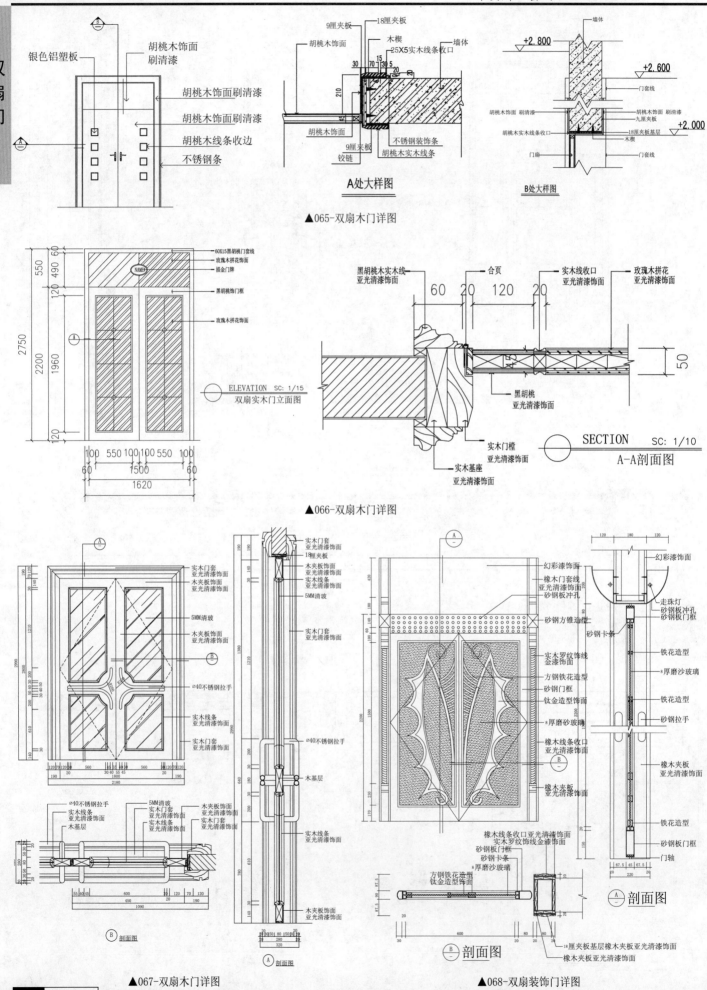

银色铝塑板
胡桃木饰面
刷清漆
胡桃木饰面刷清漆
胡桃木饰面刷清漆
胡桃木线条收边
不锈钢条

9厘夹板
18厘夹板
木楔
25X5实木线条收口
墙体
胡桃木饰面
胡桃木饰面
9厘夹板
铰链
不锈钢装饰条
胡桃木实木线条

A处大样图

墙体
门套线
胡桃木饰面 刷清漆
九厘夹板
胡桃木实木线条收口
18厘夹板基层
木楔
门扇
门套线

B处大样图

▲065-双扇木门详图

60X15黑胡桃门套线
玫瑰木拼花饰面
描金门牌
NAME牌
黑胡桃饰门框
玫瑰木拼花饰面

ELEVATION SC: 1/15
双扇实木门立面图

黑胡桃木实木线
亚光清漆饰面
合页
实木线条收口
亚光清漆饰面
玫瑰木拼花
亚光清漆饰面
黑胡桃
亚光清漆饰面
实木门槛
亚光清漆饰面
实木基座
亚光清漆饰面

SECTION SC: 1/10
A-A剖面图

▲066-双扇木门详图

实木门套
亚光清漆饰面
木夹板饰面
亚光清漆饰面
实木线条
亚光清漆饰面
5MM清玻
实木门套
亚光清漆饰面
实木门套
亚光清漆饰面
实木门套饰面
亚光清漆饰面

实木门套
亚光清漆饰面
木夹板饰面
亚光清漆饰面
5MM清玻
木夹板饰面
亚光清漆饰面
Ø40不锈钢拉手
实木线条
亚光清漆饰面
实木门套
亚光清漆饰面

Ø40不锈钢拉手
木基层

Ø40不锈钢拉手
5MM清玻
实木门套
亚光清漆饰面
木基层
木夹板饰面
亚光清漆饰面
实木门套
亚光清漆饰面

实木线条
亚光清漆饰面
木夹板饰面
亚光清漆饰面

▲067-双扇木门详图

幻彩漆饰面
橡木门套线
亚光清漆饰面
砂钢板冲孔
砂钢板方锥造型
实木罗纹饰线
金漆饰面
方钢铁花造型
砂钢门框
钛金造型饰面
橡木线条收口
亚光清漆饰面
橡杰夹板
亚光清漆饰面

幻彩漆饰面
走珠灯
砂钢板冲孔
砂钢板门框
砂钢卡条
铁花造型
厚磨沙玻璃
铁花造型
砂钢拉手
橡木夹板
亚光清漆饰面
铁花造型
砂钢板门框
门轴

橡木线条收口亚光清漆饰面
实木罗纹饰线金漆饰面
砂钢板门框
砂钢卡条
厚磨沙玻璃
方钢铁花造型
钛金造型饰面

B 剖面图

A 剖面图

18厘夹板基层橡木夹板亚光清漆饰面
橡木夹板亚光清漆饰面

▲068-双扇装饰门详图

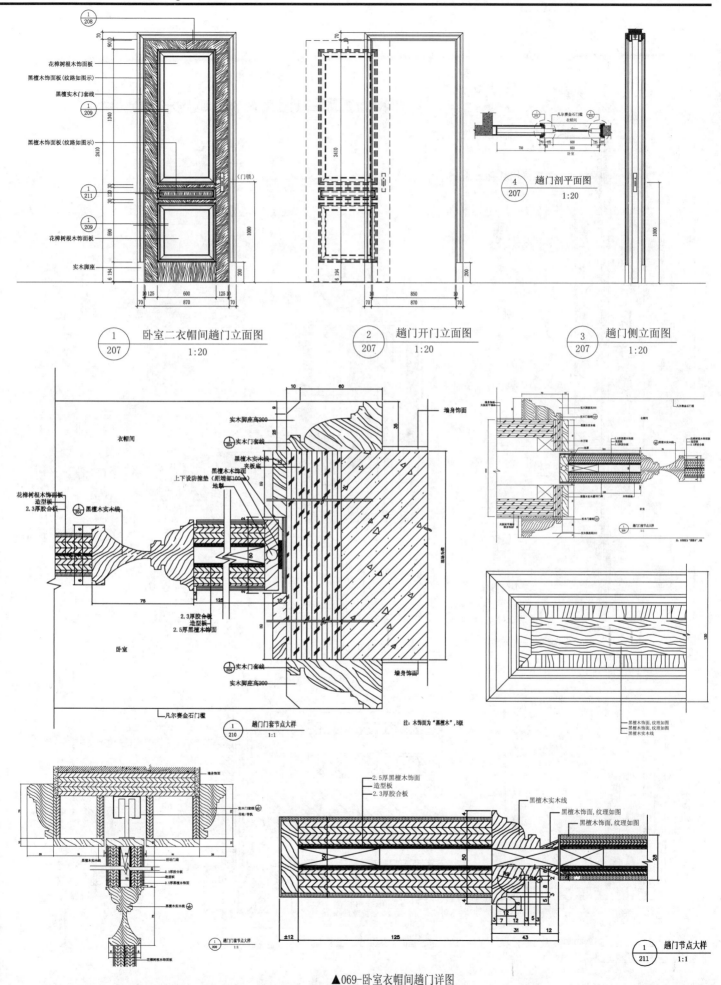

▲069-卧室衣帽间趟门详图

双扇门

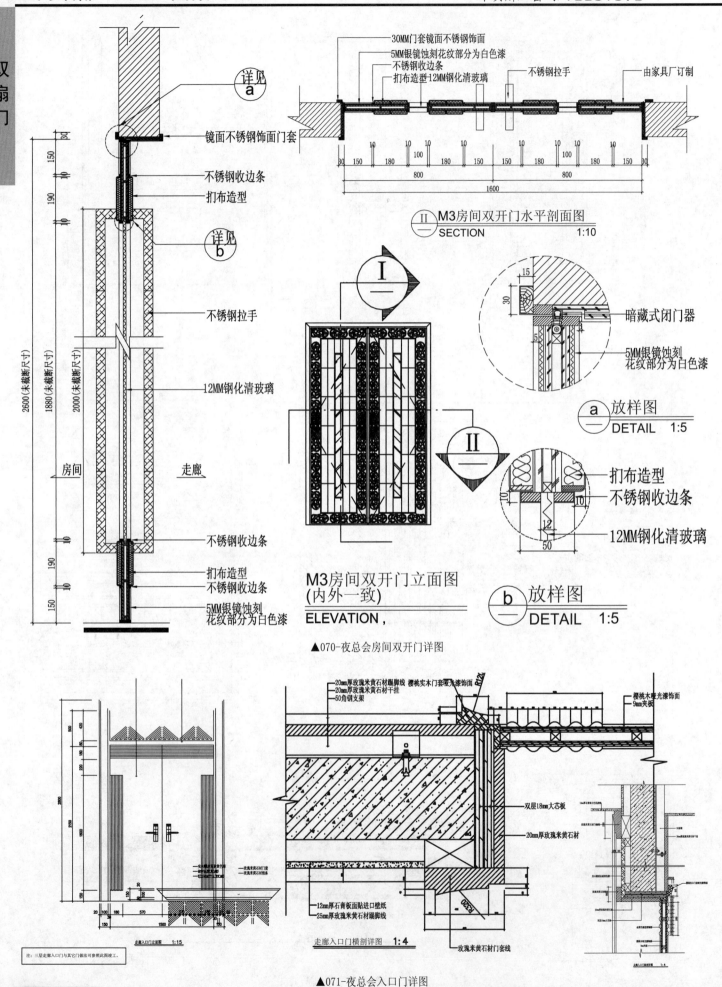

30MM门套镜面不锈钢饰面
5MM银镜蚀刻花纹部分为白色漆
不锈钢收边条
扪布造型12MM钢化清玻璃
不锈钢拉手
由家具厂订制

镜面不锈钢饰面门套
不锈钢收边条
扪布造型
不锈钢拉手
12MM钢化清玻璃
不锈钢收边条
扪布造型
5MM银镜蚀刻花纹部分为白色漆

详见 a
详见 b

房间　　走廊

2600(未载断尺寸) 1880(未载断尺寸) 2000(未载断尺寸)

Ⅱ M3房间双开门水平剖面图
SECTION 1:10

暗藏式闭门器
5MM银镜蚀刻花纹部分为白色漆

a 放样图 DETAIL 1:5

扪布造型
不锈钢收边条
12MM钢化清玻璃

M3房间双开门立面图
(内外一致)
ELEVATION ,

b 放样图 DETAIL 1:5

▲070-夜总会房间双开门详图

走廊入口门立面图 1:15

走廊入口门横剖详图 1:4

▲071-夜总会入口门详图

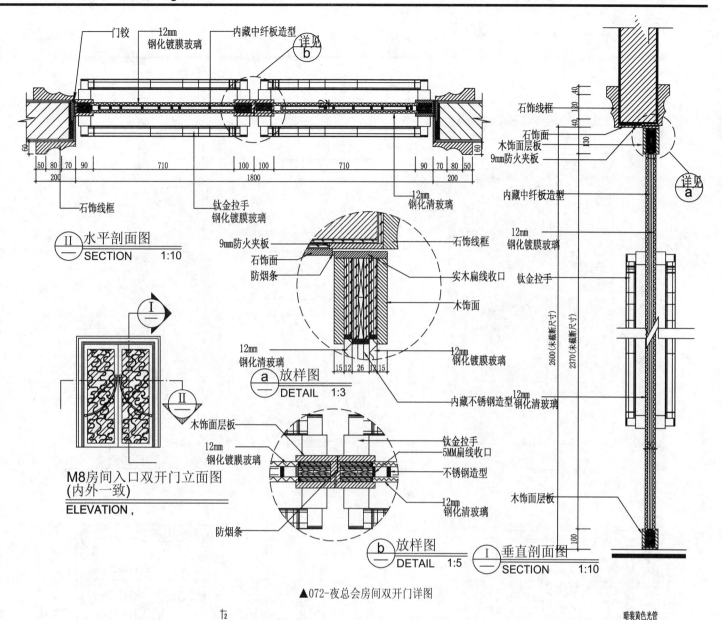

门铰　12mm 钢化镀膜玻璃　内藏中纤板造型　详见 b

石饰线框

II 水平剖面图 SECTION 1:10

石饰线框　钛金拉手 钢化镀膜玻璃　12mm 钢化清玻璃

9mm防火夹板
石饰面
防烟条
石饰线框
实木扁线收口
木饰面
12mm 钢化清玻璃
12mm 钢化镀膜玻璃

15 12 26 12 15

a 放样图 DETAIL 1:3

M8房间入口双开门立面图 (内外一致) ELEVATION,

木饰面层板
12mm 钢化镀膜玻璃
钛金拉手
5MM扁线收口
不锈钢造型
12mm 钢化清玻璃
防烟条

b 放样图 DETAIL 1:5

石饰线框
石饰面
木饰面层板
9mm防火夹板
内藏中纤板造型
12mm 钢化镀膜玻璃
钛金拉手
2600(未截断尺寸)　2370(未截断尺寸)
内藏不锈钢造型 12mm 钢化清玻璃
木饰面层板
100
详见 a

I 垂直剖面图 SECTION 1:10

▲072-夜总会房间双开门详图

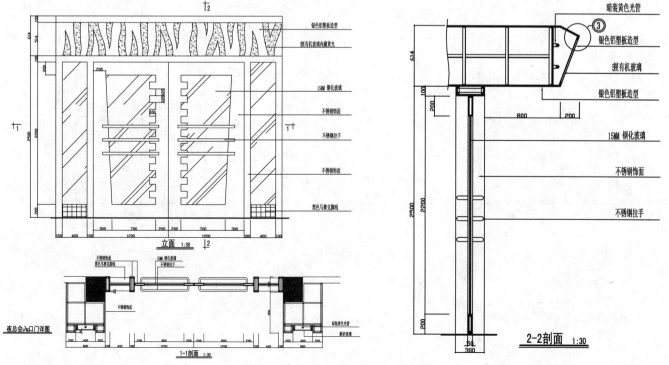

银色铝塑板造型
捆有机玻璃内藏黄光
15MM 钢化玻璃
不锈钢饰面
不锈钢拉手
不锈钢饰面
黑色马赛克脚线

立面 1:30

暗装黄色光管
银色铝塑板造型
捆有机玻璃
银色铝塑板造型
15MM 钢化玻璃
不锈钢饰面
不锈钢拉手

2-2剖面 1:30

夜总会入口门详图

1-1剖面 1:30

▲073-夜总会入口门详图

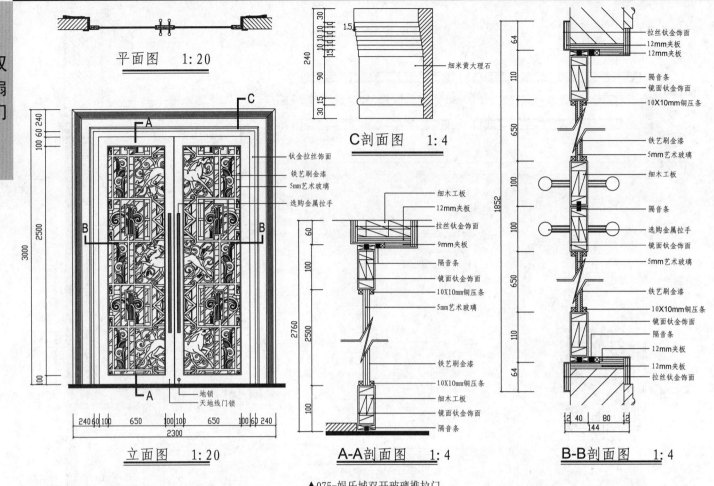

平面图 1:20

C剖面图 1:4

立面图 1:20

A-A剖面图 1:4

B-B剖面图 1:4

▲075-娱乐城双开玻璃推拉门

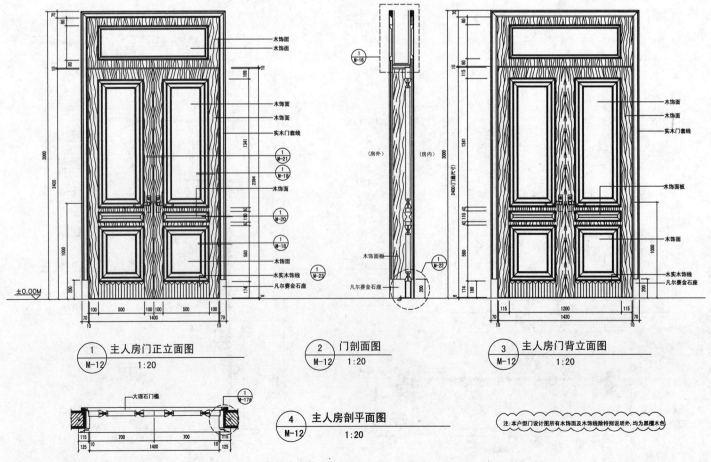

① 主人房门正立面图
M-12 1:20

② 门剖面图
M-12 1:20

③ 主人房门背立面图
M-12 1:20

④ 主人房剖平面图
M-12 1:20

▲077-主人房双开木门详图

注:本户型门设计图所有木饰面及木饰线除特别说明外,均为黑檀木色。

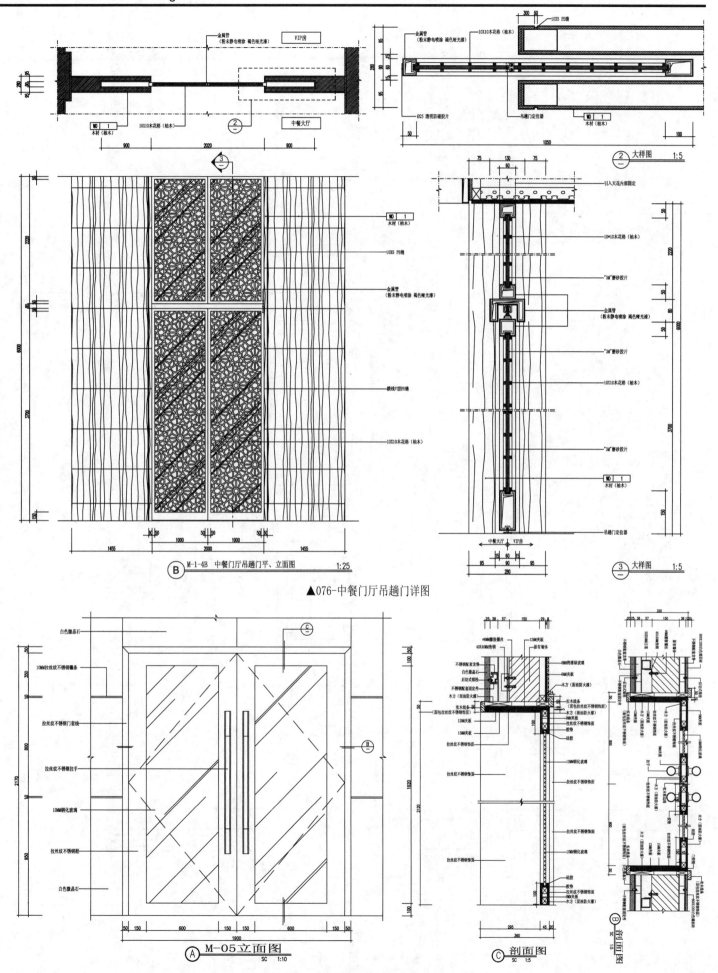

推
拉
门

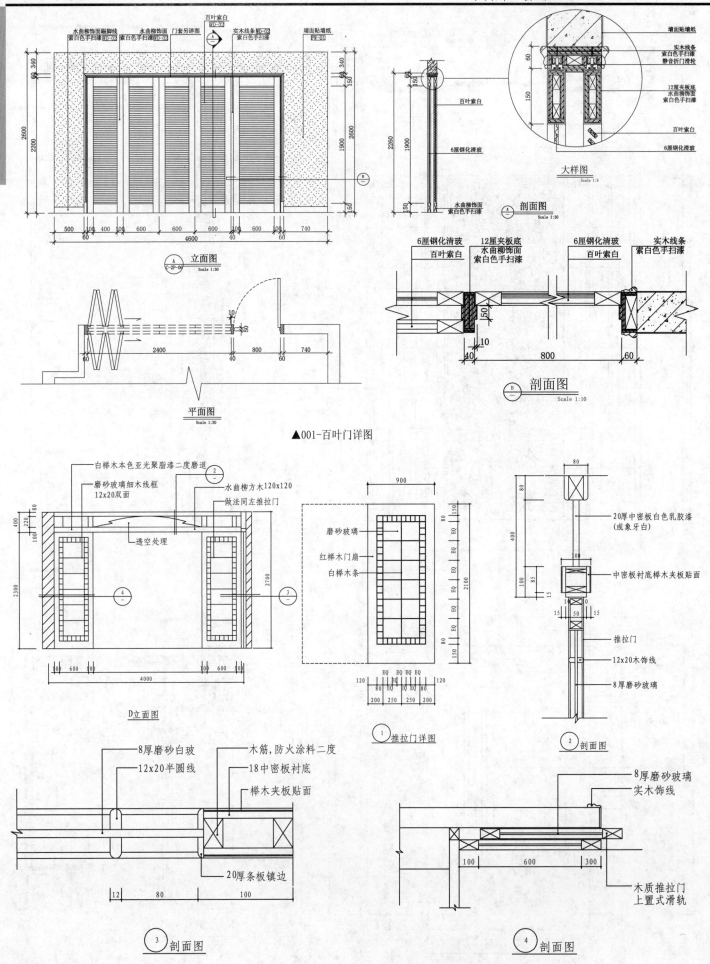

▲001-百叶门详图

▲002-包房木制推拉门详图

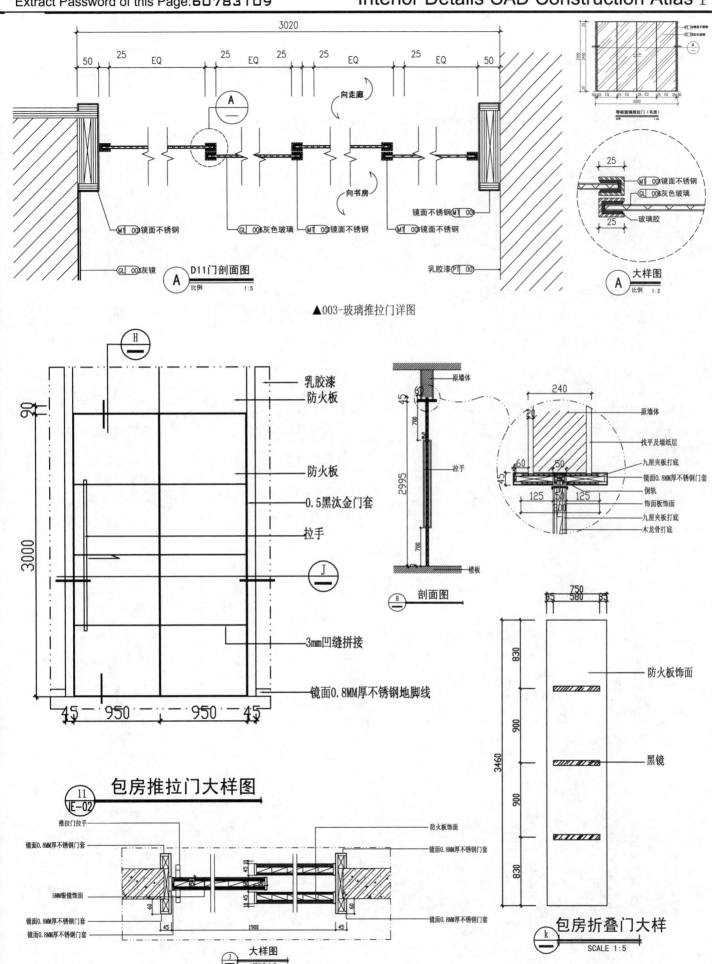

▲003-玻璃推拉门详图

包房推拉门大样图

▲004-餐包推拉门详图

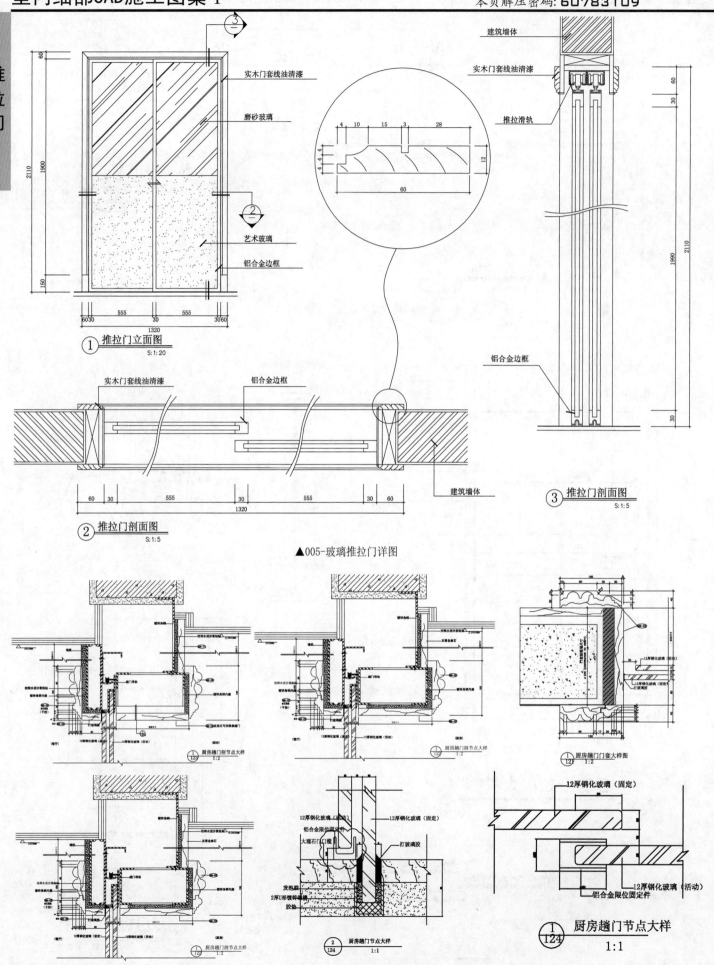

实木门套线油清漆

磨砂玻璃

艺术玻璃

铝合金边框

① 推拉门立面图
S: 1:20

实木门套线油清漆

铝合金边框

建筑墙体

② 推拉门剖面图
S: 1:5

▲005-玻璃推拉门详图

建筑墙体

实木门套线油清漆

推拉滑轨

铝合金边框

③ 推拉门剖面图
S: 1:5

12厚钢化玻璃(固定)

12厚钢化玻璃(固定)

12厚钢化玻璃(活动)
铝合金限位固定件

1/124 厨房趟门节点大样
1:1

▲007-厨房趟门

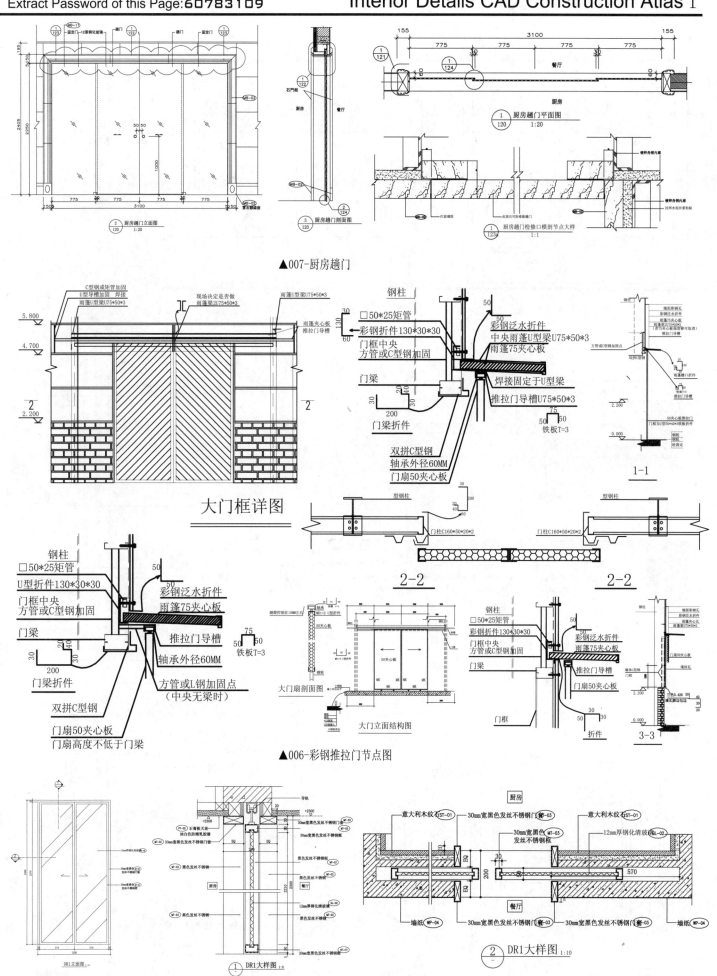

▲007-厨房趟门

▲006-彩钢推拉门节点图

▲008-厨房玻璃推拉门详图

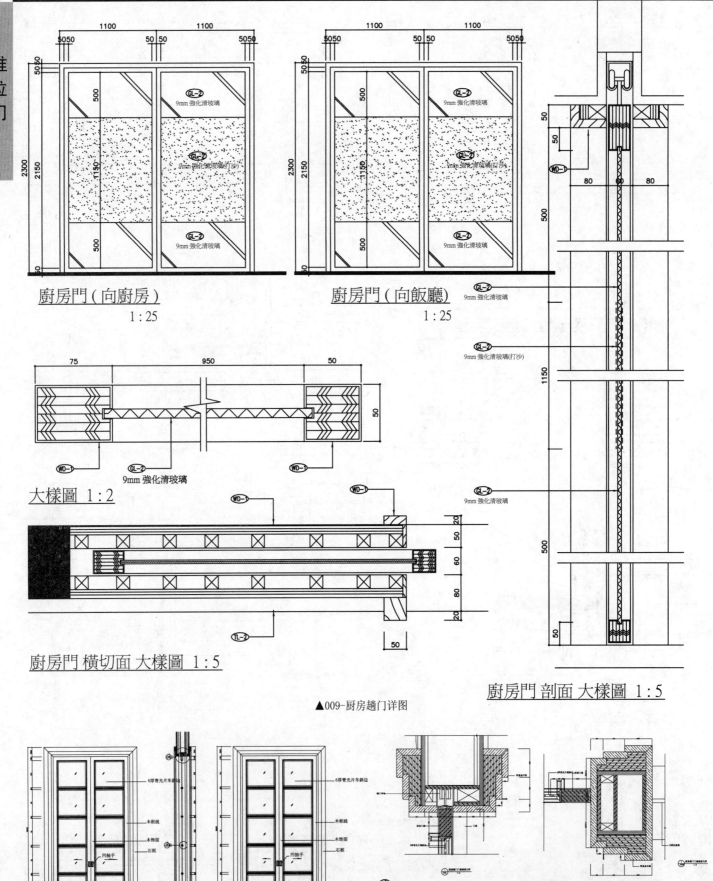

廚房門(向廚房)
1:25

9mm 強化清玻璃
GL-2
9mm 強化清玻璃(打沙)
GL-2
9mm 強化清玻璃
GL-2

廚房門(向飯廳)
1:25

大樣圖 1:2

9mm 強化清玻璃
GL-2
WD-1

廚房門 橫切面 大樣圖 1:5

廚房門 剖面 大樣圖 1:5

9mm 強化清玻璃
GL-2

9mm 強化清玻璃(打沙)
GL-2

9mm 強化清玻璃
GL-2

▲009-厨房趟门详图

6厚青光片车斜边
木框线
木饰面
石枋
回抽手

6厚青光片车斜边
木框线
木饰面
石枋
回抽手

12厘钢化玻璃

厨房趟门外立面图
1:20

厨房趟门剖立面图
1:20

厨房趟门内立面图
1:20

厨房趟门剖米面图
1:20

▲010-厨房趟门详图

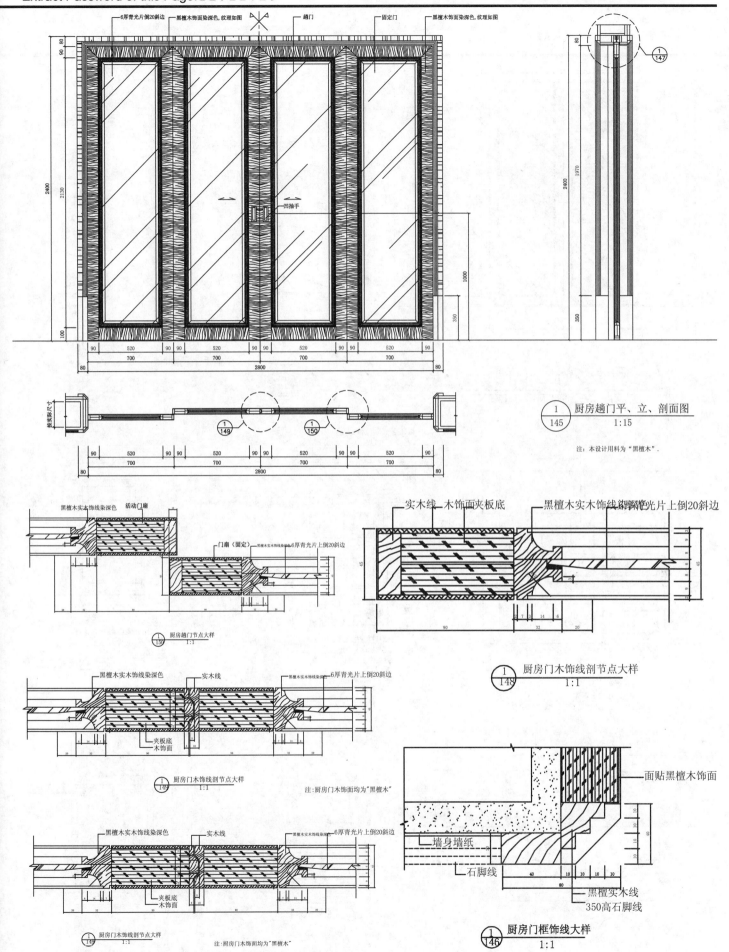

厨房趟门平、立、剖面图
1:15

注：本设计用料为"黑檀木".

厨房趟门节点大样
1:1

厨房门木饰线剖节点大样
1:1

厨房门木饰线剖节点大样
1:1

注：厨房门木饰面均为"黑檀木"

厨房门木饰线剖节点大样
1:1

注：厨房门木饰面均为"黑檀木"

厨房门木饰线剖节点大样
1:1

面贴黑檀木饰面
墙身墙纸
石脚线
黑檀实木线
350高石脚线

厨房门框饰线大样
1:1

▲011-厨房趟门详图

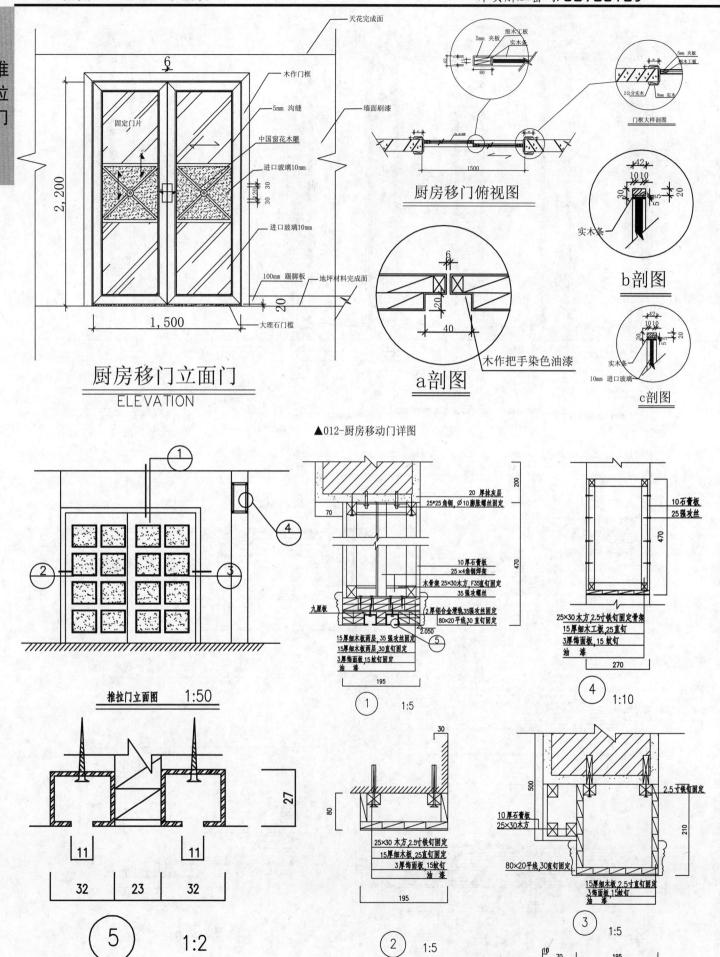

厨房移门立面门
ELEVATION

厨房移门俯视图

门框大样剖图

b剖图

a剖图

c剖图

▲012-厨房移动门详图

推拉门立面图　1:50

① 1:5

④ 1:10

⑤ 1:2

② 1:5

③ 1:5

▲013-吊式推拉门详图

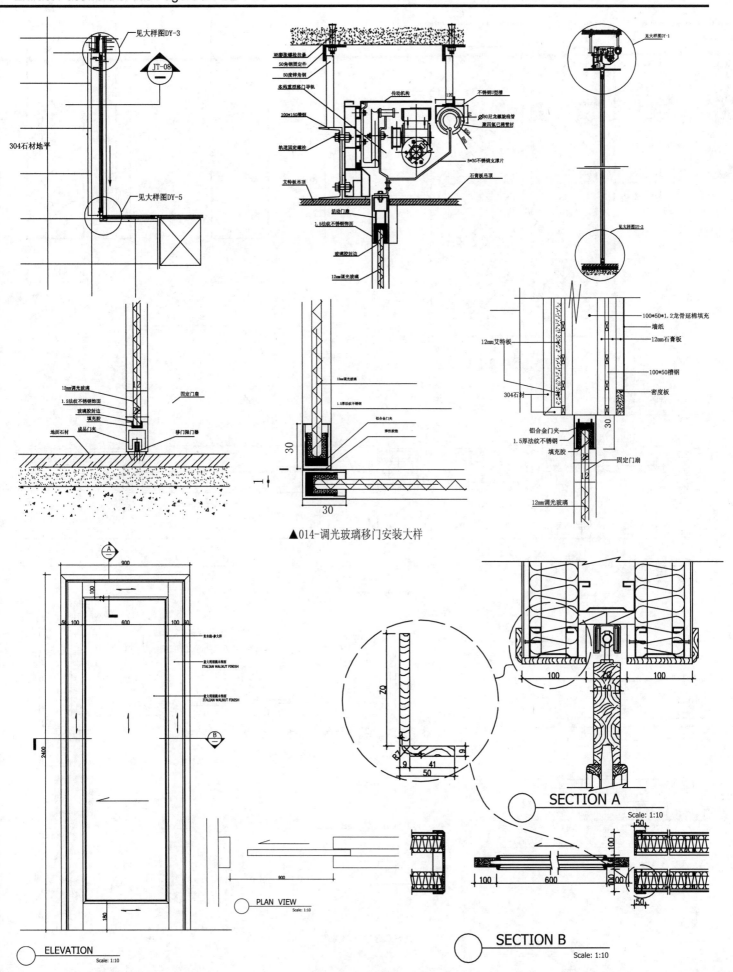

▲014-调光玻璃移门安装大样

▲015-木推拉门式样

ELEVATION
Scale: 1:10

PLAN VIEW
Scale: 1:10

SECTION A
Scale: 1:10

SECTION B
Scale: 1:10

本页解压密码: 60783109

推拉门

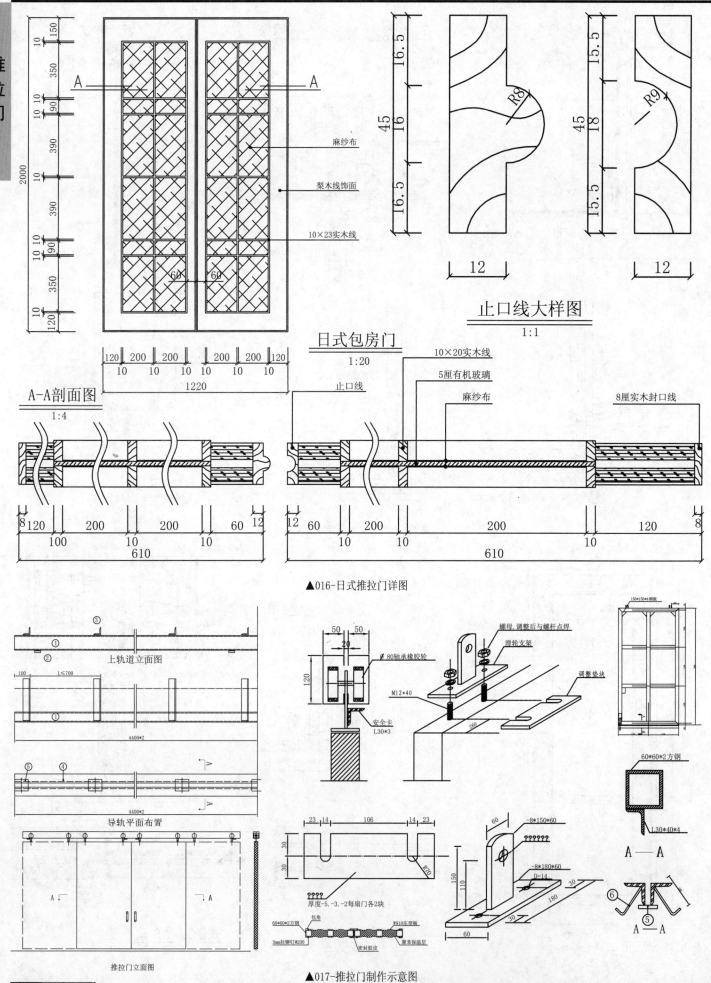

麻纱布

梨木线饰面

10×23实木线

止口线大样图
1:1

日式包房门
1:20

止口线

10×20实木线

5厘有机玻璃

麻纱布

8厘实木封口线

A—A剖面图
1:4

▲016-日式推拉门详图

上轨道立面图

导轨平面布置

推拉门立面图

▲017-推拉门制作示意图

80轴承橡胶轮

螺母, 调整后与螺杆点焊

滑轮支架

M12*40

安全卡
L30*3

调整垫块

厚度5-3-2每扇门各2块

60*60*2方钢

包角

5mm拉铆钉*200

密封胶皮

聚苯保温层

60*60*2方钢

L30*40*4

A—A

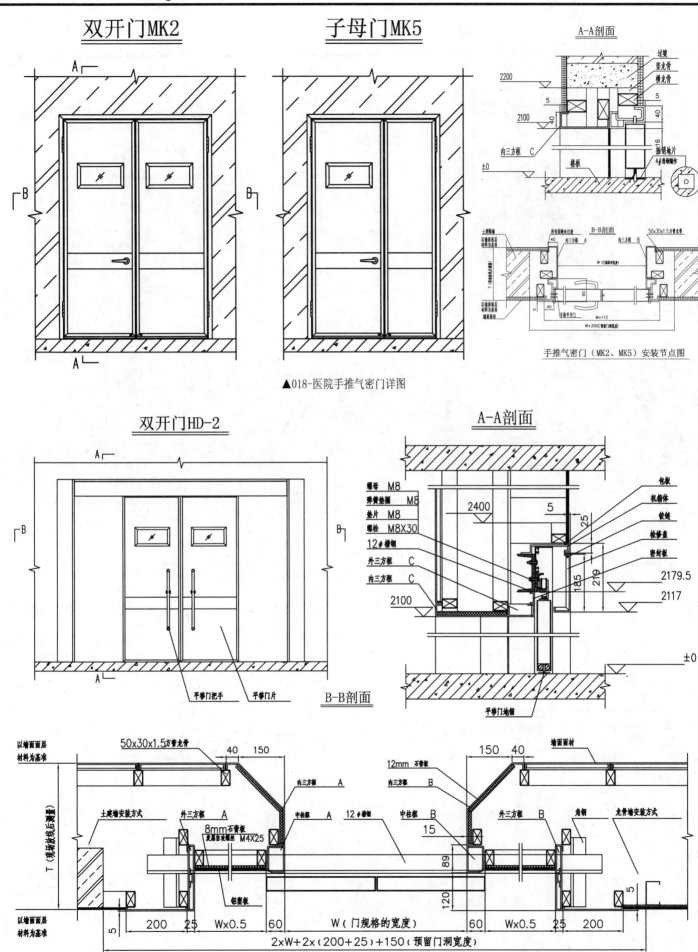

双开门MK2

子母门MK5

A-A剖面

手推气密门（MK2、MK5）安装节点图

▲018-医院手推气密门详图

双开门HD-2

A-A剖面

B-B剖面

双开手推动门（HD-2）安装节点图

▲019-医院双开手推动门详图

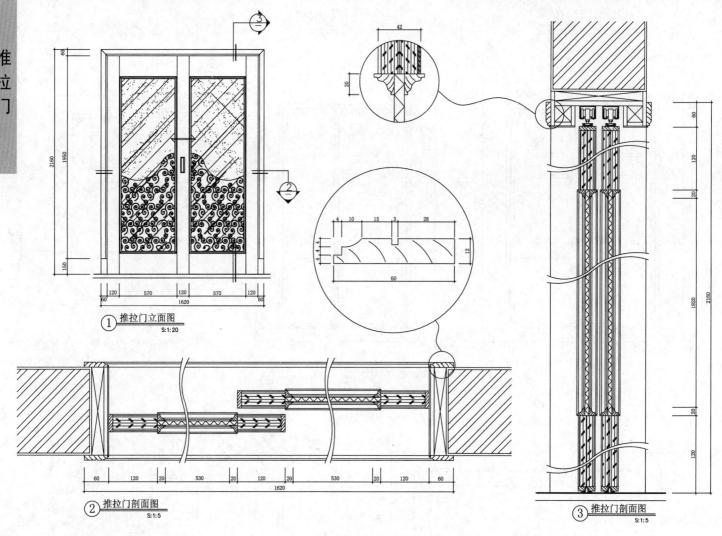

① 推拉门立面图
S: 1:20

② 推拉门剖面图
S: 1:5

③ 推拉门剖面图
S: 1:5

▲021-装饰推拉门详图

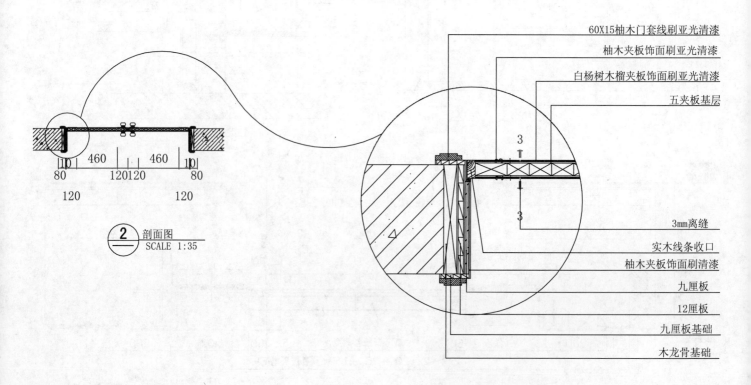

60X15柚木门套线刷亚光清漆

柚木夹板饰面刷亚光清漆

白杨树木榴夹板饰面刷亚光清漆

五夹板基层

3mm离缝

实木线条收口

柚木夹板饰面刷清漆

九厘板

12厘板

九厘板基础

木龙骨基础

② 剖面图
SCALE 1:35

▲022-走廊双扇门详图

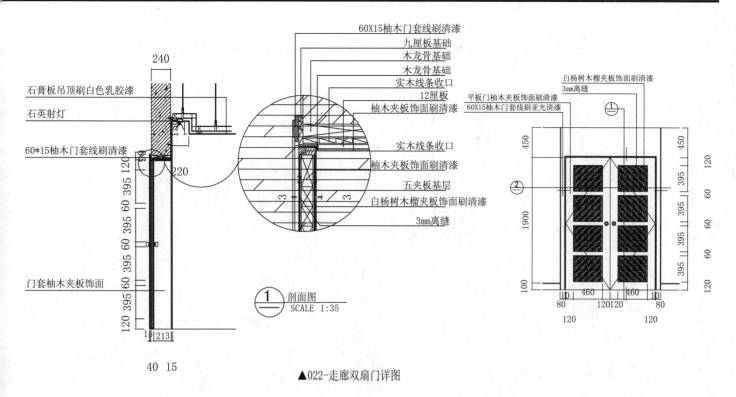

▲022-走廊双扇门详图

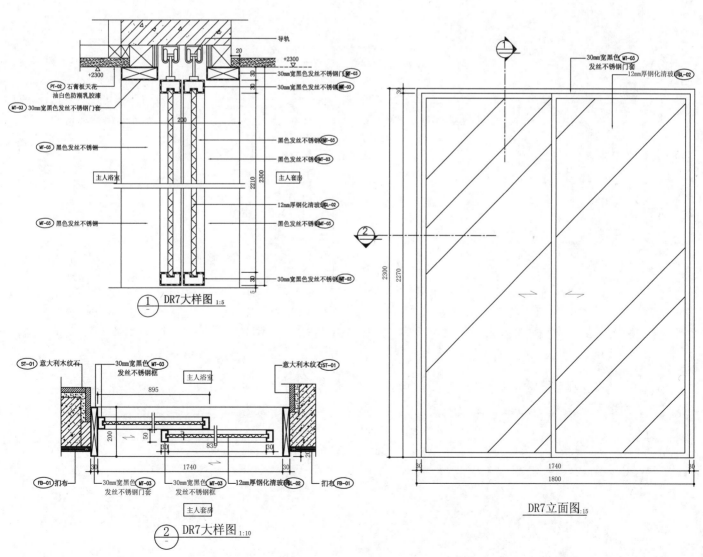

▲020-主浴室推拉门详图

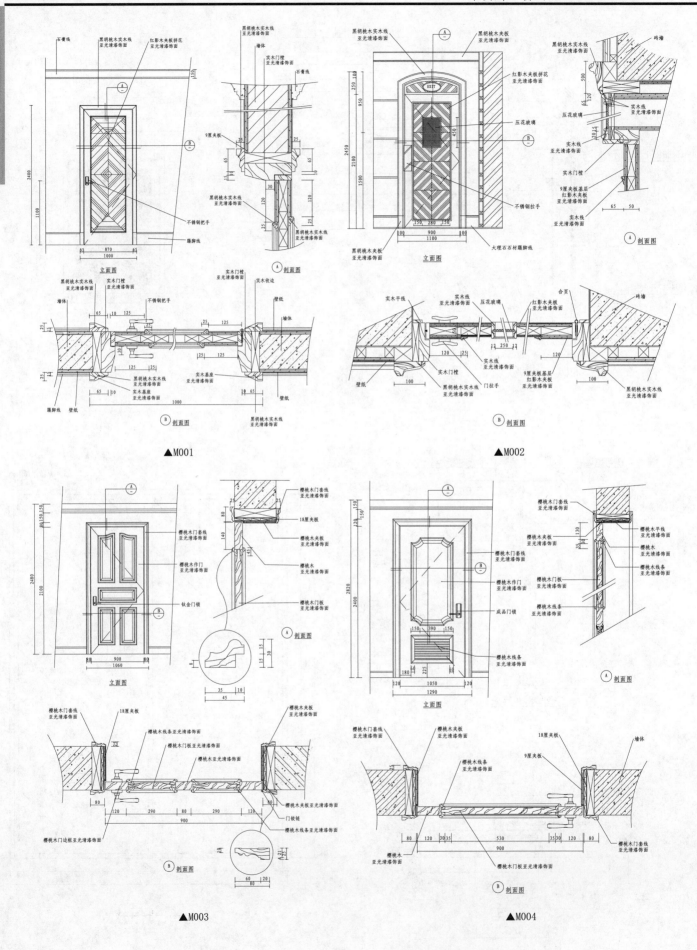

▲M001

▲M002

▲M003

▲M004

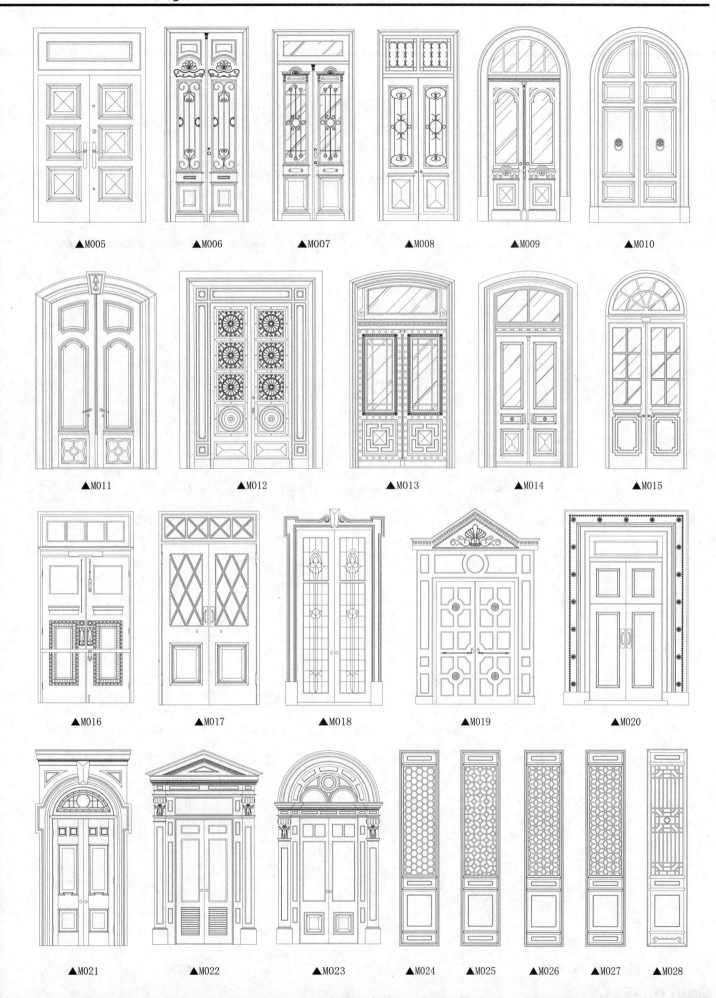

▲M005   ▲M006   ▲M007   ▲M008   ▲M009   ▲M010

▲M011   ▲M012   ▲M013   ▲M014   ▲M015

▲M016   ▲M017   ▲M018   ▲M019   ▲M020

▲M021   ▲M022   ▲M023   ▲M024   ▲M025   ▲M026   ▲M027   ▲M028

门样品

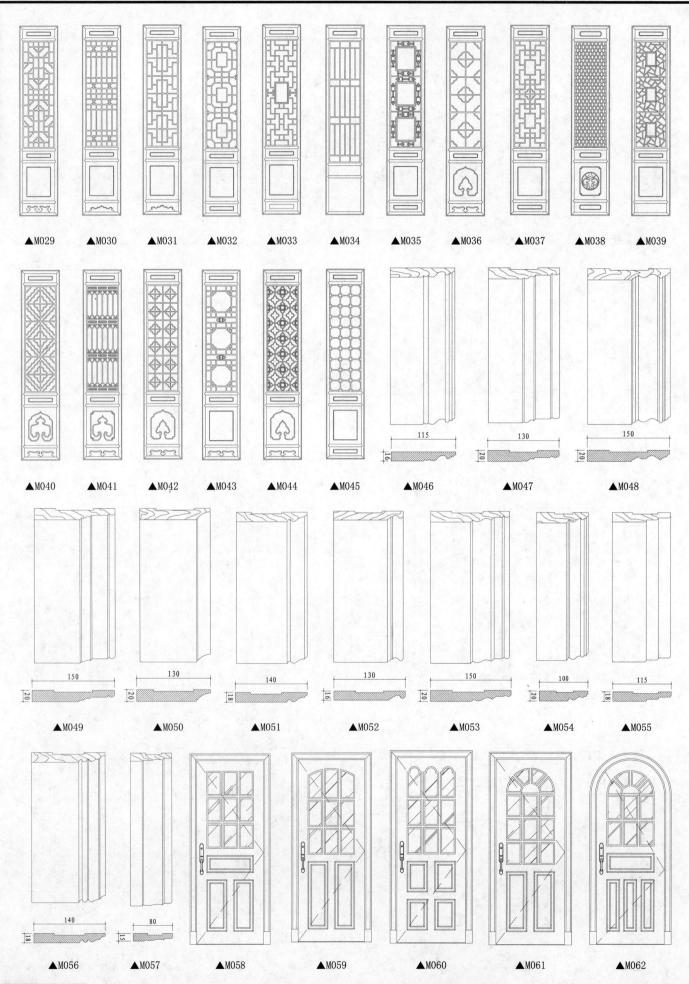

▲M029　▲M030　▲M031　▲M032　▲M033　▲M034　▲M035　▲M036　▲M037　▲M038　▲M039

▲M040　▲M041　▲M042　▲M043　▲M044　▲M045　▲M046　▲M047　▲M048

▲M049　▲M050　▲M051　▲M052　▲M053　▲M054　▲M055

▲M056　▲M057　▲M058　▲M059　▲M060　▲M061　▲M062

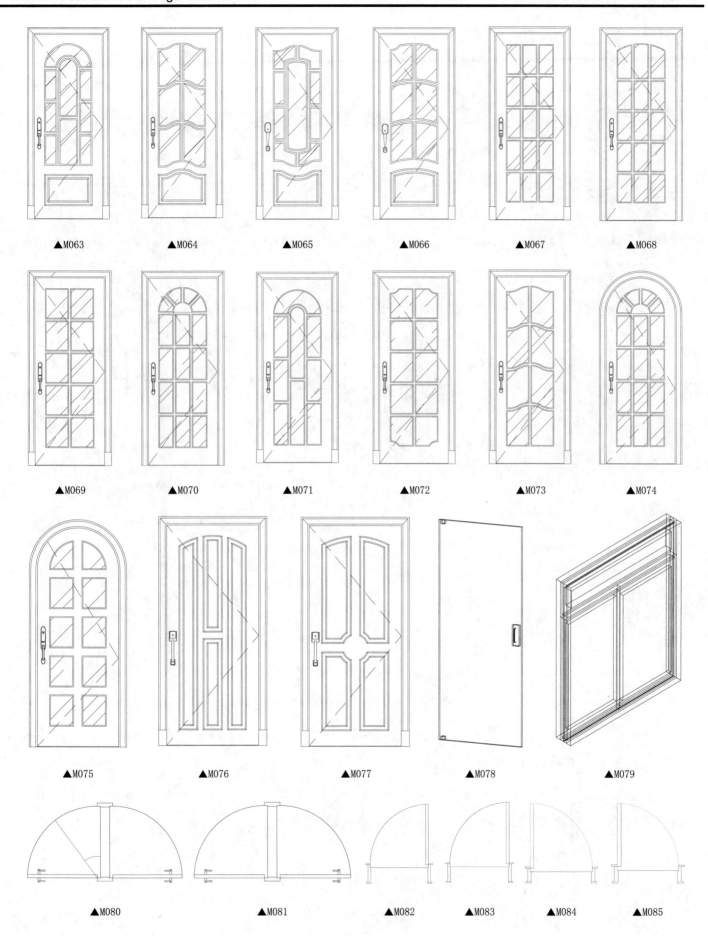

▲M063   ▲M064   ▲M065   ▲M066   ▲M067   ▲M068

▲M069   ▲M070   ▲M071   ▲M072   ▲M073   ▲M074

▲M075   ▲M076   ▲M077   ▲M078   ▲M079

▲M080   ▲M081   ▲M082   ▲M083   ▲M084   ▲M085

门样品

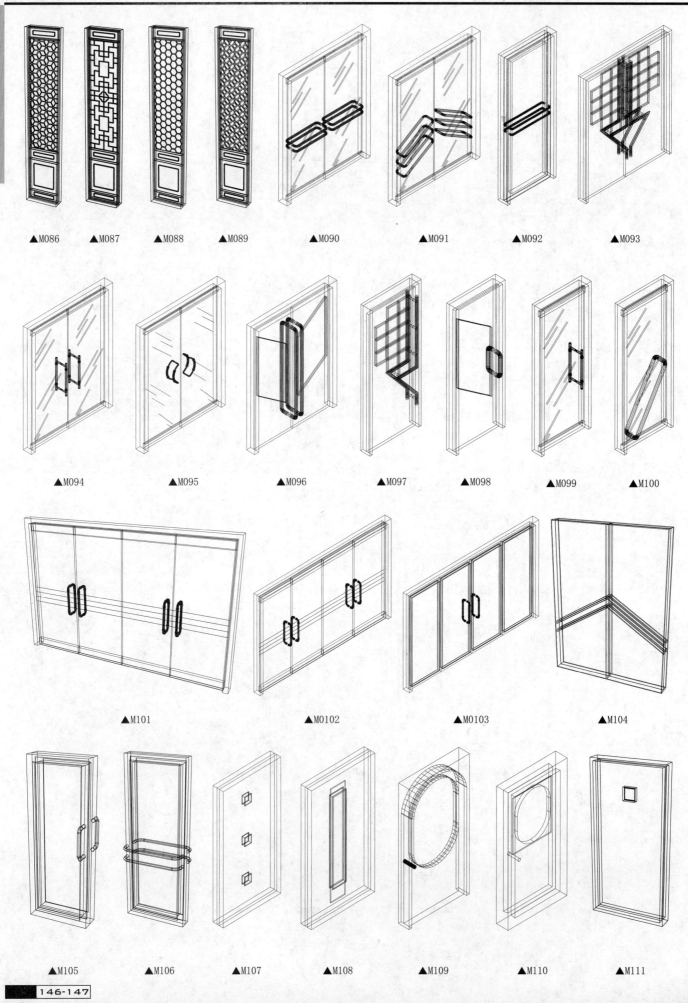

▲M086　　▲M087　　▲M088　　▲M089　　▲M090　　　▲M091　　　▲M092　　▲M093

▲M094　　　　▲M095　　　　▲M096　　　▲M097　　▲M098　　▲M099　　▲M100

▲M101　　　　　　▲M0102　　　　　▲M0103　　　　▲M104

▲M105　　　▲M106　　　▲M107　　　▲M108　　　▲M109　　　▲M110　　　▲M111

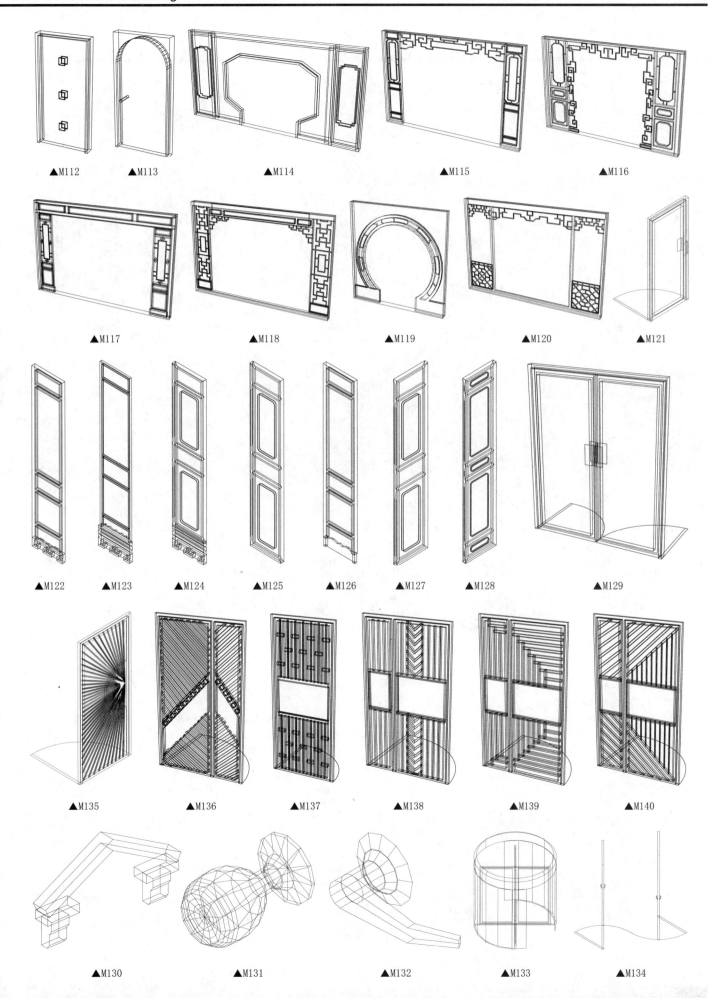

▲M112 ▲M113 ▲M114 ▲M115 ▲M116

▲M117 ▲M118 ▲M119 ▲M120 ▲M121

▲M122 ▲M123 ▲M124 ▲M125 ▲M126 ▲M127 ▲M128 ▲M129

▲M135 ▲M136 ▲M137 ▲M138 ▲M139 ▲M140

▲M130 ▲M131 ▲M132 ▲M133 ▲M134

门样品

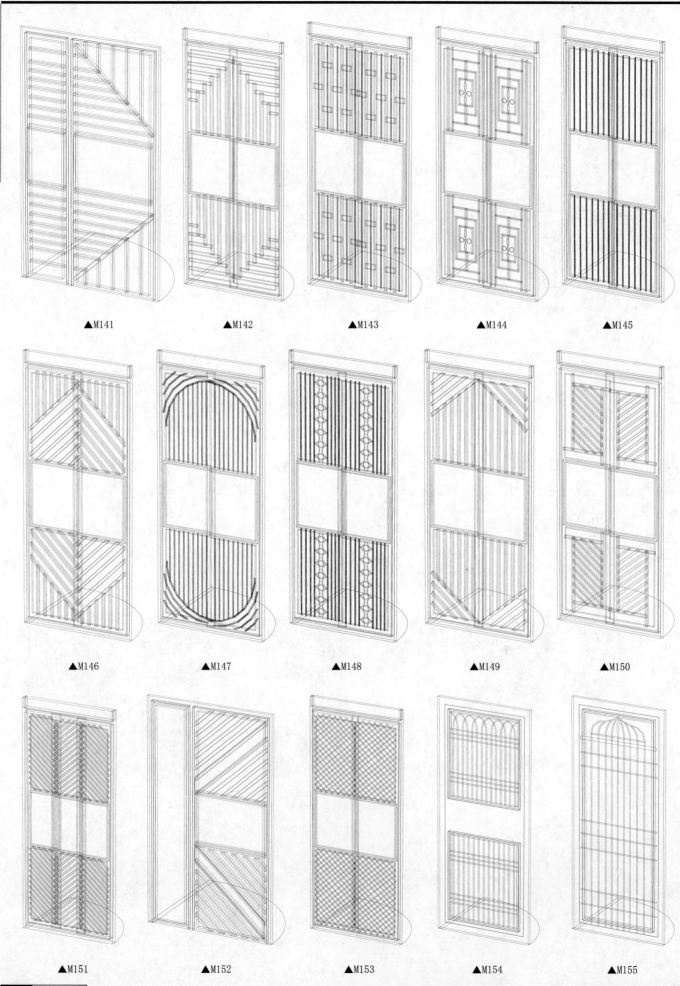

▲M141　　　　▲M142　　　　▲M143　　　　▲M144　　　　▲M145

▲M146　　　　▲M147　　　　▲M148　　　　▲M149　　　　▲M150

▲M151　　　　▲M152　　　　▲M153　　　　▲M154　　　　▲M155

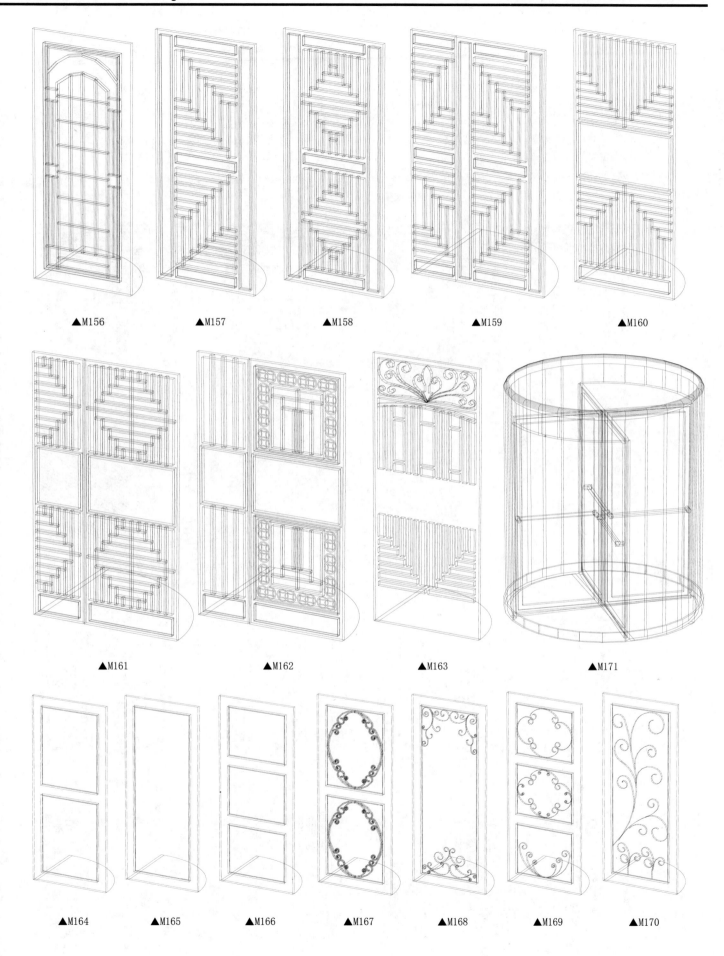

▲M156　　　▲M157　　　▲M158　　　▲M159　　　▲M160

▲M161　　　▲M162　　　▲M163　　　▲M171

▲M164　　　▲M165　　　▲M166　　　▲M167　　　▲M168　　　▲M169　　　▲M170

本页解压密码: **22605668**

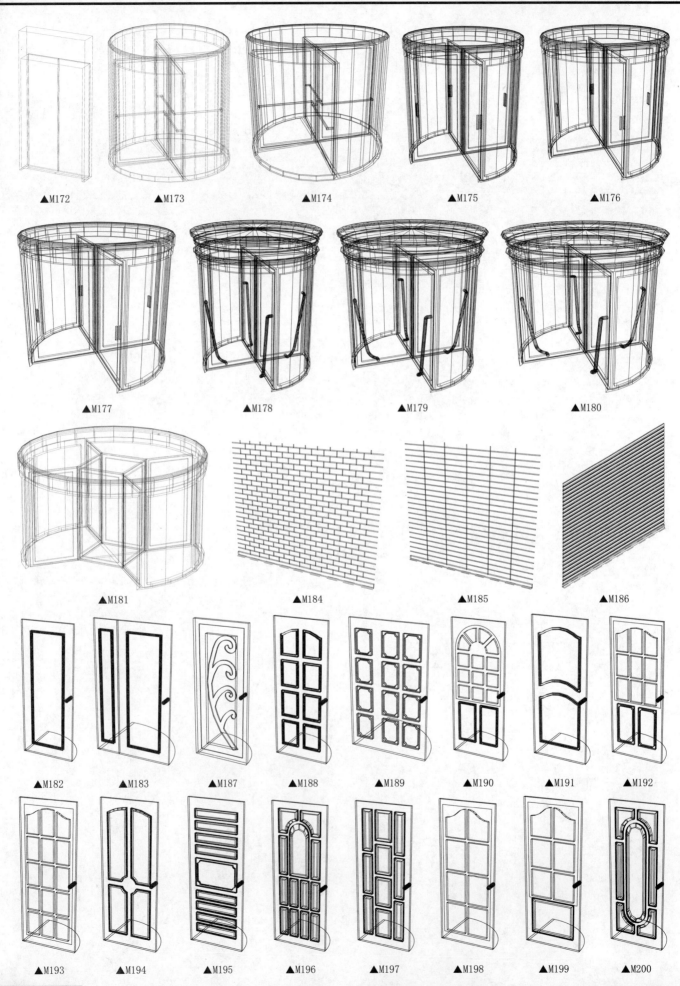

▲M172　　▲M173　　▲M174　　▲M175　　▲M176

▲M177　　▲M178　　▲M179　　▲M180

▲M181　　▲M184　　▲M185　　▲M186

▲M182　▲M183　▲M187　▲M188　▲M189　▲M190　▲M191　▲M192

▲M193　▲M194　▲M195　▲M196　▲M197　▲M198　▲M199　▲M200

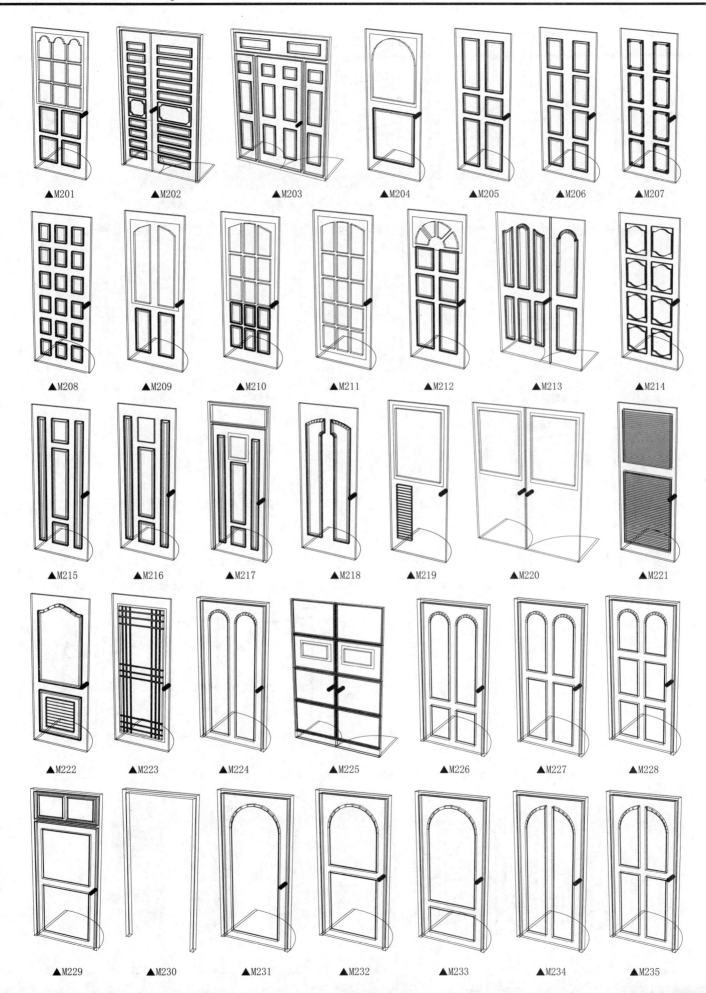

▲M201　　▲M202　　▲M203　　▲M204　　▲M205　　▲M206　　▲M207

▲M208　　▲M209　　▲M210　　▲M211　　▲M212　　▲M213　　▲M214

▲M215　　▲M216　　▲M217　　▲M218　　▲M219　　▲M220　　▲M221

▲M222　　▲M223　　▲M224　　▲M225　　▲M226　　▲M227　　▲M228

▲M229　　▲M230　　▲M231　　▲M232　　▲M233　　▲M234　　▲M235

门样品

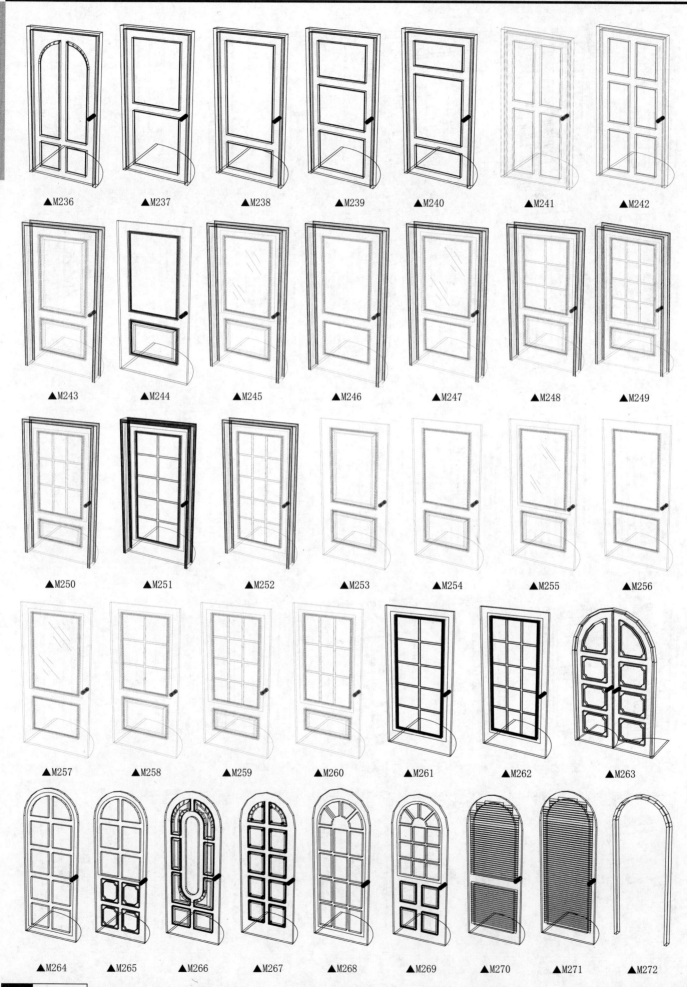

▲M236　▲M237　▲M238　▲M239　▲M240　▲M241　▲M242

▲M243　▲M244　▲M245　▲M246　▲M247　▲M248　▲M249

▲M250　▲M251　▲M252　▲M253　▲M254　▲M255　▲M256

▲M257　▲M258　▲M259　▲M260　▲M261　▲M262　▲M263

▲M264　▲M265　▲M266　▲M267　▲M268　▲M269　▲M270　▲M271　▲M272

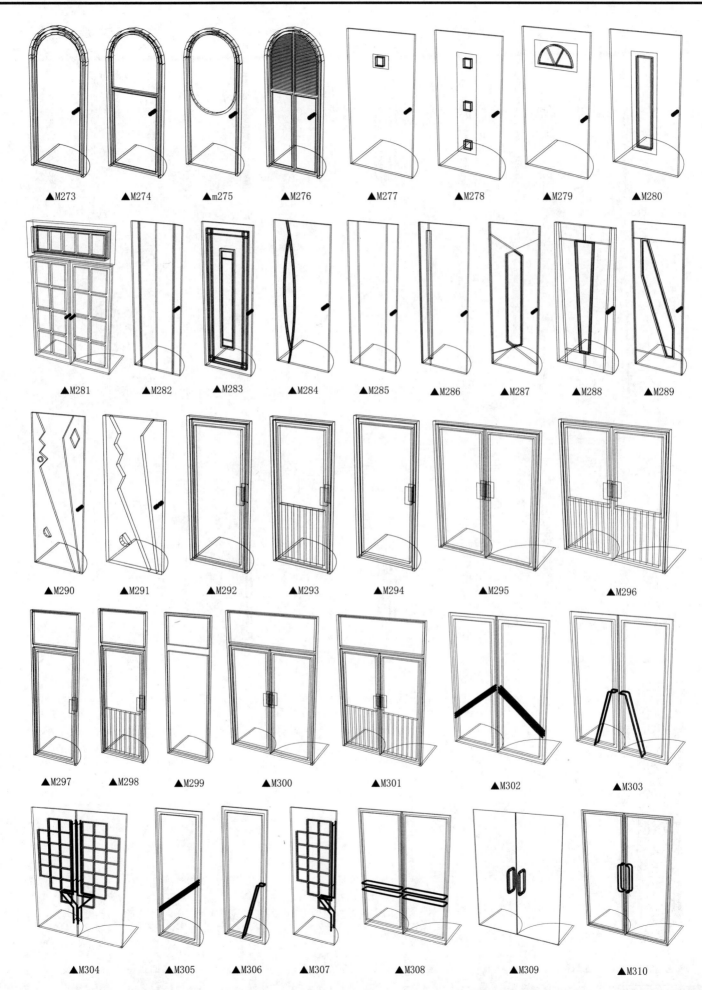

▲M273 ▲M274 ▲m275 ▲M276 ▲M277 ▲M278 ▲M279 ▲M280

▲M281 ▲M282 ▲M283 ▲M284 ▲M285 ▲M286 ▲M287 ▲M288 ▲M289

▲M290 ▲M291 ▲M292 ▲M293 ▲M294 ▲M295 ▲M296

▲M297 ▲M298 ▲M299 ▲M300 ▲M301 ▲M302 ▲M303

▲M304 ▲M305 ▲M306 ▲M307 ▲M308 ▲M309 ▲M310

门样品

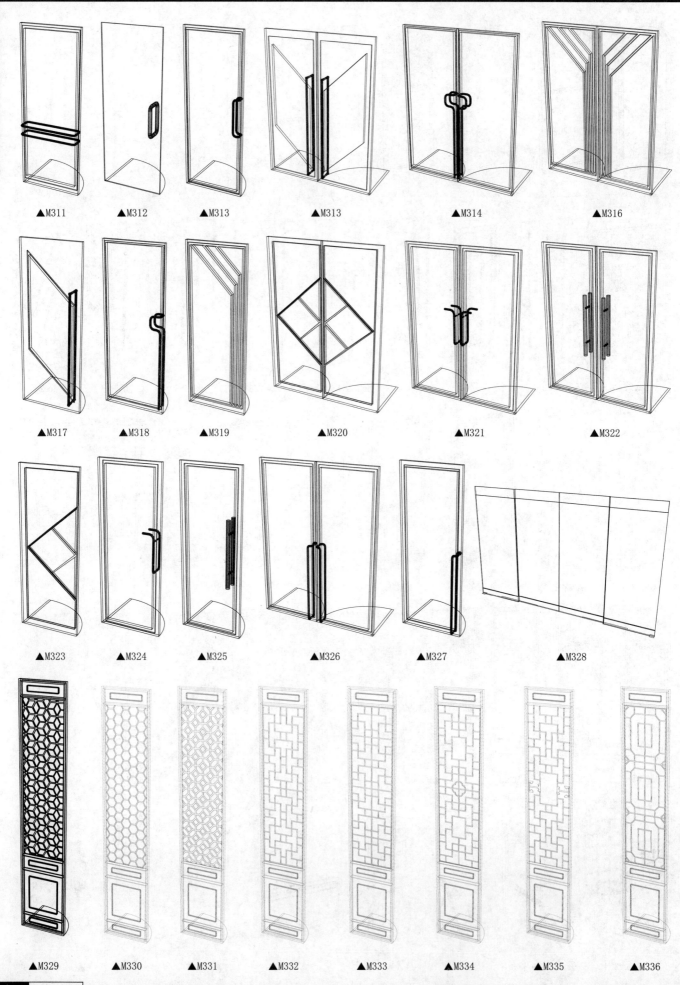

▲M311　　▲M312　　▲M313　　▲M313　　▲M314　　▲M316

▲M317　　▲M318　　▲M319　　▲M320　　▲M321　　▲M322

▲M323　　▲M324　　▲M325　　▲M326　　▲M327　　▲M328

▲M329　　▲M330　　▲M331　　▲M332　　▲M333　　▲M334　　▲M335　　▲M336

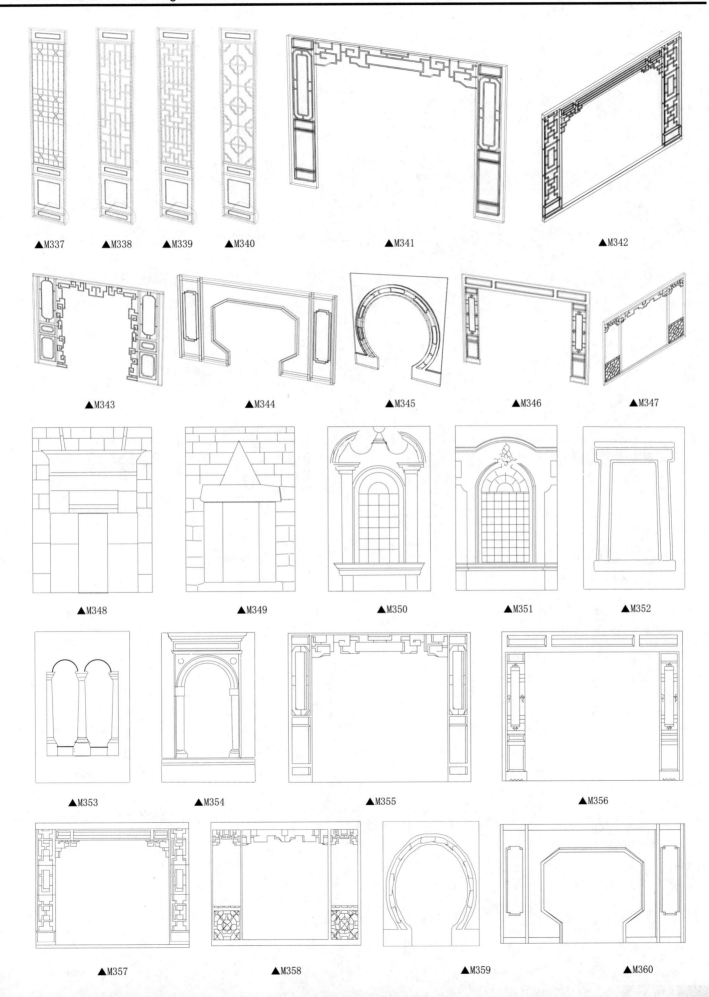

▲M337　　▲M338　　▲M339　　▲M340　　　　▲M341　　　　　　▲M342

▲M343　　　　　▲M344　　　　　▲M345　　　　　▲M346　　　　　▲M347

▲M348　　　　　▲M349　　　　　▲M350　　　　　▲M351　　　　　▲M352

▲M353　　　　▲M354　　　　　▲M355　　　　　　▲M356

▲M357　　　　　▲M358　　　　　▲M359　　　　　▲M360

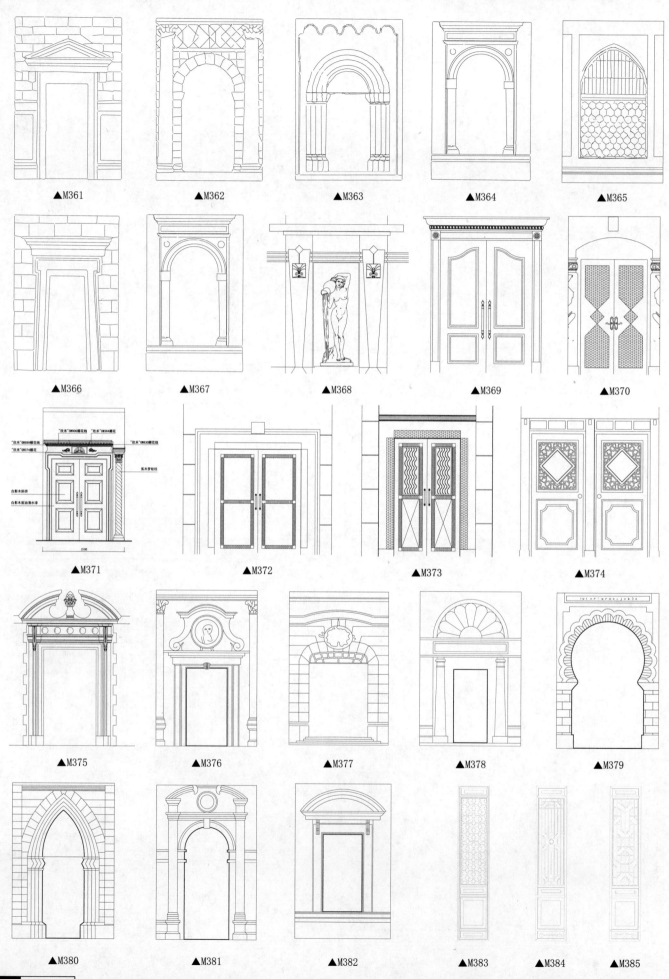

▲M361　　▲M362　　▲M363　　▲M364　　▲M365

▲M366　　▲M367　　▲M368　　▲M369　　▲M370

▲M371　　▲M372　　▲M373　　▲M374

▲M375　　▲M376　　▲M377　　▲M378　　▲M379

▲M380　　▲M381　　▲M382　　▲M383　　▲M384　　▲M385

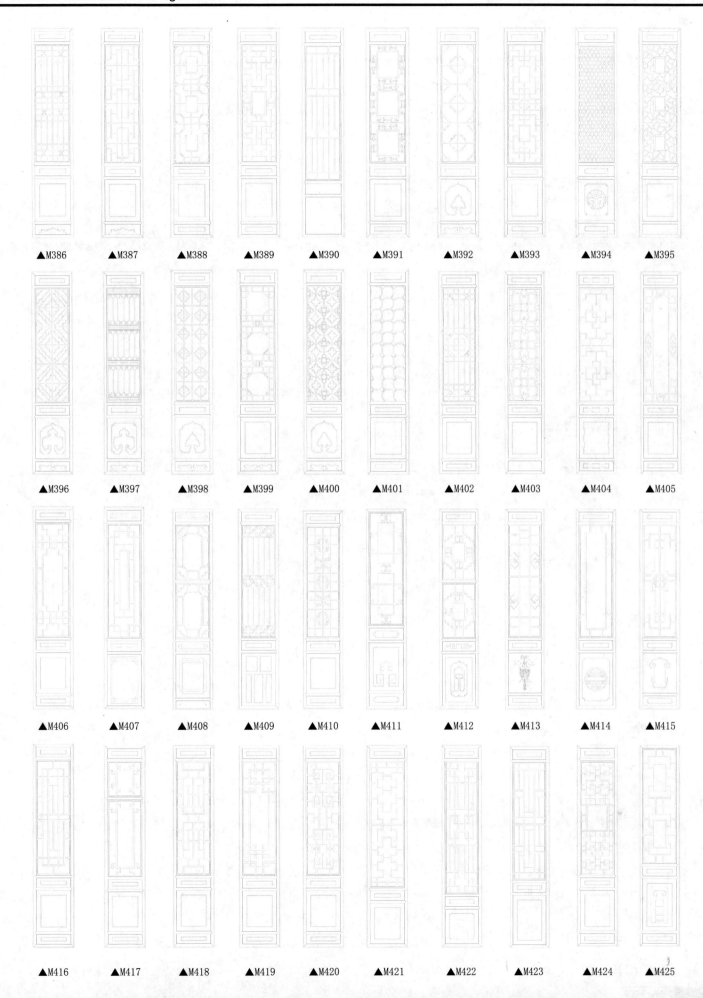

▲M386　　▲M387　　▲M388　　▲M389　　▲M390　　▲M391　　▲M392　　▲M393　　▲M394　　▲M395

▲M396　　▲M397　　▲M398　　▲M399　　▲M400　　▲M401　　▲M402　　▲M403　　▲M404　　▲M405

▲M406　　▲M407　　▲M408　　▲M409　　▲M410　　▲M411　　▲M412　　▲M413　　▲M414　　▲M415

▲M416　　▲M417　　▲M418　　▲M419　　▲M420　　▲M421　　▲M422　　▲M423　　▲M424　　▲M425

门样品

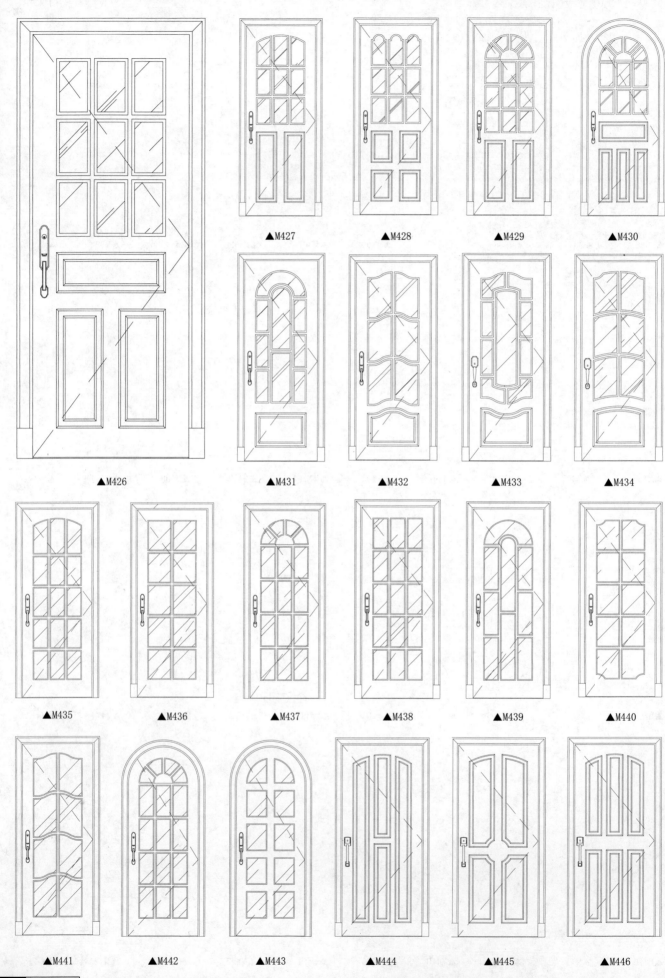

▲M426　　▲M427　　▲M428　　▲M429　　▲M430

▲M431　　▲M432　　▲M433　　▲M434

▲M435　　▲M436　　▲M437　　▲M438　　▲M439　　▲M440

▲M441　　▲M442　　▲M443　　▲M444　　▲M445　　▲M446

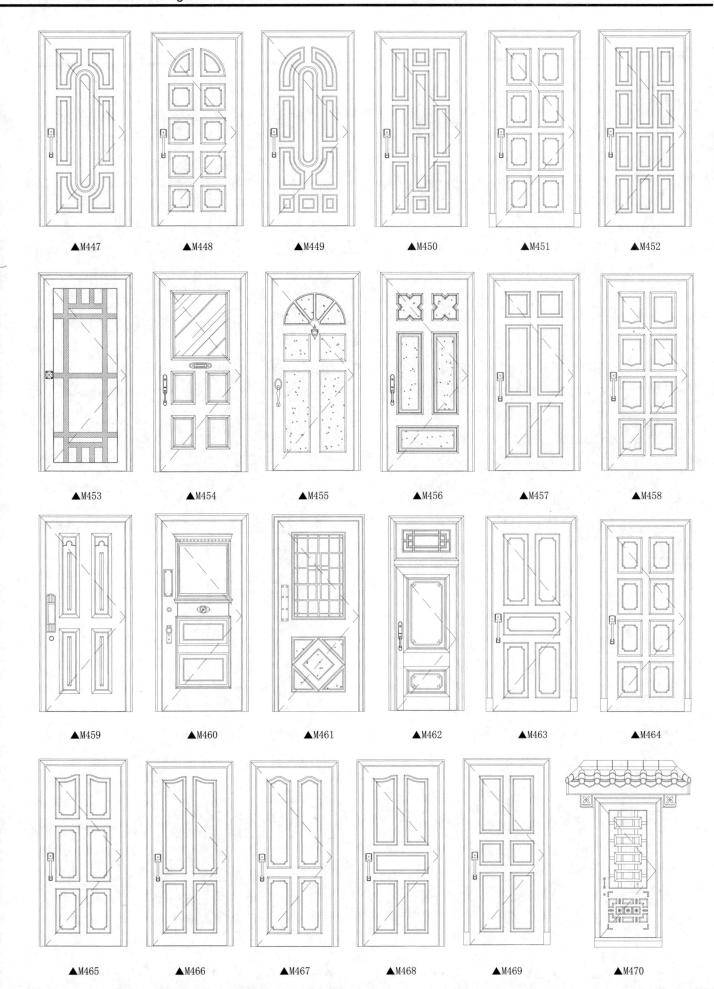

▲M447　　▲M448　　▲M449　　▲M450　　▲M451　　▲M452

▲M453　　▲M454　　▲M455　　▲M456　　▲M457　　▲M458

▲M459　　▲M460　　▲M461　　▲M462　　▲M463　　▲M464

▲M465　　▲M466　　▲M467　　▲M468　　▲M469　　▲M470

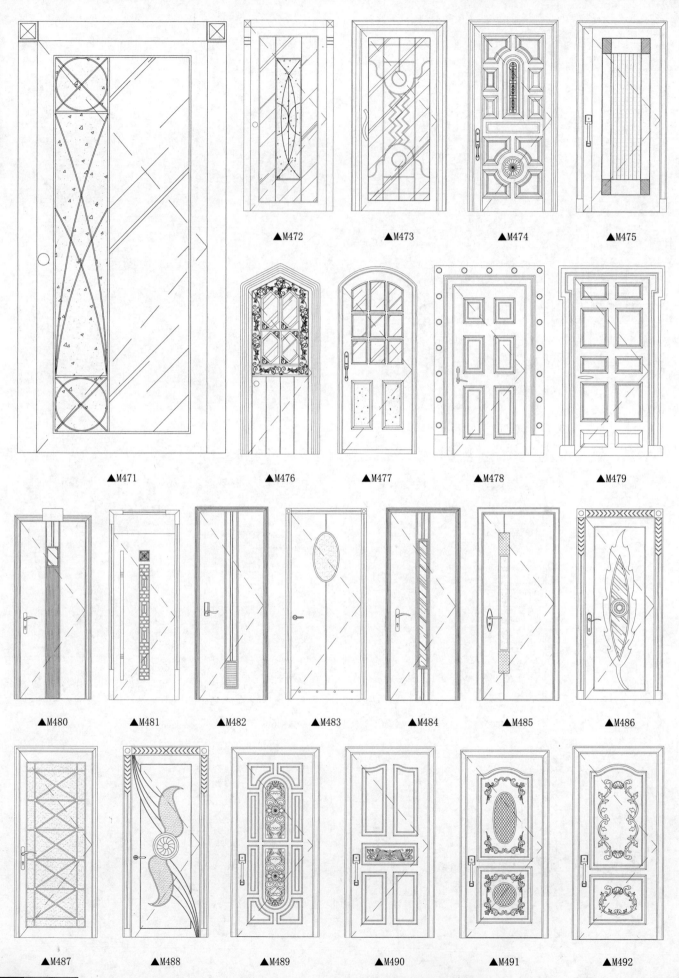

▲M472　　▲M473　　▲M474　　▲M475

▲M471　　▲M476　　▲M477　　▲M478　　▲M479

▲M480　　▲M481　　▲M482　　▲M483　　▲M484　　▲M485　　▲M486

▲M487　　▲M488　　▲M489　　▲M490　　▲M491　　▲M492

▲M493　　▲M494　　▲M495　　▲M496　　▲M497　　▲M498

▲M499　　▲M500　　▲M501　　▲M502　　▲M503　　▲M504

▲M505　　▲M506　　▲M507　　▲M508　　▲M509　　▲M510

▲M511　　▲M512　　▲M513　　▲M514　　▲M515　　▲M516

门样品

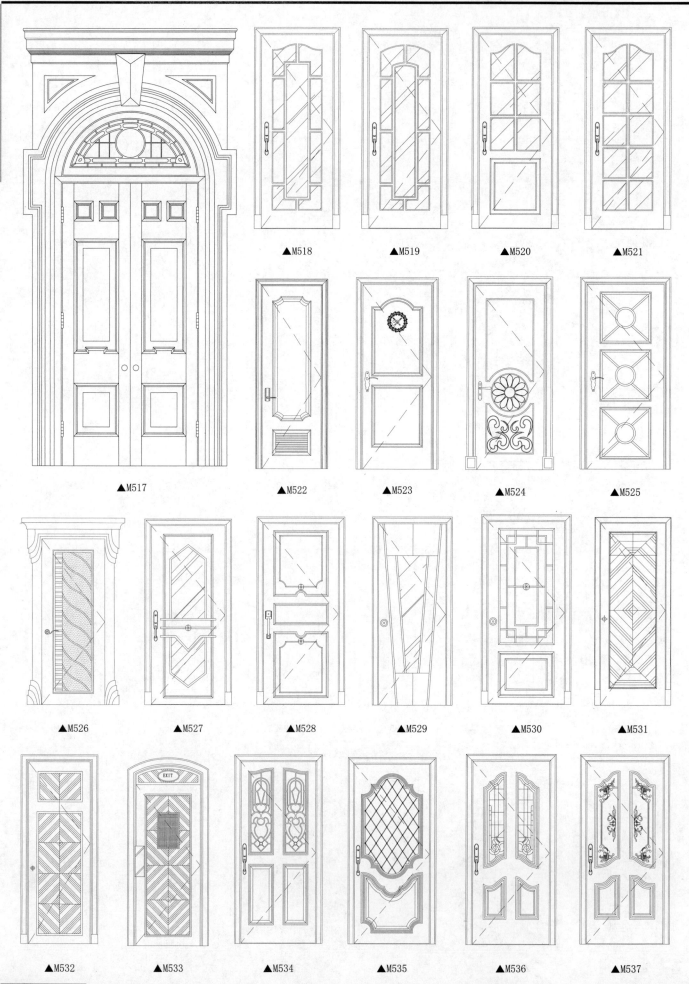

▲M517 ▲M518 ▲M519 ▲M520 ▲M521

▲M522 ▲M523 ▲M524 ▲M525

▲M526 ▲M527 ▲M528 ▲M529 ▲M530 ▲M531

▲M532 ▲M533 ▲M534 ▲M535 ▲M536 ▲M537

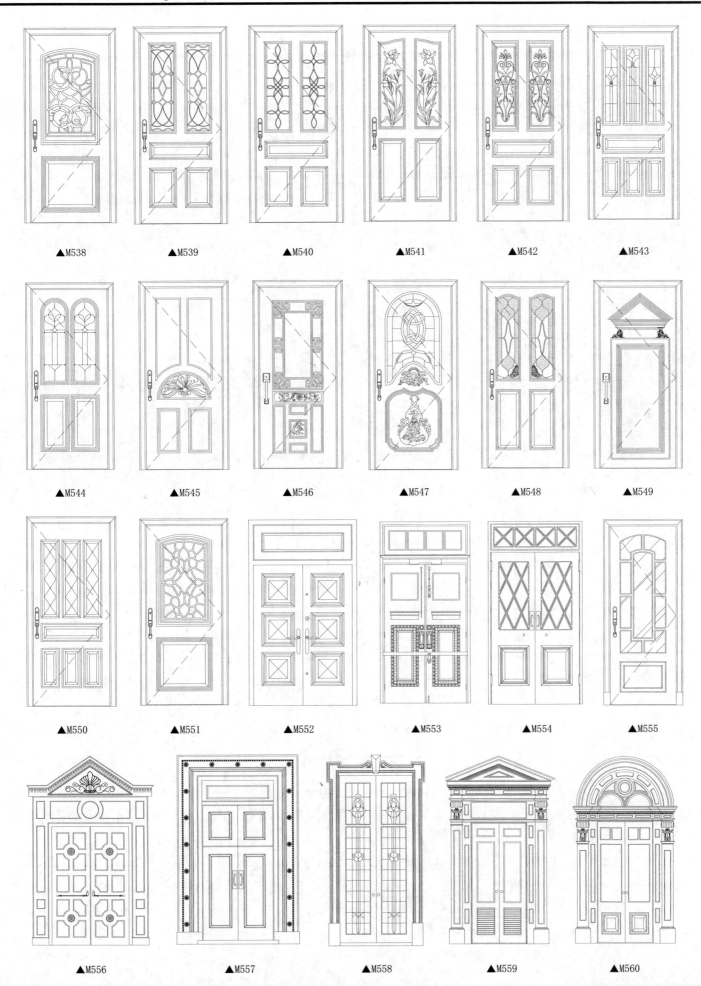

▲M538　　▲M539　　▲M540　　▲M541　　▲M542　　▲M543

▲M544　　▲M545　　▲M546　　▲M547　　▲M548　　▲M549

▲M550　　▲M551　　▲M552　　▲M553　　▲M554　　▲M555

▲M556　　▲M557　　▲M558　　▲M559　　▲M560

门
样
品

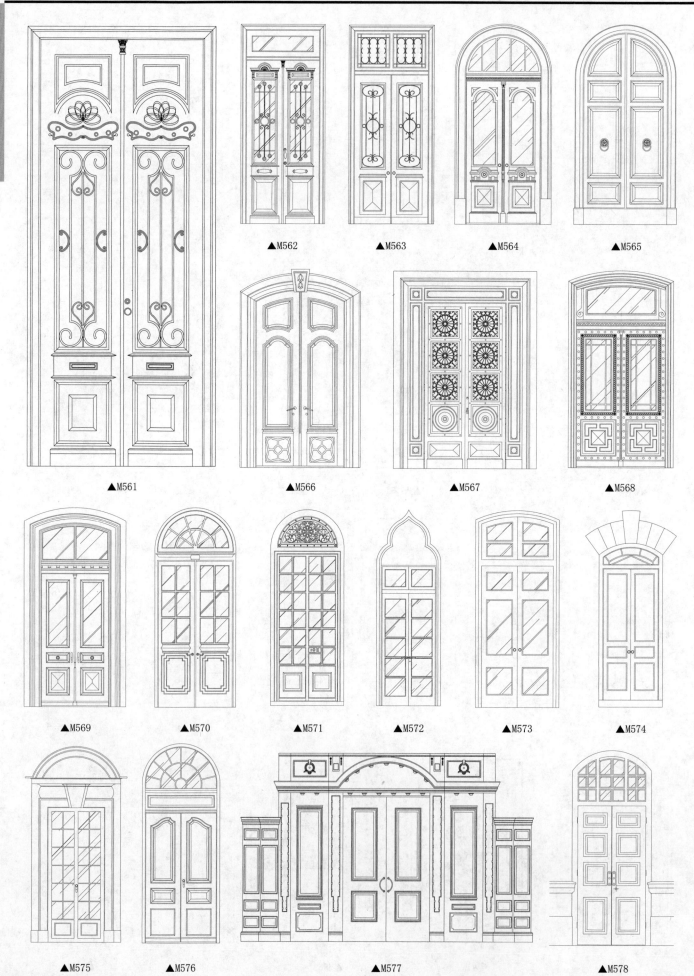

▲M561

▲M562

▲M563

▲M564

▲M565

▲M566

▲M567

▲M568

▲M569

▲M570

▲M571

▲M572

▲M573

▲M574

▲M575

▲M576

▲M577

▲M578

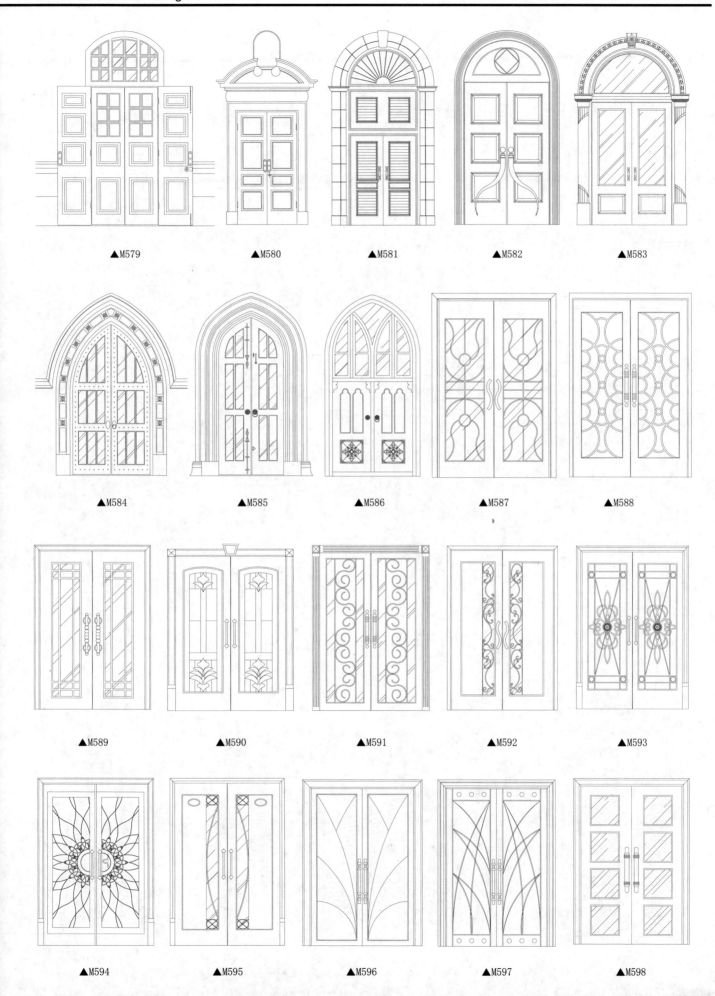

▲M579　　▲M580　　▲M581　　▲M582　　▲M583

▲M584　　▲M585　　▲M586　　▲M587　　▲M588

▲M589　　▲M590　　▲M591　　▲M592　　▲M593

▲M594　　▲M595　　▲M596　　▲M597　　▲M598

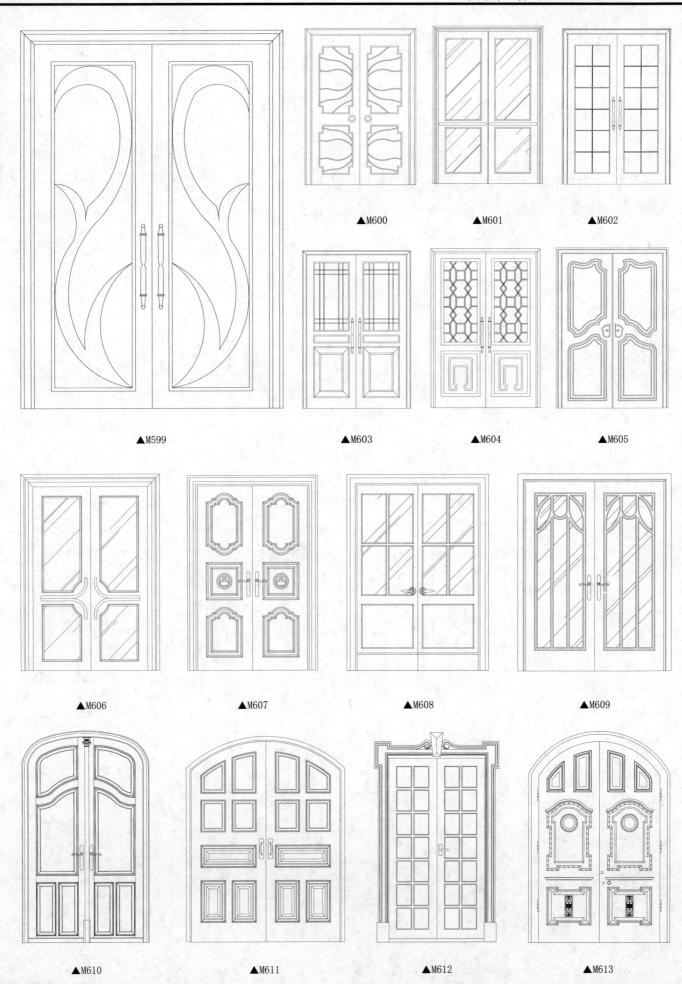

▲M600　　▲M601　　▲M602

▲M599　　▲M603　　▲M604　　▲M605

▲M606　　▲M607　　▲M608　　▲M609

▲M610　　▲M611　　▲M612　　▲M613

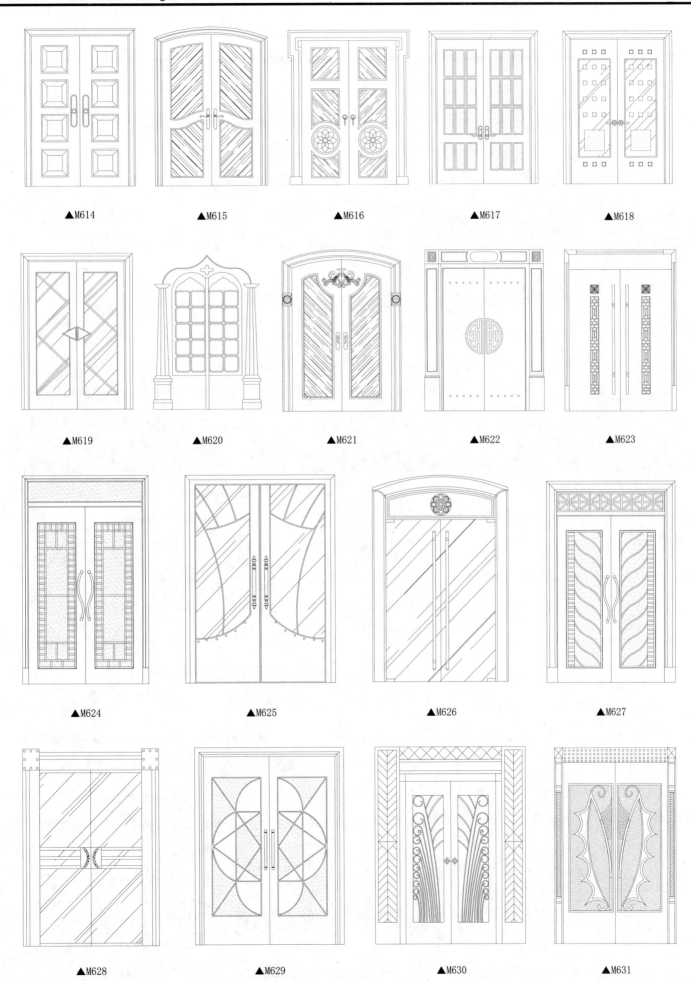

▲M614 ▲M615 ▲M616 ▲M617 ▲M618

▲M619 ▲M620 ▲M621 ▲M622 ▲M623

▲M624 ▲M625 ▲M626 ▲M627

▲M628 ▲M629 ▲M630 ▲M631

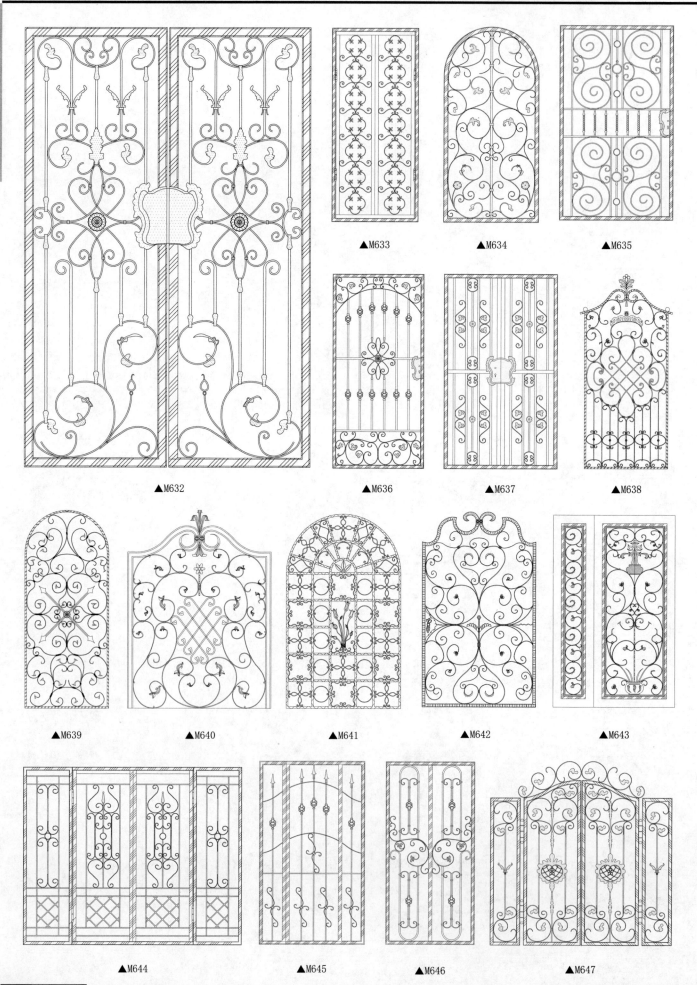

▲M632 ▲M633 ▲M634 ▲M635

▲M636 ▲M637 ▲M638

▲M639 ▲M640 ▲M641 ▲M642 ▲M643

▲M644 ▲M645 ▲M646 ▲M647

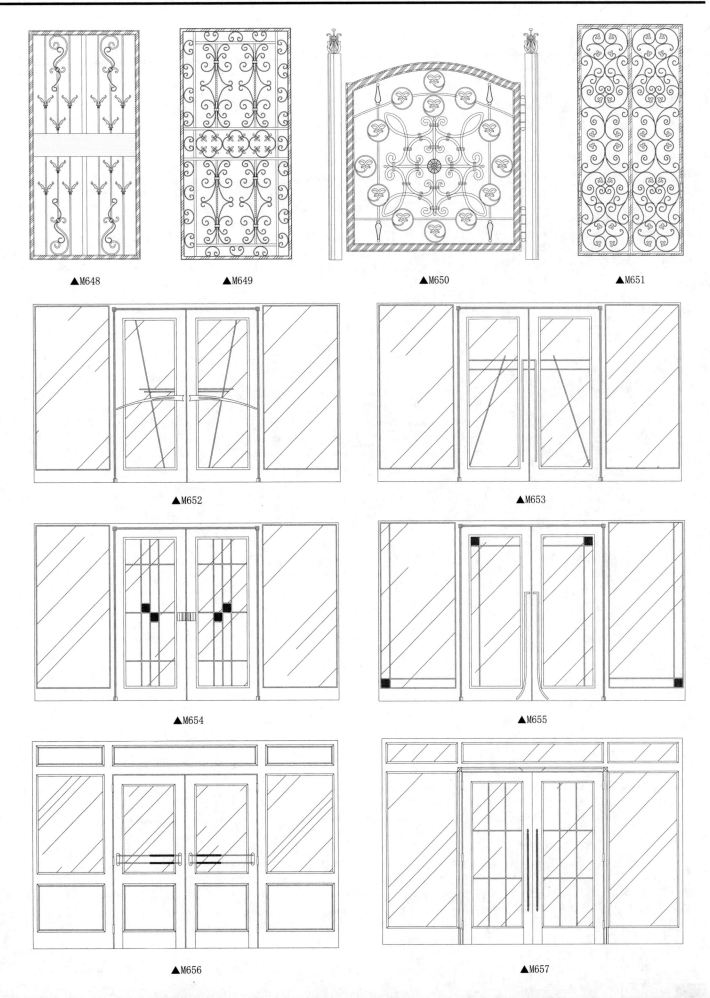

▲M648   ▲M649   ▲M650   ▲M651

▲M652   ▲M653

▲M654   ▲M655

▲M656   ▲M657

门样品

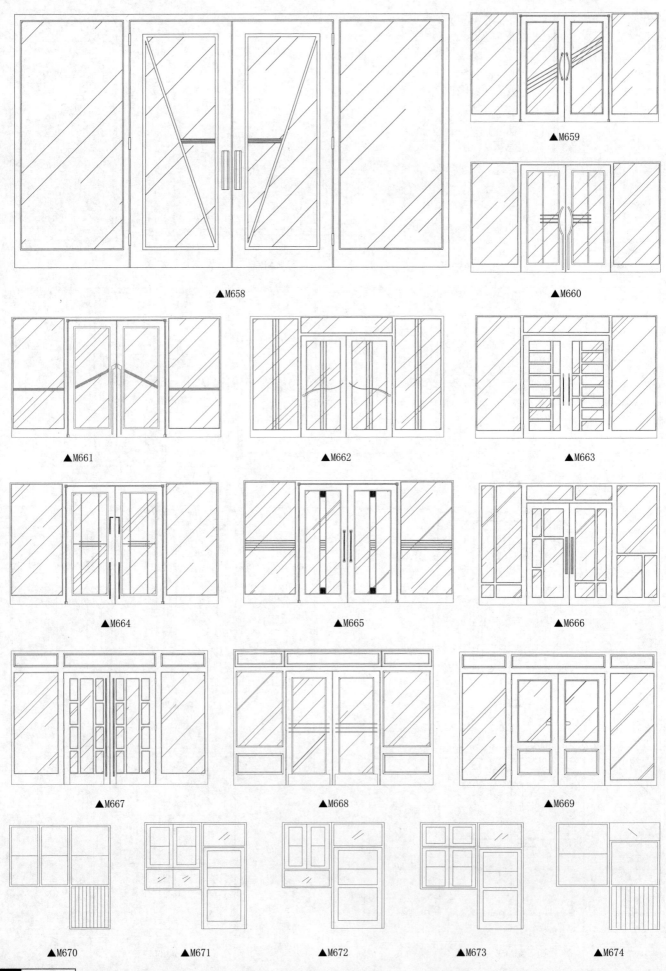

▲M658

▲M659

▲M660

▲M661

▲M662

▲M663

▲M664

▲M665

▲M666

▲M667

▲M668

▲M669

▲M670

▲M671

▲M672

▲M673

▲M674

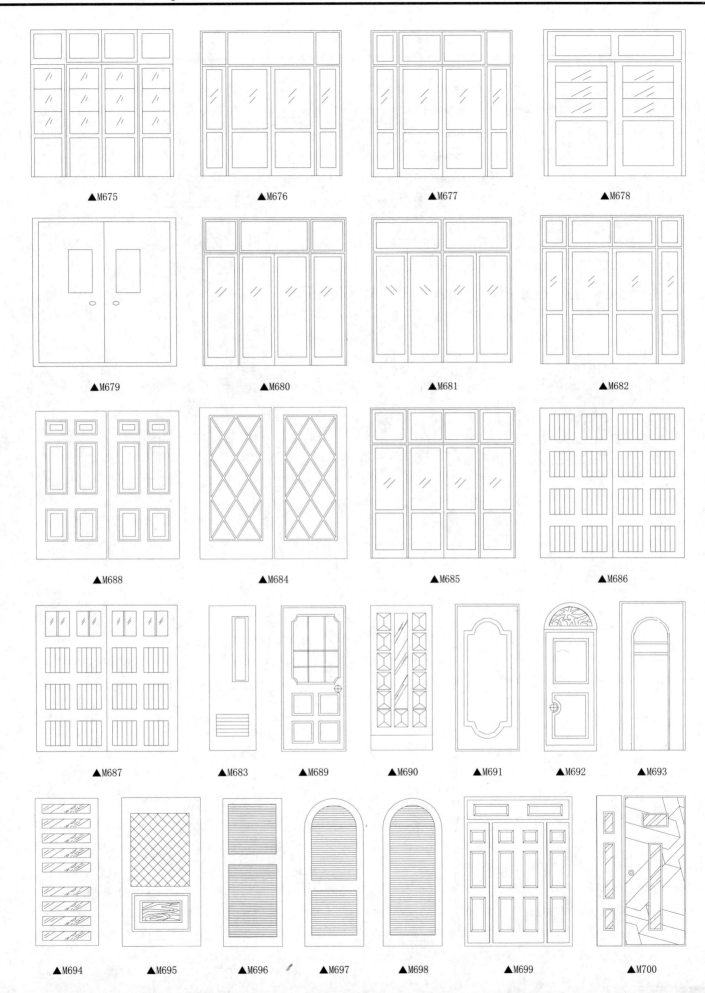

▲M675 ▲M676 ▲M677 ▲M678

▲M679 ▲M680 ▲M681 ▲M682

▲M688 ▲M684 ▲M685 ▲M686

▲M687 ▲M683 ▲M689 ▲M690 ▲M691 ▲M692 ▲M693

▲M694 ▲M695 ▲M696 ▲M697 ▲M698 ▲M699 ▲M700

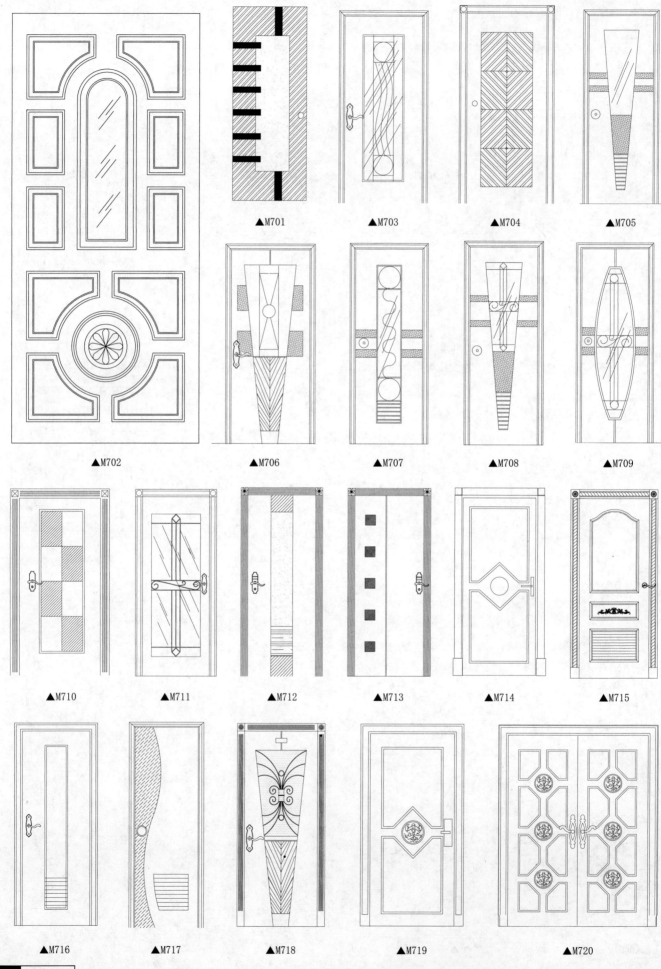

▲M701　　▲M703　　▲M704　　▲M705

▲M702　　▲M706　　▲M707　　▲M708　　▲M709

▲M710　　▲M711　　▲M712　　▲M713　　▲M714　　▲M715

▲M716　　▲M717　　▲M718　　▲M719　　▲M720

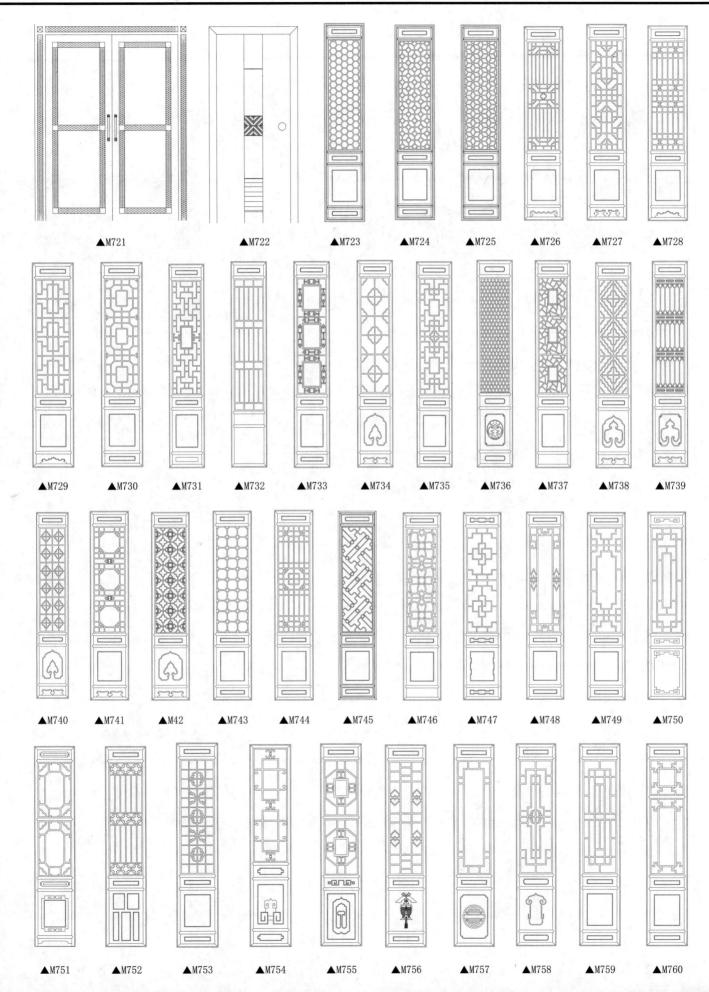

▲M721　　▲M722　　▲M723　　▲M724　　▲M725　　▲M726　　▲M727　　▲M728

▲M729　▲M730　▲M731　▲M732　▲M733　▲M734　▲M735　▲M736　▲M737　▲M738　▲M739

▲M740　▲M741　▲M42　▲M743　▲M744　▲M745　▲M746　▲M747　▲M748　▲M749　▲M750

▲M751　▲M752　▲M753　▲M754　▲M755　▲M756　▲M757　▲M758　▲M759　▲M760

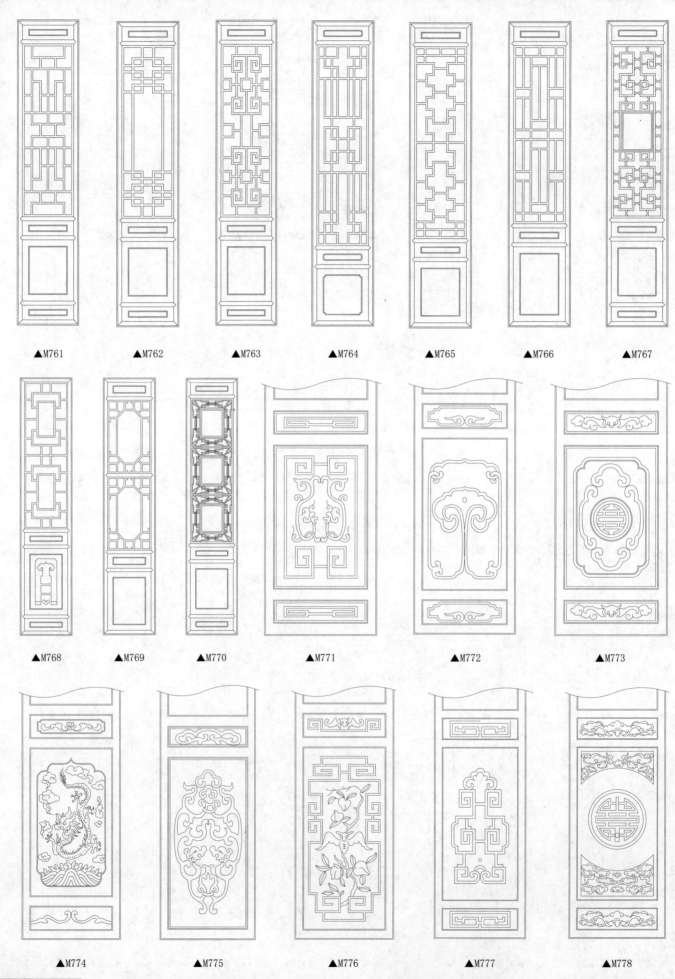

▲M761　　▲M762　　▲M763　　▲M764　　▲M765　　▲M766　　▲M767

▲M768　　▲M769　　▲M770　　▲M771　　▲M772　　▲M773

▲M774　　▲M775　　▲M776　　▲M777　　▲M778

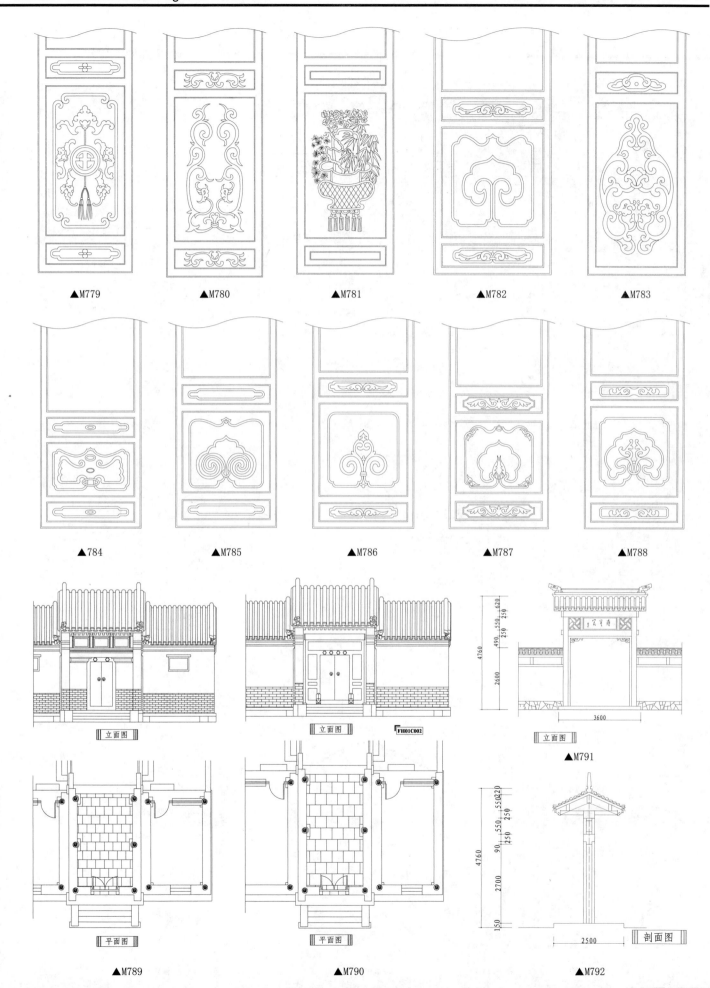

▲M779　　　▲M780　　　▲M781　　　▲M782　　　▲M783

▲784　　　▲M785　　　▲M786　　　▲M787　　　▲M788

|| 立面图 ||　　　|| 立面图 ||　FH01C002　　　|| 立面图 ||

▲M791

|| 平面图 ||　　　|| 平面图 ||　　　|| 剖面图 ||

▲M789　　　▲M790　　　▲M792

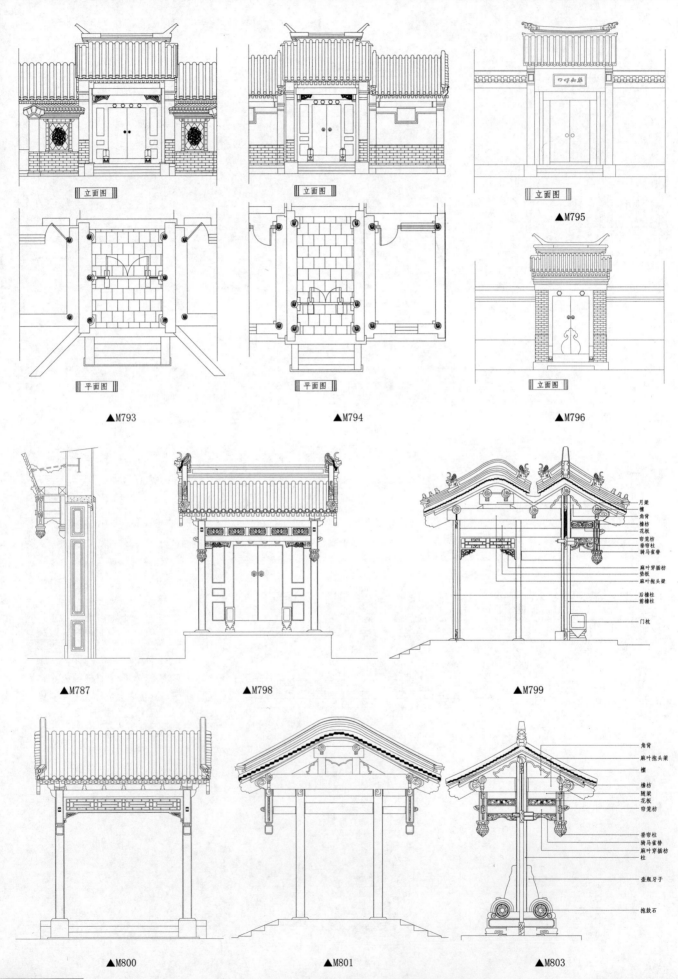

‖ 立面图 ‖　　　‖ 立面图 ‖　　　‖ 立面图 ‖

▲M795

‖ 平面图 ‖　　　‖ 平面图 ‖　　　‖ 立面图 ‖

▲M793　　　▲M794　　　▲M796

▲M787　　　▲M798　　　▲M799

▲M800　　　▲M801　　　▲M803

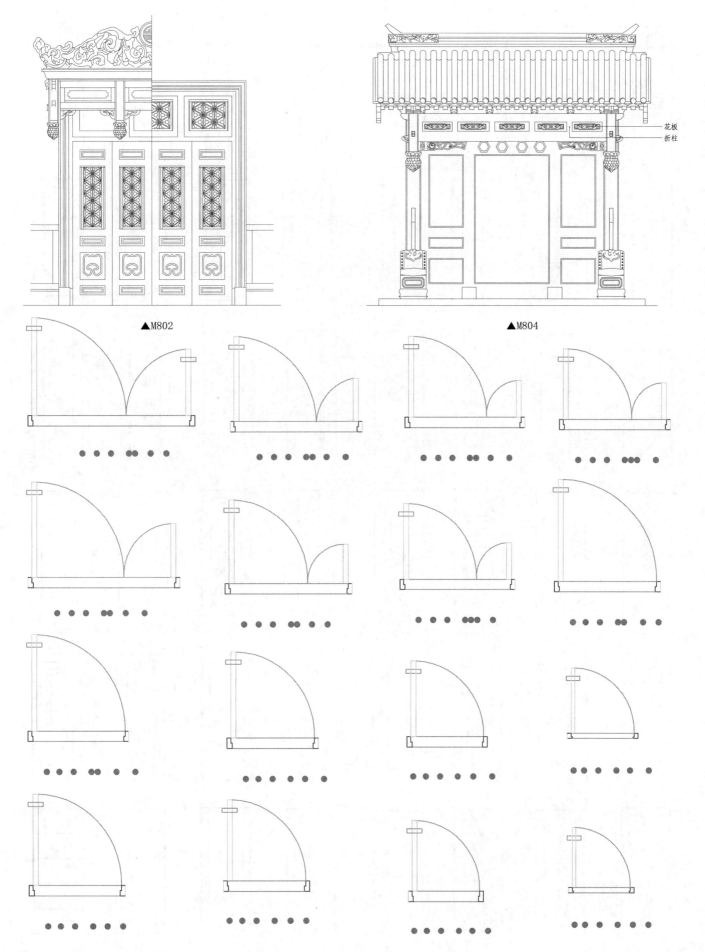

▲M802

▲M804

花板
折柱

▲M805

门样品

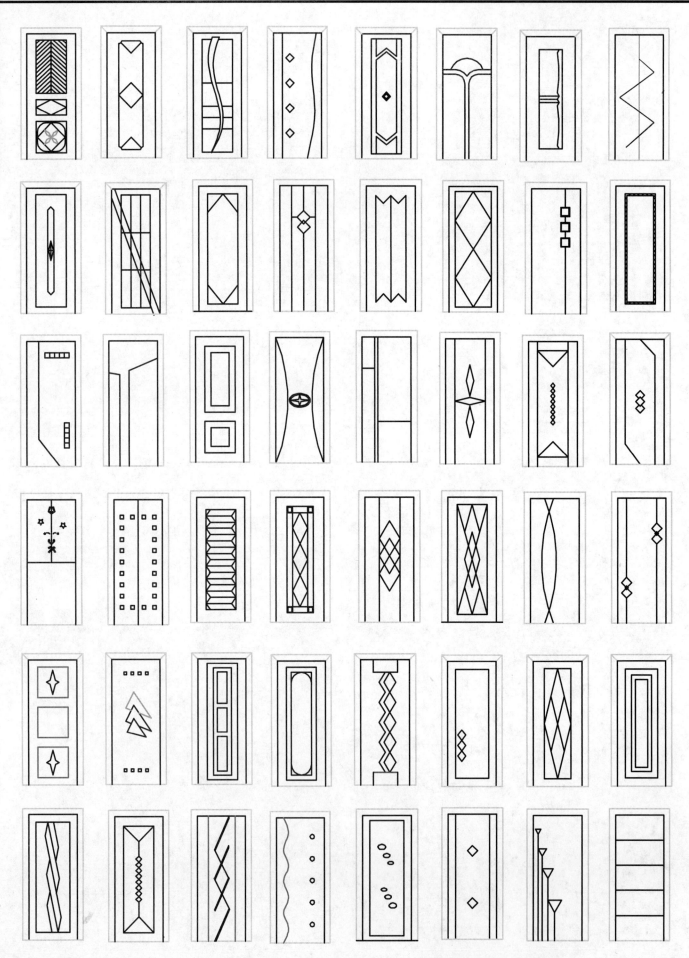

▲M806

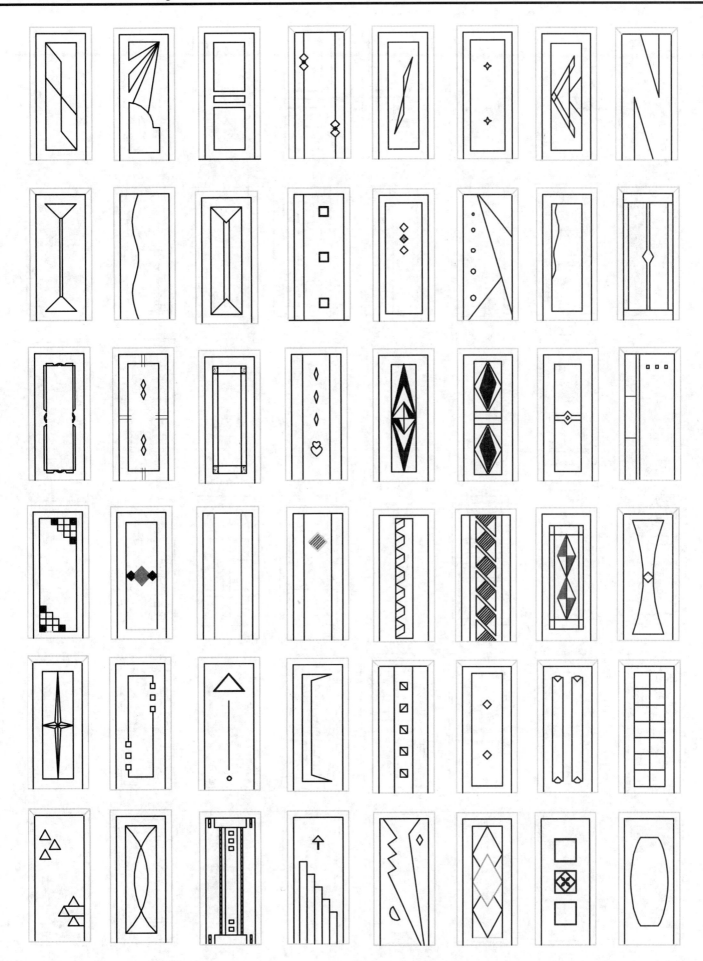

门
样
品

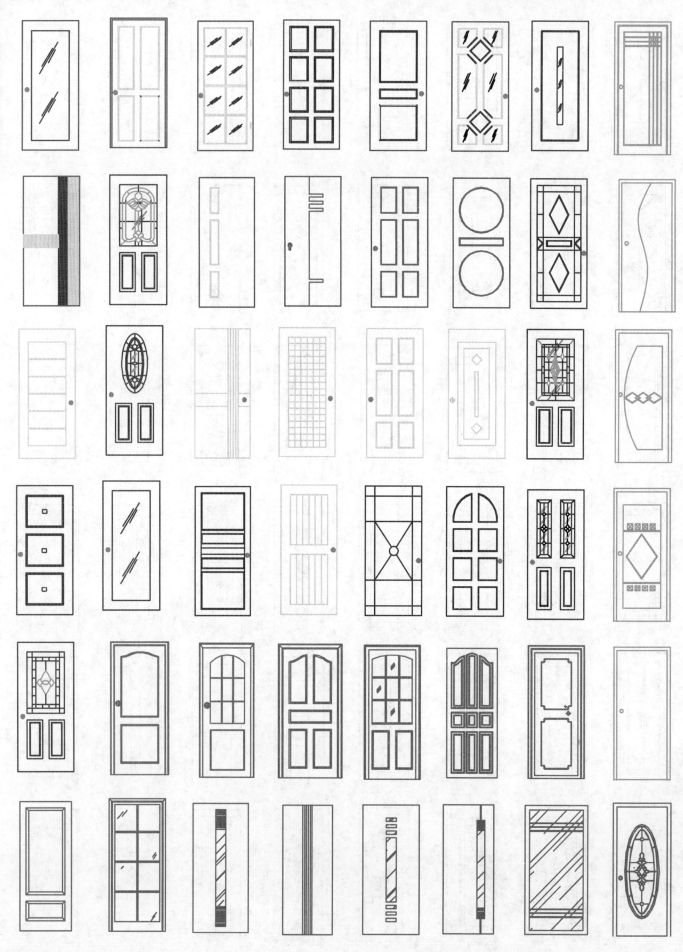

▲M806

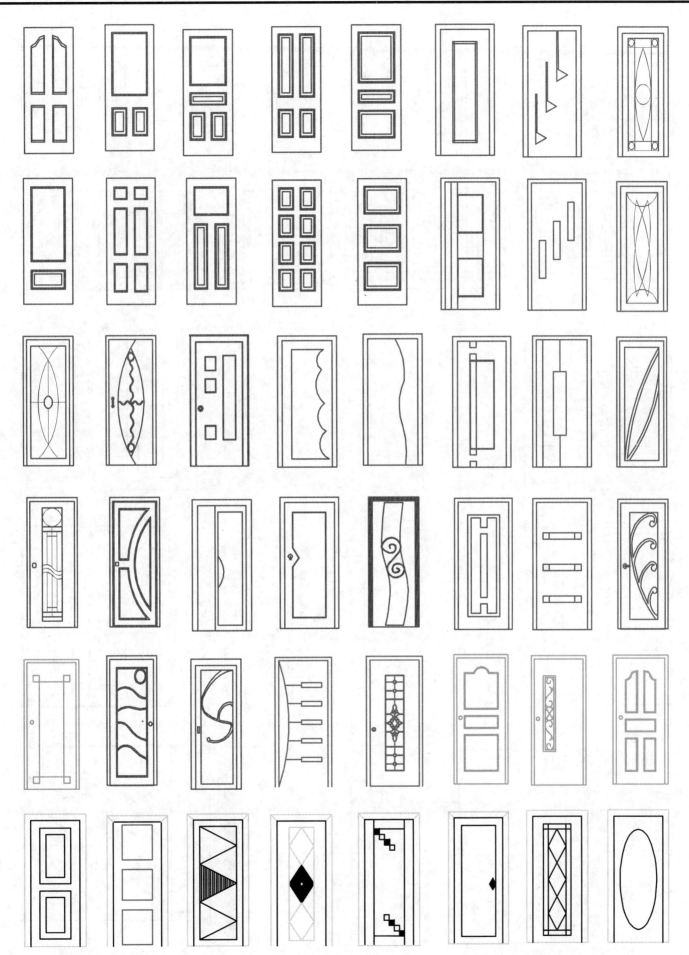

门样品

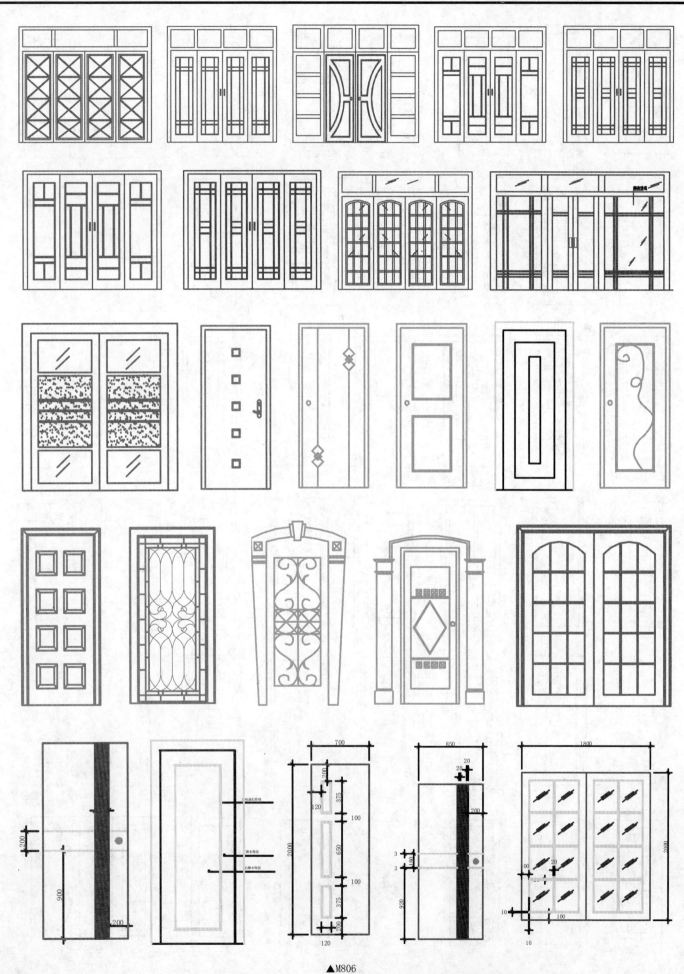

▲M806

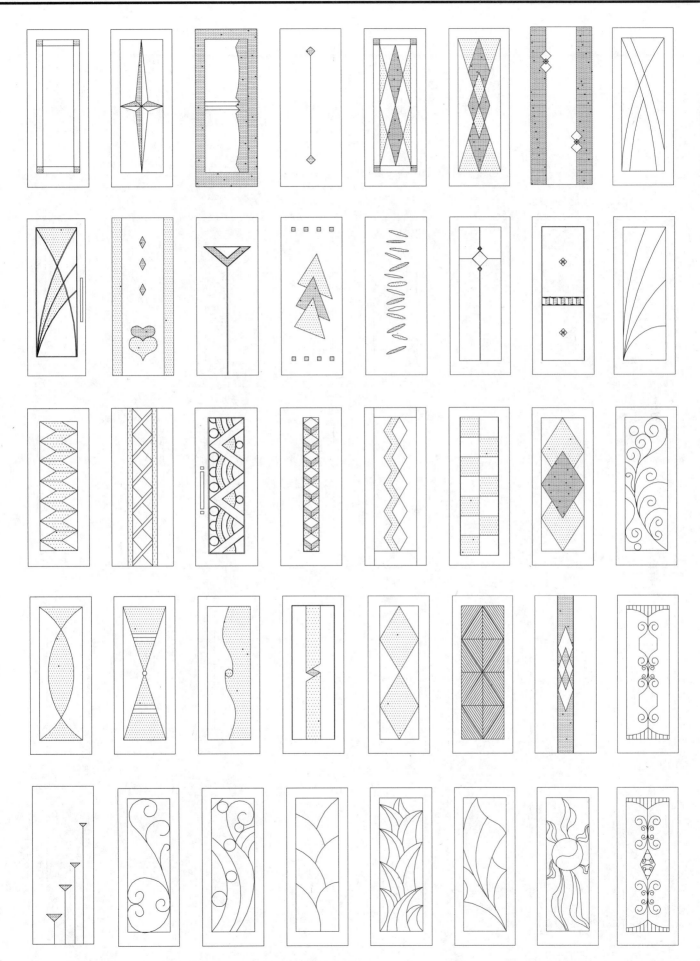

本页解压密码: 22605668

门样品

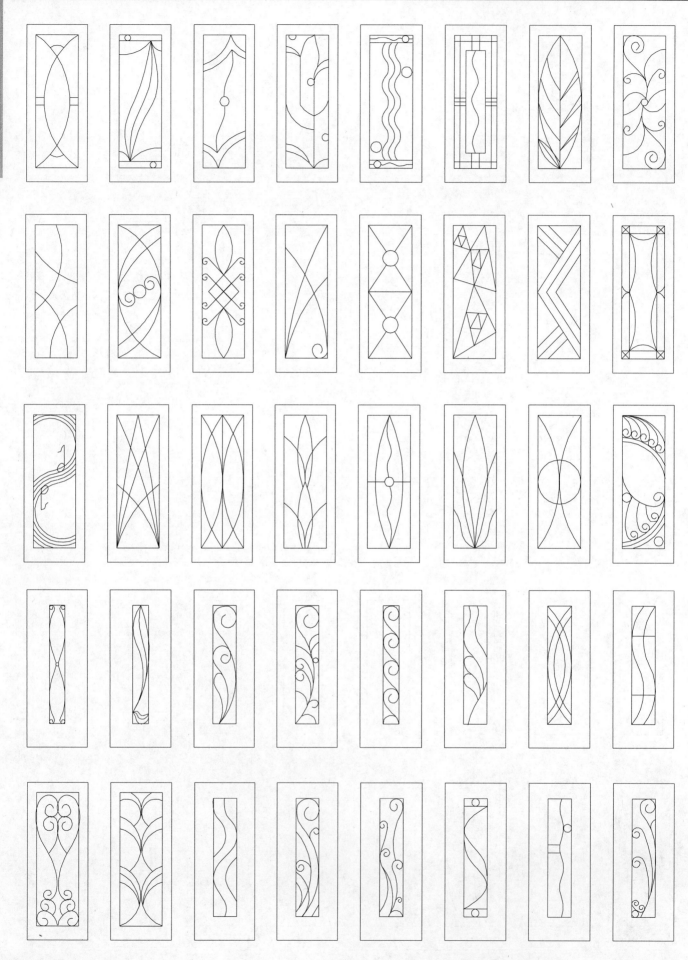

▲M807

Interior Details CAD Construction Atlas I

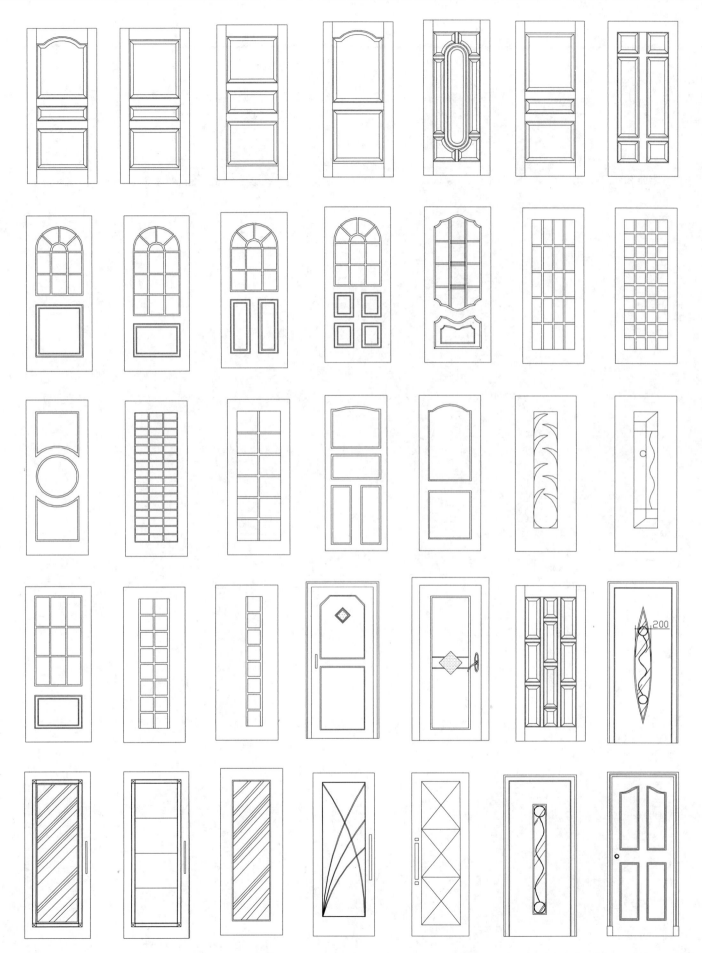

本页解压密码: 81568984

门把手

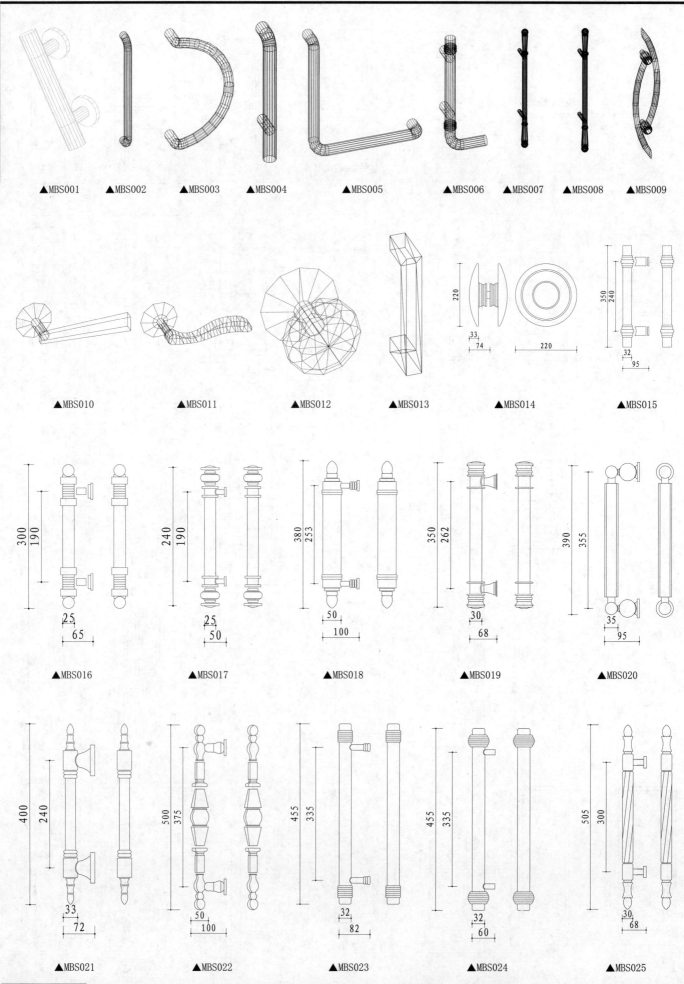

▲MBS001 ▲MBS002 ▲MBS003 ▲MBS004 ▲MBS005 ▲MBS006 ▲MBS007 ▲MBS008 ▲MBS009

▲MBS010 ▲MBS011 ▲MBS012 ▲MBS013 ▲MBS014 ▲MBS015

▲MBS016 ▲MBS017 ▲MBS018 ▲MBS019 ▲MBS020

▲MBS021 ▲MBS022 ▲MBS023 ▲MBS024 ▲MBS025

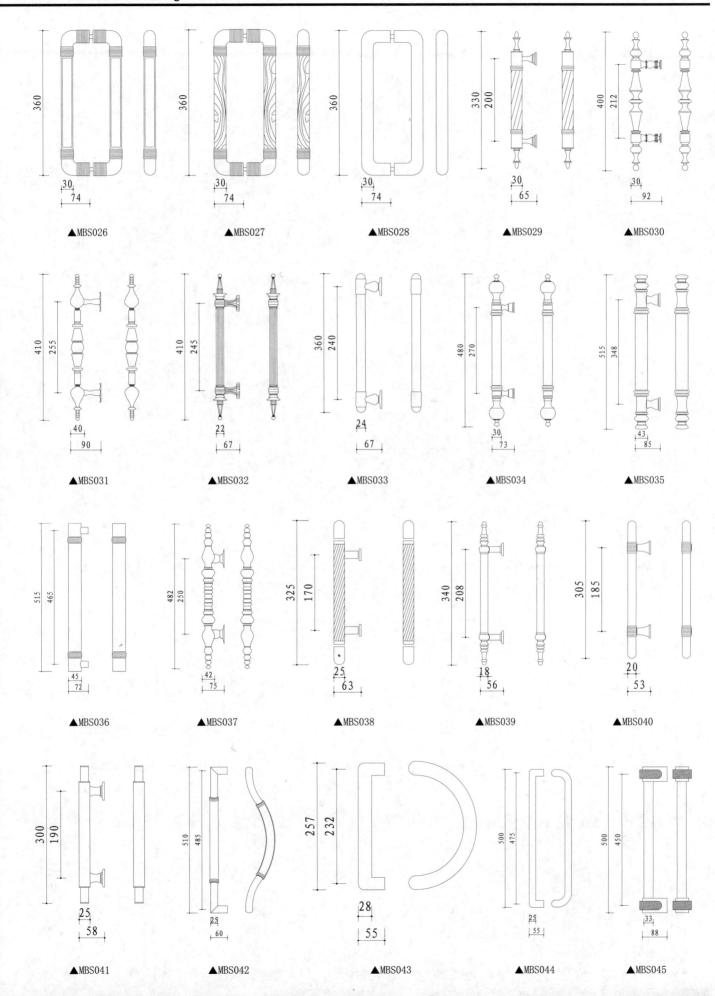

▲MBS026　　　▲MBS027　　　▲MBS028　　　▲MBS029　　　▲MBS030

▲MBS031　　　▲MBS032　　　▲MBS033　　　▲MBS034　　　▲MBS035

▲MBS036　　　▲MBS037　　　▲MBS038　　　▲MBS039　　　▲MBS040

▲MBS041　　　▲MBS042　　　▲MBS043　　　▲MBS044　　　▲MBS045

门把手

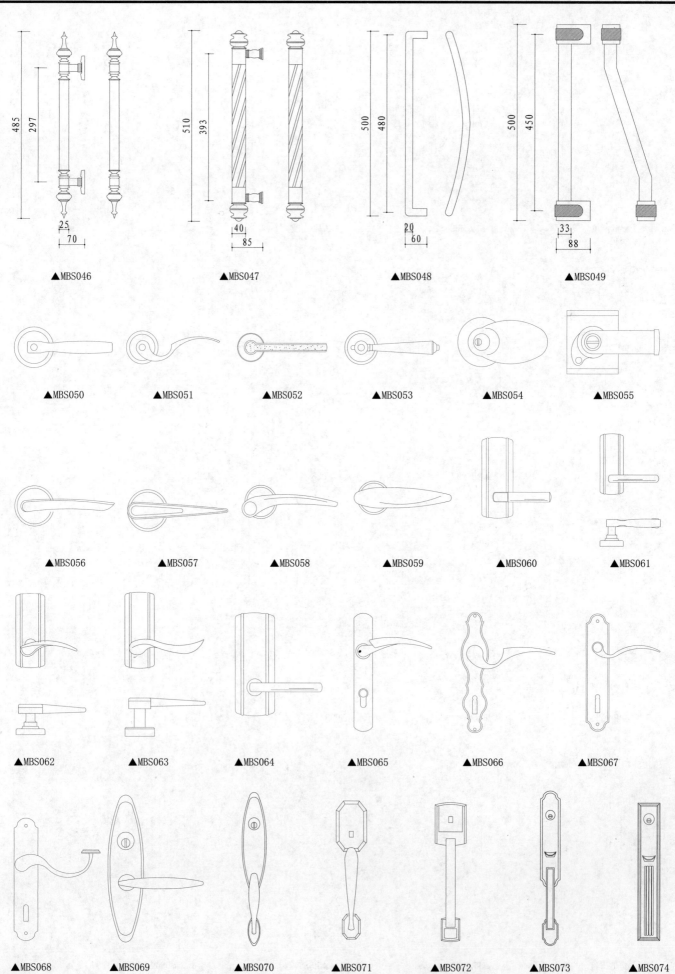

▲MBS046　　▲MBS047　　▲MBS048　　▲MBS049

▲MBS050　　▲MBS051　　▲MBS052　　▲MBS053　　▲MBS054　　▲MBS055

▲MBS056　　▲MBS057　　▲MBS058　　▲MBS059　　▲MBS060　　▲MBS061

▲MBS062　　▲MBS063　　▲MBS064　　▲MBS065　　▲MBS066　　▲MBS067

▲MBS068　　▲MBS069　　▲MBS070　　▲MBS071　　▲MBS072　　▲MBS073　　▲MBS074

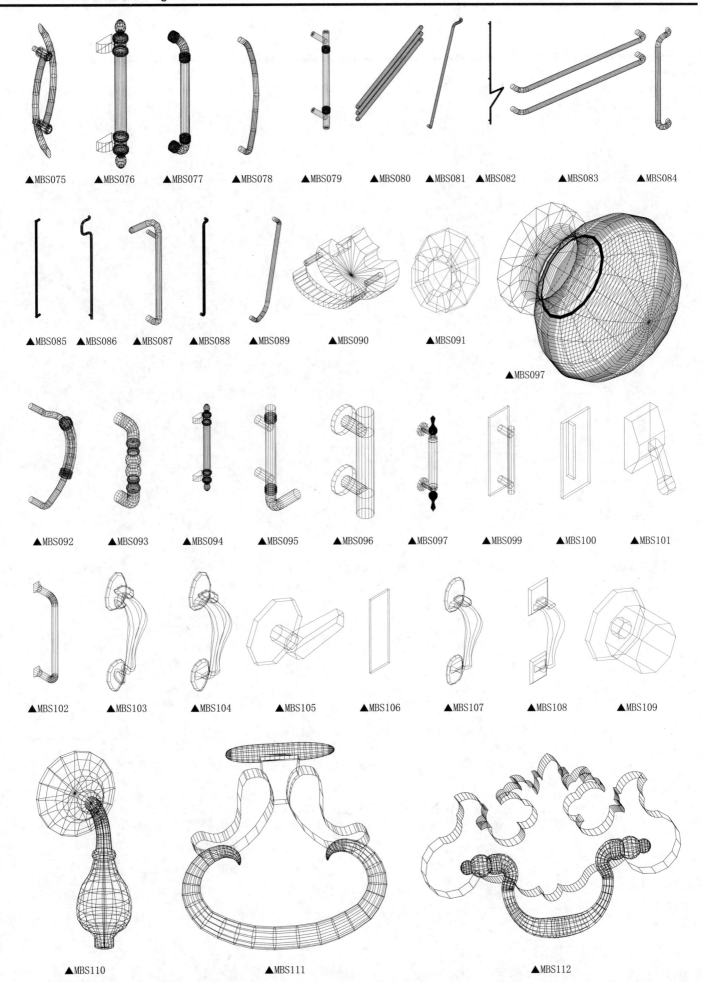

▲MBS075　▲MBS076　▲MBS077　▲MBS078　▲MBS079　▲MBS080　▲MBS081　▲MBS082　▲MBS083　▲MBS084

▲MBS085　▲MBS086　▲MBS087　▲MBS088　▲MBS089　▲MBS090　▲MBS091

▲MBS097

▲MBS092　▲MBS093　▲MBS094　▲MBS095　▲MBS096　▲MBS097　▲MBS099　▲MBS100　▲MBS101

▲MBS102　▲MBS103　▲MBS104　▲MBS105　▲MBS106　▲MBS107　▲MBS108　▲MBS109

▲MBS110　▲MBS111　▲MBS112

门

锁

▲MS01　　▲MS02　　▲MS03　　▲MS04　　▲MS05

▲MS06　　▲MS07　　▲MS08　　▲MS09　　▲MS10

▲MS11　　▲MS12　　▲MS13　　▲MS14　　▲MS15

▲MS16　　▲MS17　　▲MS18　　▲MS19　　▲MS20

▲MS21　　▲MS22　　▲MS23　　▲MS24　　▲MS25

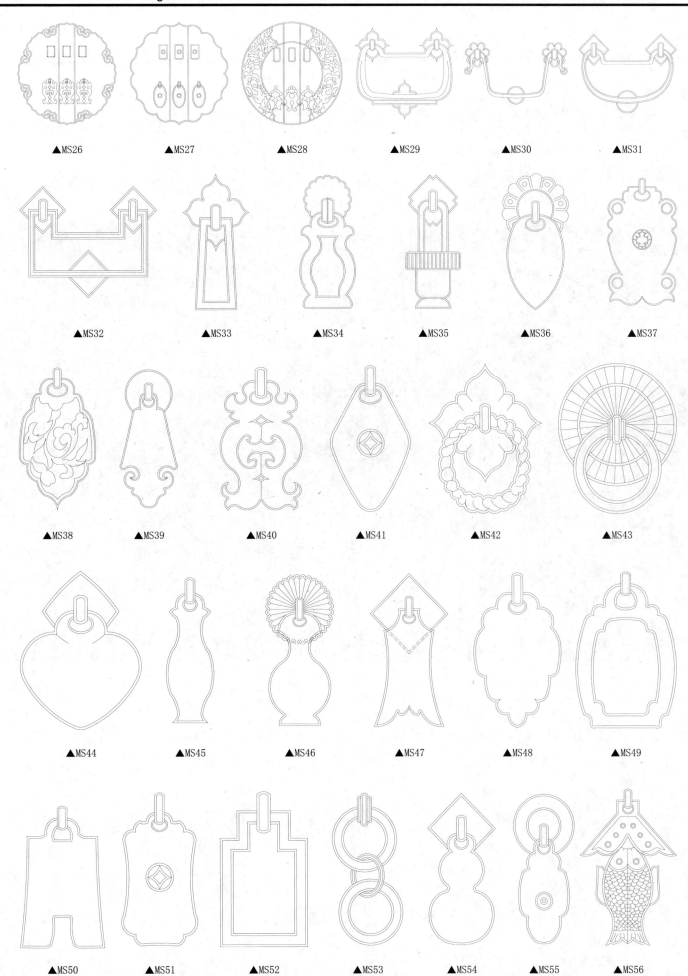

▲MS26　　▲MS27　　▲MS28　　▲MS29　　▲MS30　　▲MS31

▲MS32　　▲MS33　　▲MS34　　▲MS35　　▲MS36　　▲MS37

▲MS38　　▲MS39　　▲MS40　　▲MS41　　▲MS42　　▲MS43

▲MS44　　▲MS45　　▲MS46　　▲MS47　　▲MS48　　▲MS49

▲MS50　　▲MS51　　▲MS52　　▲MS53　　▲MS54　　▲MS55　　▲MS56

窗

欧式窗

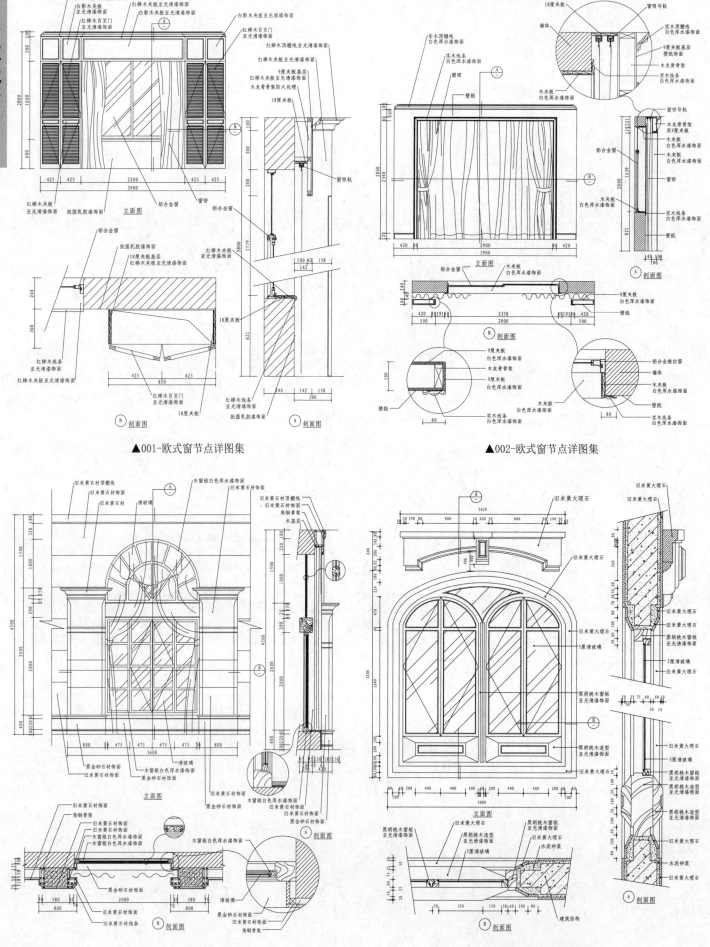

▲001-欧式窗节点详图集

▲002-欧式窗节点详图集

▲003-欧式窗节点详图集

▲004-欧式窗节点详图集

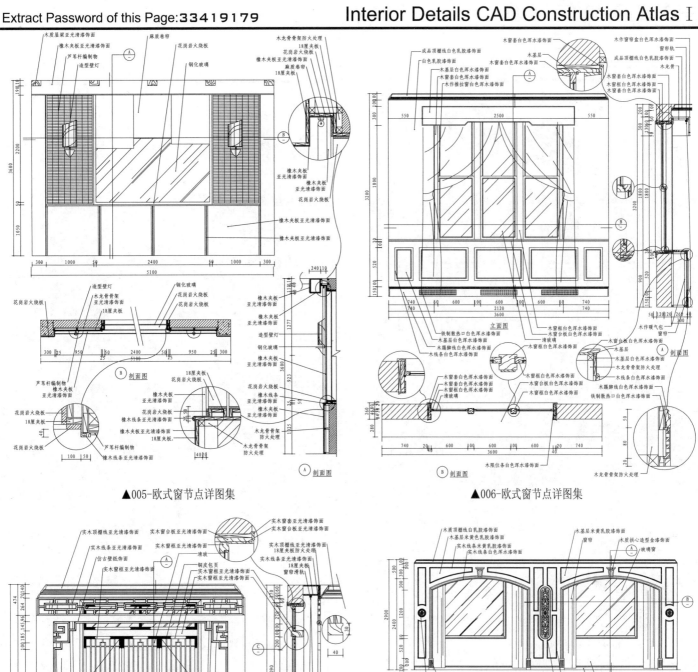

▲005-欧式窗节点详图集

▲006-欧式窗节点详图集

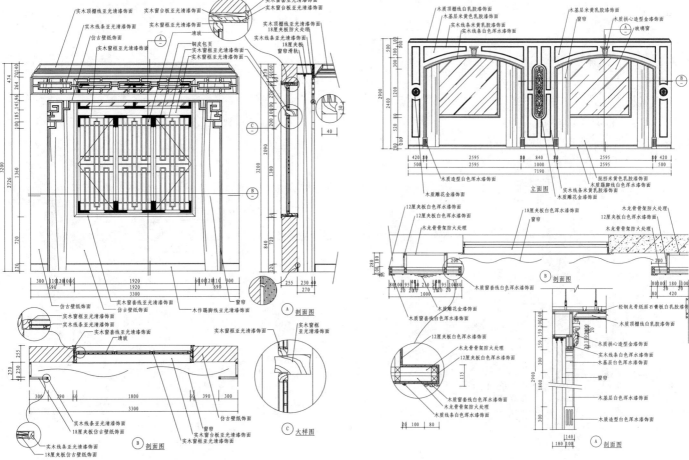

▲007-欧式窗节点详图集

▲008-欧式窗节点详图集

欧式窗

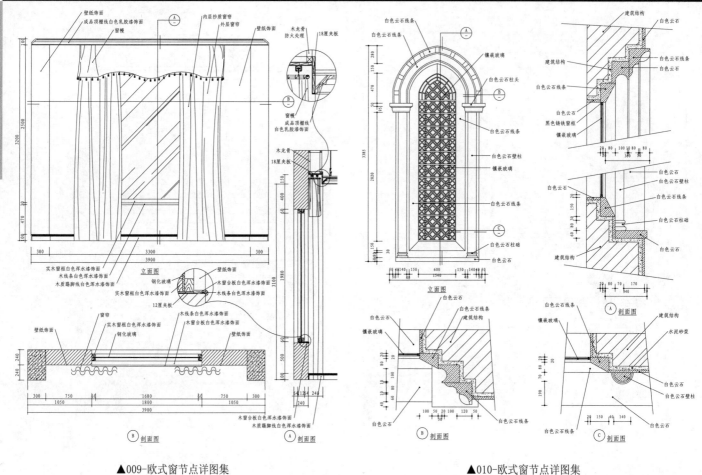

▲009-欧式窗节点详图集

▲010-欧式窗节点详图集

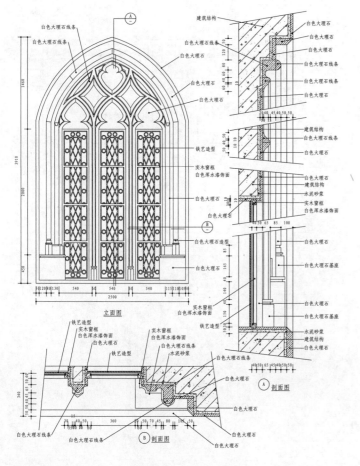

▲011-欧式窗节点详图集

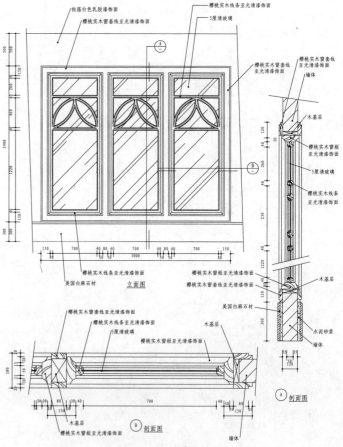

▲012-欧式窗节点详图集

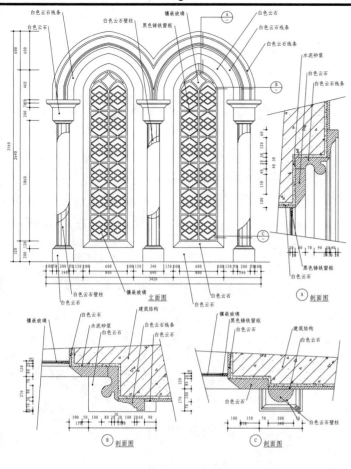

▲013-欧式窗节点详图集

▲014-欧式窗节点详图集

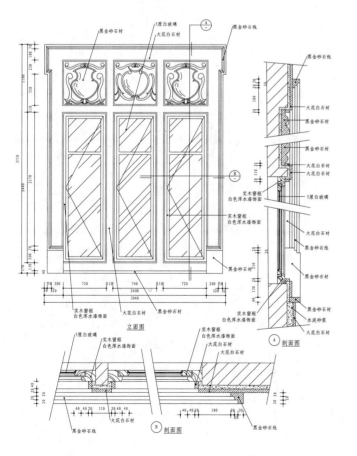

▲015-欧式窗节点详图集

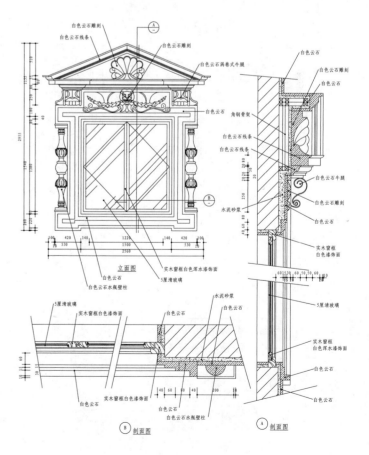

▲016-欧式窗节点详图集

欧式窗

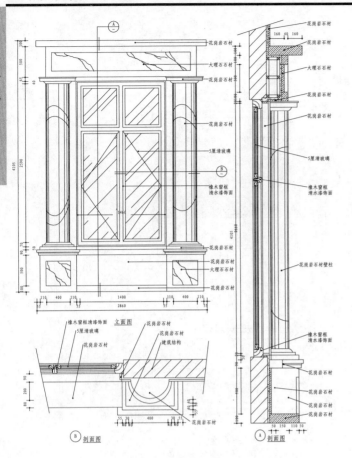

▲017-欧式窗节点详图集

▲018-欧式窗节点详图集

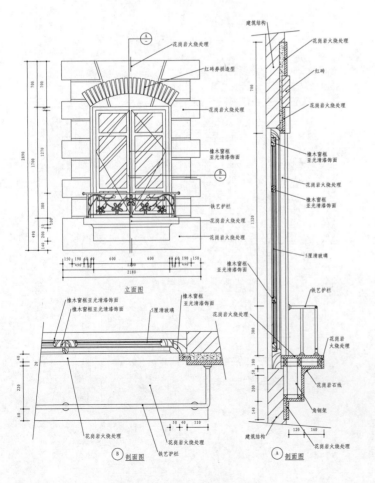

▲019-欧式窗节点详图集

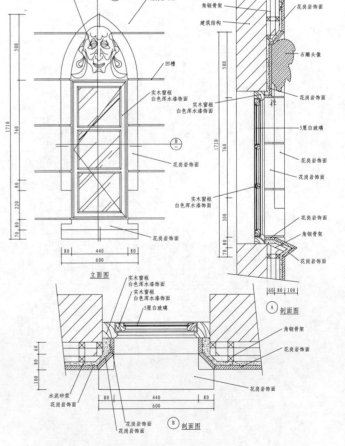

▲020-欧式窗节点详图集

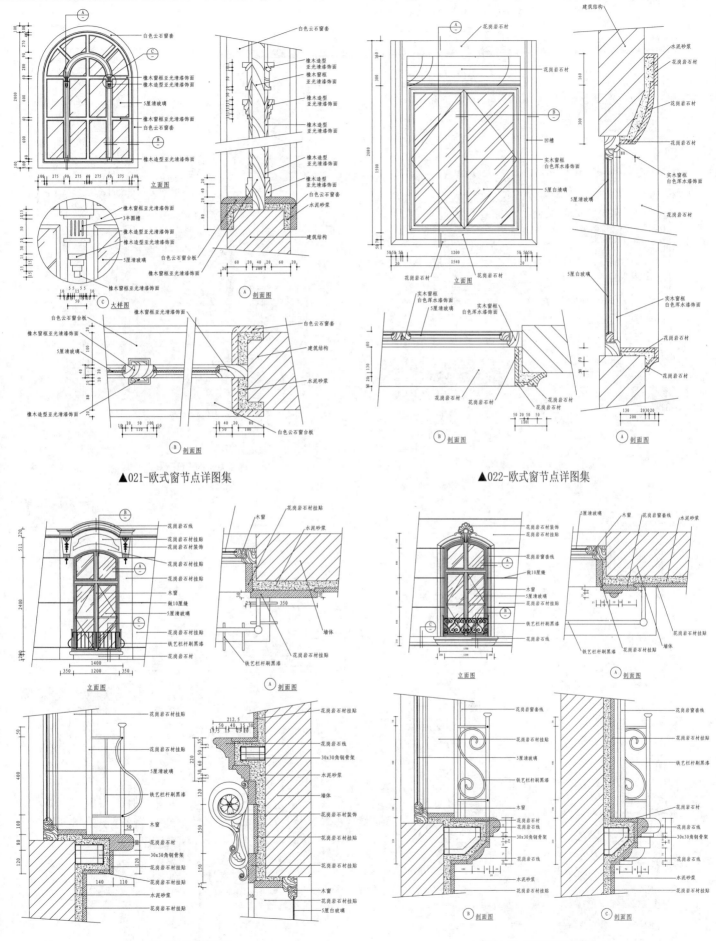

▲021-欧式窗节点详图集

▲022-欧式窗节点详图集

▲023-欧式窗节点详图集

▲024-欧式窗节点详图集

欧式窗

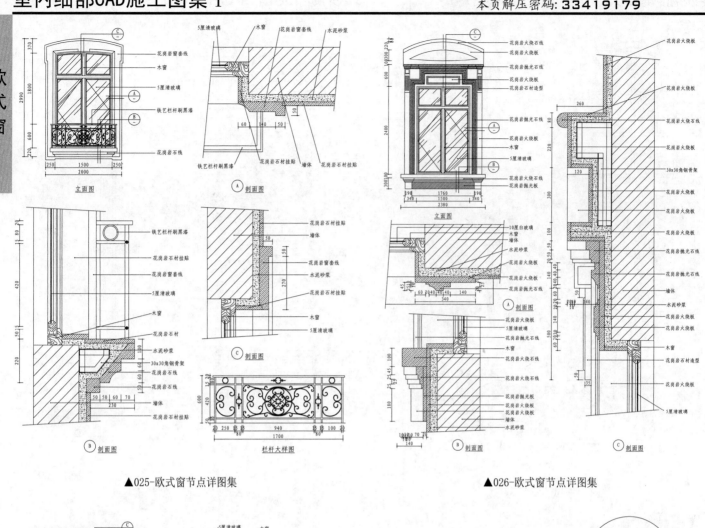

▲025-欧式窗节点详图集

▲026-欧式窗节点详图集

▲027-欧式窗节点详图集

▲028-欧式窗节点详图集

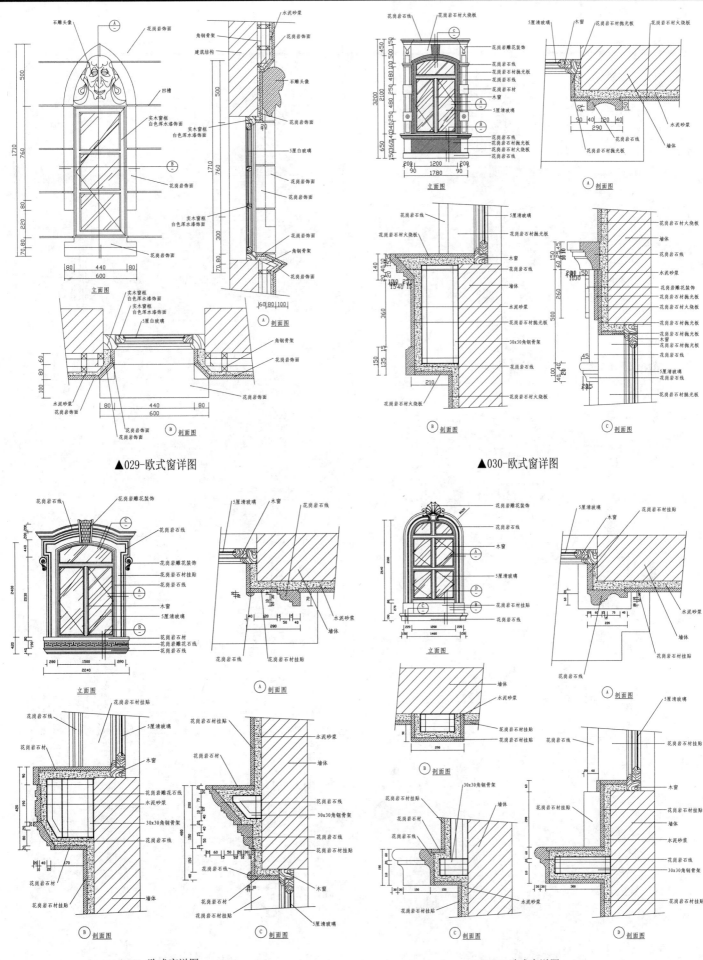

▲029-欧式窗详图

▲030-欧式窗详图

▲031-欧式窗详图

▲032-欧式窗详图

欧式窗

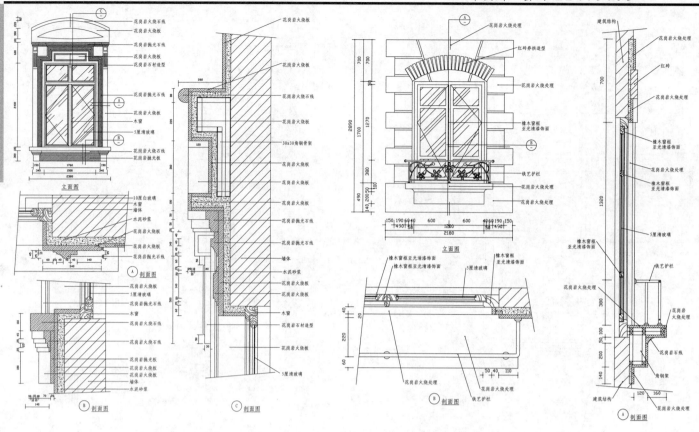

▲033-欧式窗详图

▲034-欧式窗详图

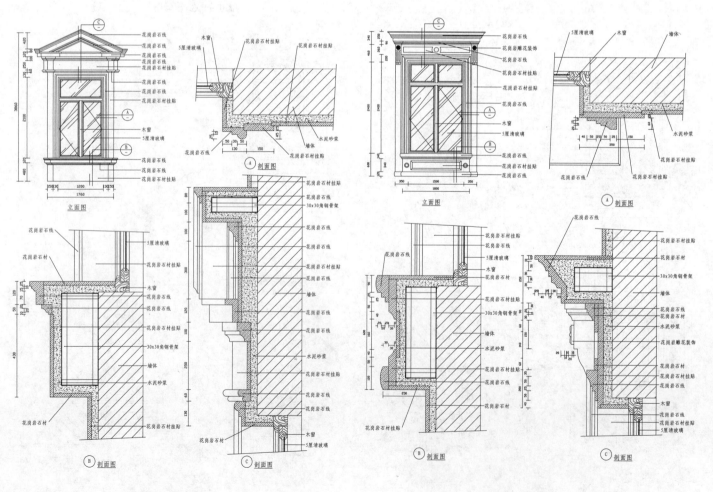

▲035-欧式窗详图

▲036-欧式窗详图

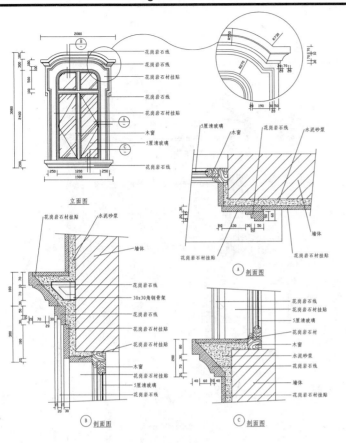

▲037-欧式窗详图

▲038-欧式窗详图

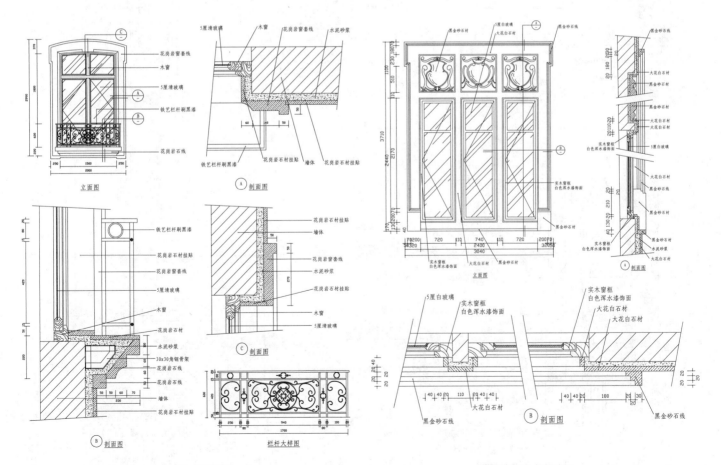

▲039-欧式窗详图

▲040-欧式窗详图

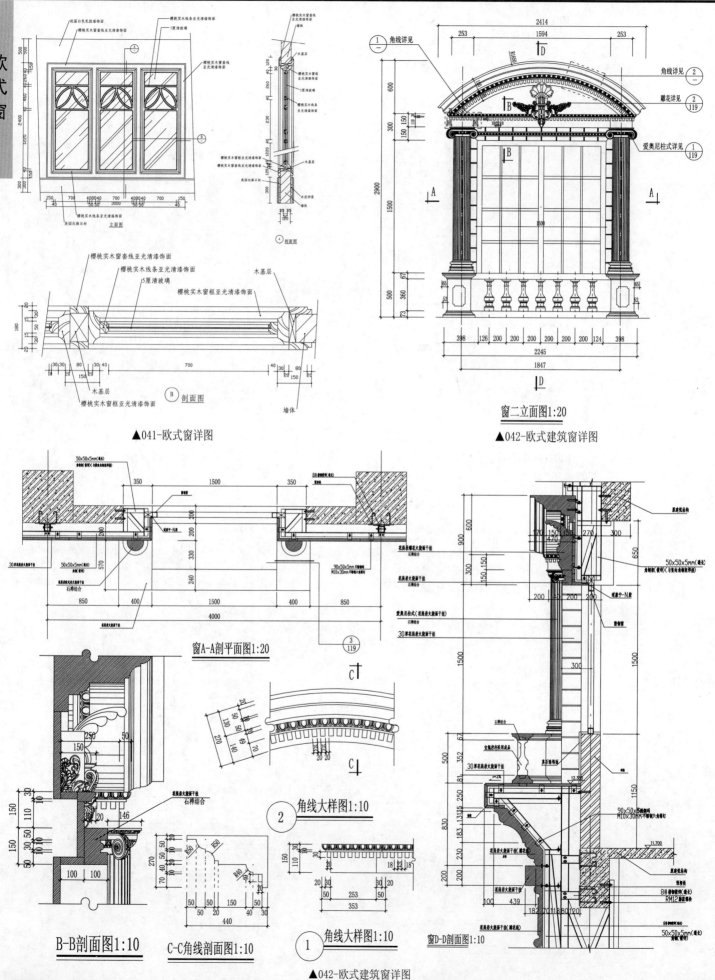

▲041-欧式窗详图

▲042-欧式建筑窗详图

窗二立面图1:20

窗A-A剖平面图1:20

B-B剖面图1:10

C-C角线剖面图1:10

① 角线大样图1:10

② 角线大样图1:10

窗D-D剖面图1:10

▲042-欧式建筑窗详图

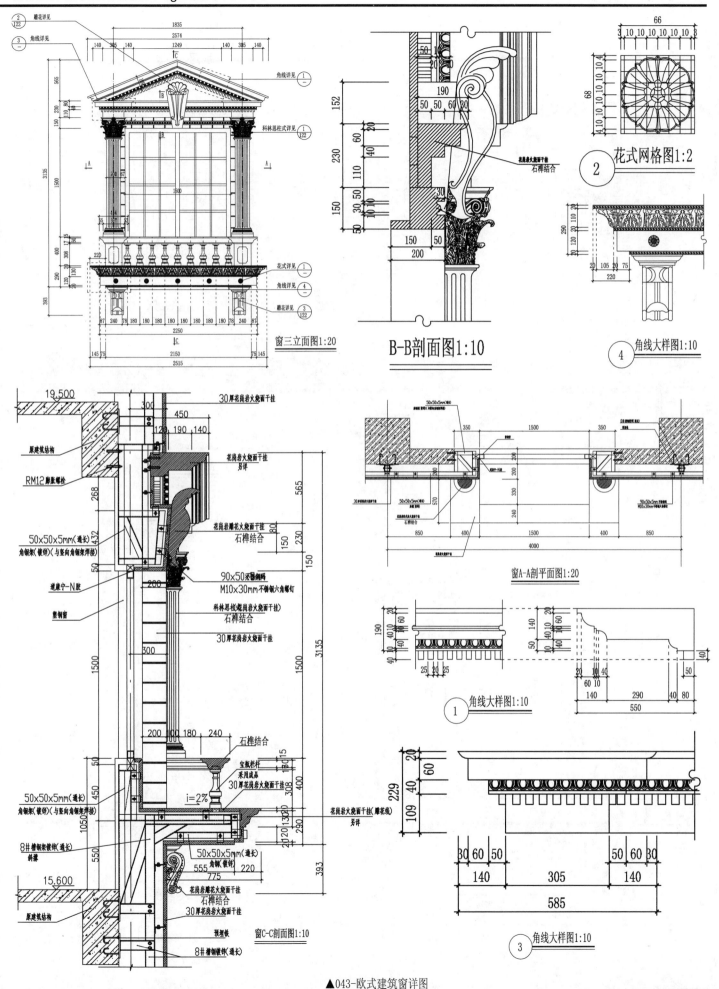

窗三立面图1:20

B-B剖面图1:10

② 花式网格图1:2

④ 角线大样图1:10

窗A-A剖平面图1:20

① 角线大样图1:10

③ 角线大样图1:10

▲043-欧式建筑窗详图

欧式窗

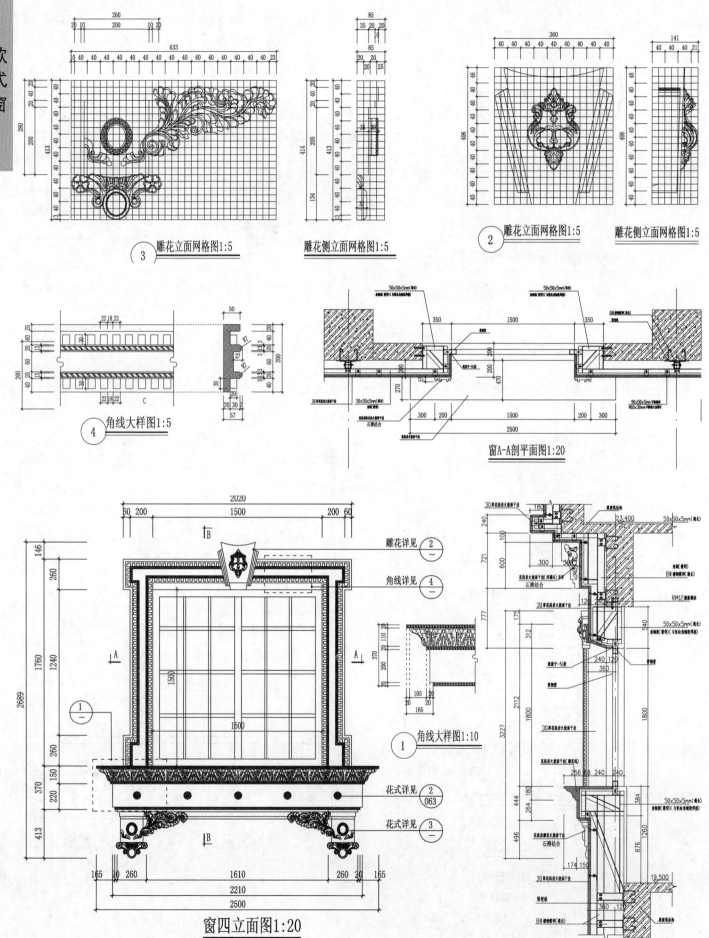

③ 雕花立面网格图1:5

雕花侧立面网格图1:5

② 雕花立面网格图1:5

雕花侧立面网格图1:5

④ 角线大样图1:5

窗A-A剖平面图1:20

雕花详见 ②／—

角线详见 ④／—

① 角线大样图1:10

花式详见 ②／063

花式详见 ③／—

① ／—

窗四立面图1:20

▲044-欧式建筑窗详图

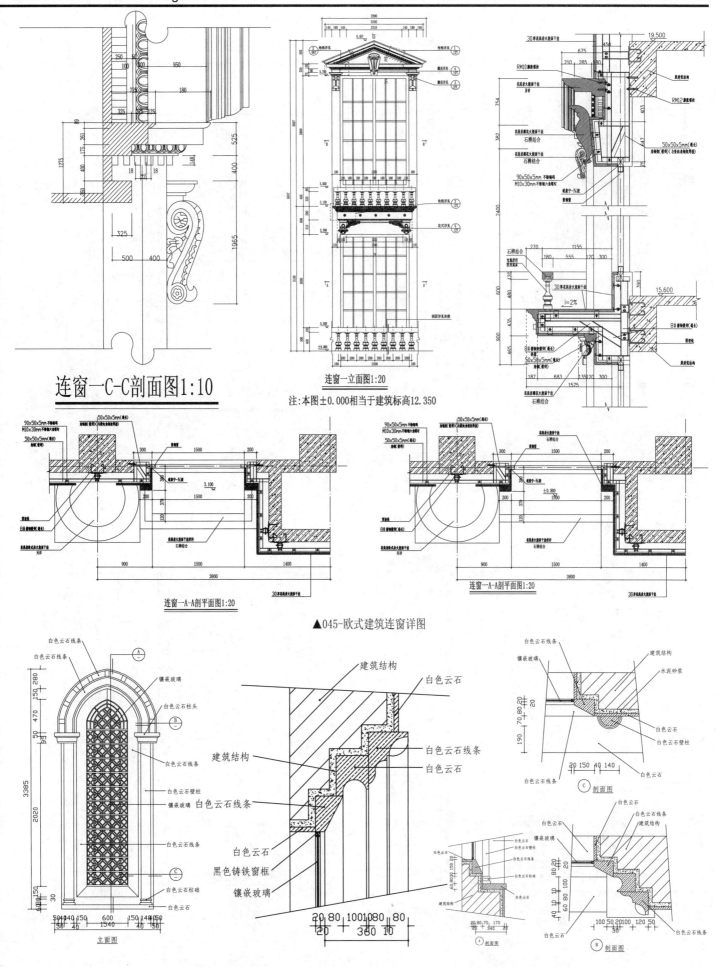

连窗一C-C剖面图1:10

连窗一立面图1:20

注:本图±0.000相当于建筑标高12.350

连窗一A-A剖平面图1:20

连窗一A-A剖平面图1:20

▲045-欧式建筑连窗详图

立面图

▲046-西式窗详图

欧式窗

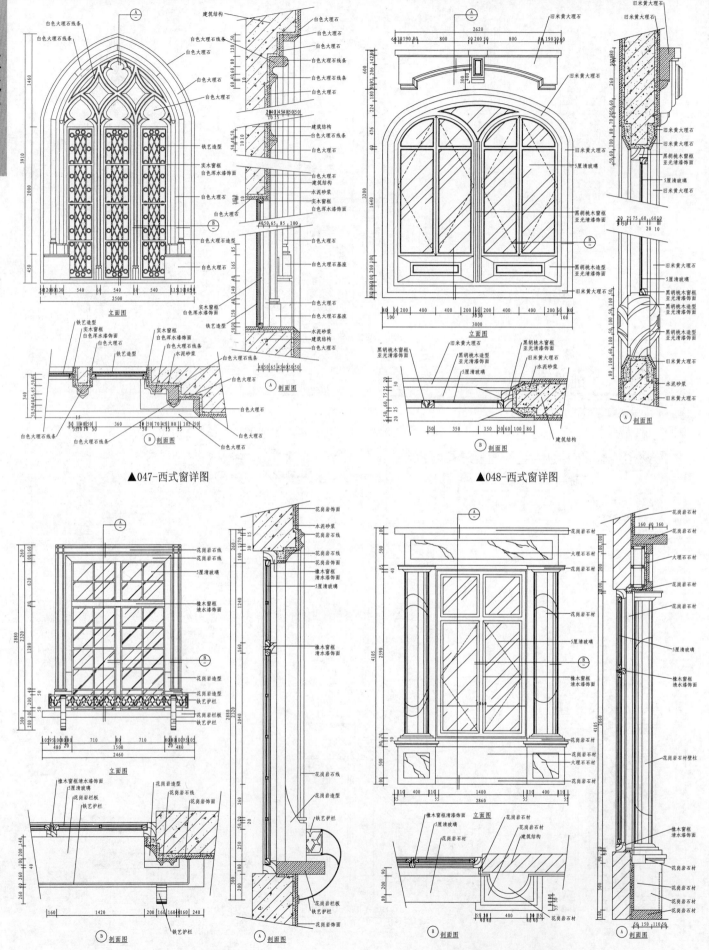

▲047-西式窗详图

▲048-西式窗详图

▲049-西式窗详图

▲050-西式窗详图

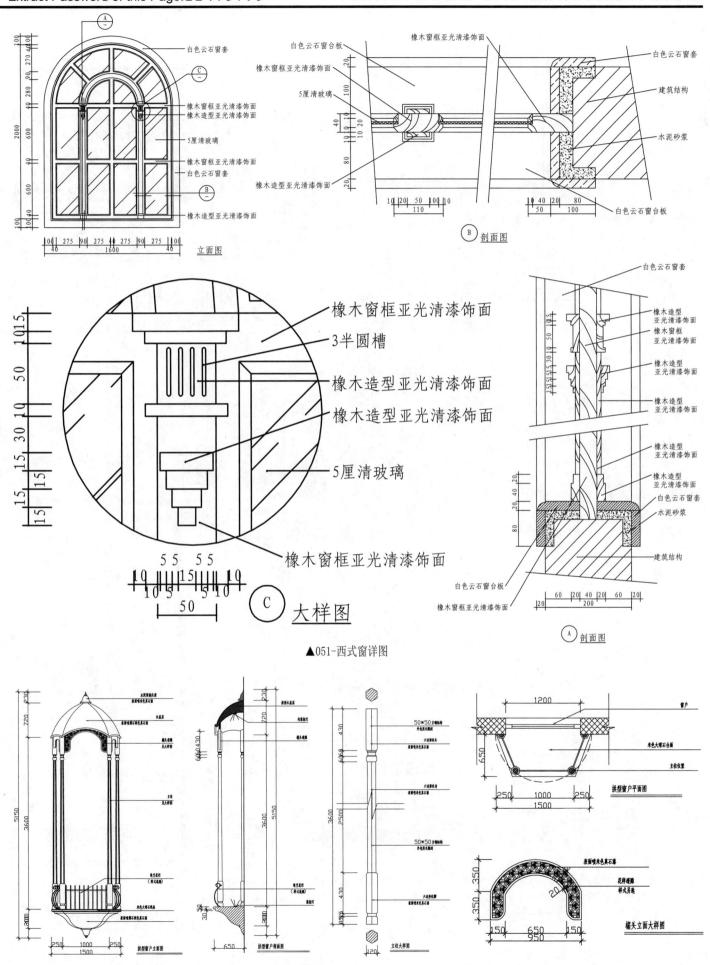

白色云石窗套
橡木窗框亚光清漆饰面
橡木造型亚光清漆饰面
5厘清玻璃
橡木窗框亚光清漆饰面
白色云石窗套
橡木造型亚光清漆饰面

立面图

白色云石窗台板
橡木窗框亚光清漆饰面
5厘清玻璃
橡木造型亚光清漆饰面

橡木窗框亚光清漆饰面
白色云石窗套
建筑结构
水泥砂浆
白色云石窗台板

Ⓑ 剖面图

橡木窗框亚光清漆饰面
3半圆槽
橡木造型亚光清漆饰面
橡木造型亚光清漆饰面
5厘清玻璃
橡木窗框亚光清漆饰面

Ⓒ 大样图

白色云石窗套
橡木造型亚光清漆饰面
橡木窗框亚光清漆饰面
橡木造型亚光清漆饰面
橡木造型亚光清漆饰面
橡木造型亚光清漆饰面
白色云石窗套
水泥砂浆
白色云石窗台板
橡木窗框亚光清漆饰面
建筑结构

Ⓐ 剖面图

▲051-西式窗详图

窗户
米色大理石台面
立柱位置
拱型窗户平面图

表面喷米色真石漆
花样浮雕
样式另选
楣头立面大样图

▲052-酒吧拱门窗详图

中式窗

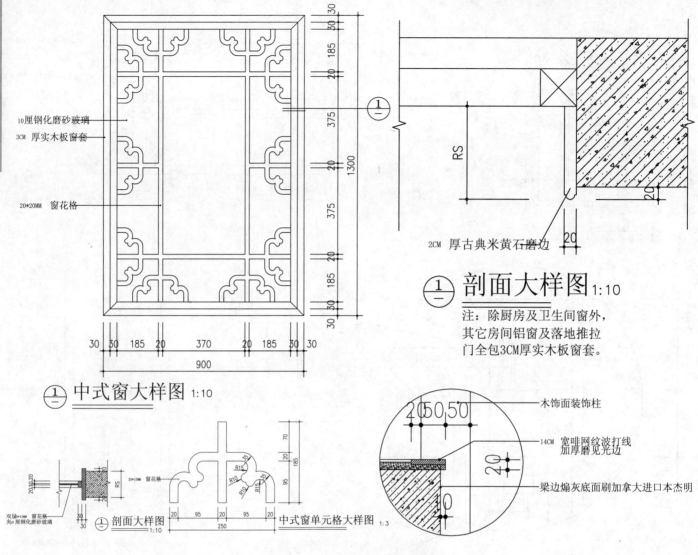

10厘钢化磨砂玻璃

3CM 厚实木板窗套

20*20MM 窗花格

① 中式窗大样图 1:10

双层≥19MM 窗花格
头≥0厘钢化磨砂玻璃

① 剖面大样图 1:10

20*19MM 窗花格

中式窗单元格大样图 1:3

2CM 厚古典米黄石磨边

① 剖面大样图 1:10

注：除厨房及卫生间窗外，其它房间铝窗及落地推拉门全包3CM厚实木板窗套。

木饰面装饰柱

14CM 宽啡网纹波打线加厚磨见光边

梁边煽灰底面刷加拿大进口本杰明

▲001-别墅中式窗详图

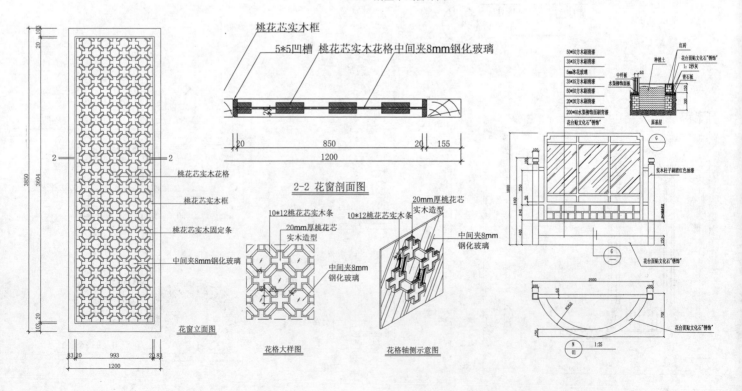

桃花芯实木框

5*5凹槽 桃花芯实木花格中间夹8mm钢化玻璃

2-2 花窗剖面图

桃花芯实木花格

桃花芯实木框

桃花芯实木固定条

中间夹8mm钢化玻璃

花窗立面图

10*12桃花芯实木条
20mm厚桃花芯实木造型
中间夹8mm钢化玻璃

花格大样图

20mm厚桃花芯实木造型
10*12桃花芯实木造型
中间夹8mm钢化玻璃

花格轴侧示意图

50*50方木刷清漆
35*35方木刷清漆
5mm冰花玻璃
35*35方木刷清漆
50*50方木刷清漆
20*20方木刷清漆
水泥砂浆饰面板
200*60水泥砂浆饰面层刷青漆
花台贴文化石"锈饰"

种植土
1:2沙灰
青石板
红砖
花台面贴文化石"锈饰"

实木柱子刷磨红色油漆

花台面贴文化石"锈饰"

花台面贴文化石"锈饰"

▲002-酒吧花窗格详图

▲003-中式窗

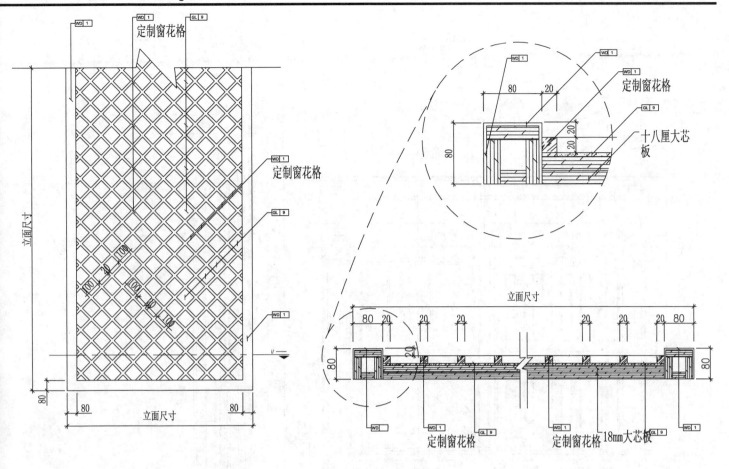

▲004-中餐厅木格窗花大样

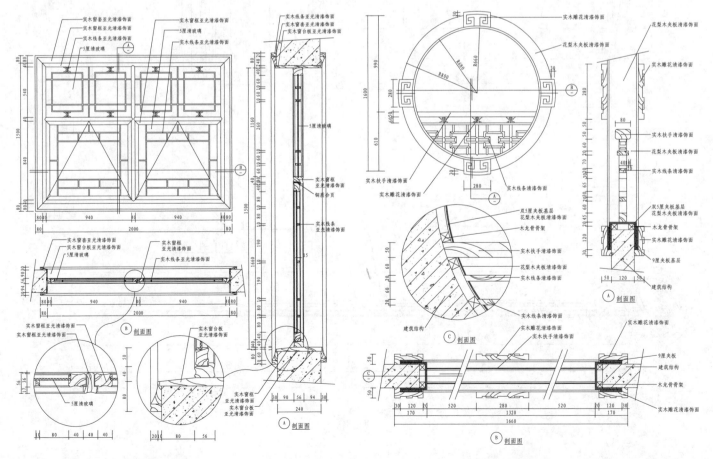

▲005-中式窗   ▲006-中式窗

中式窗

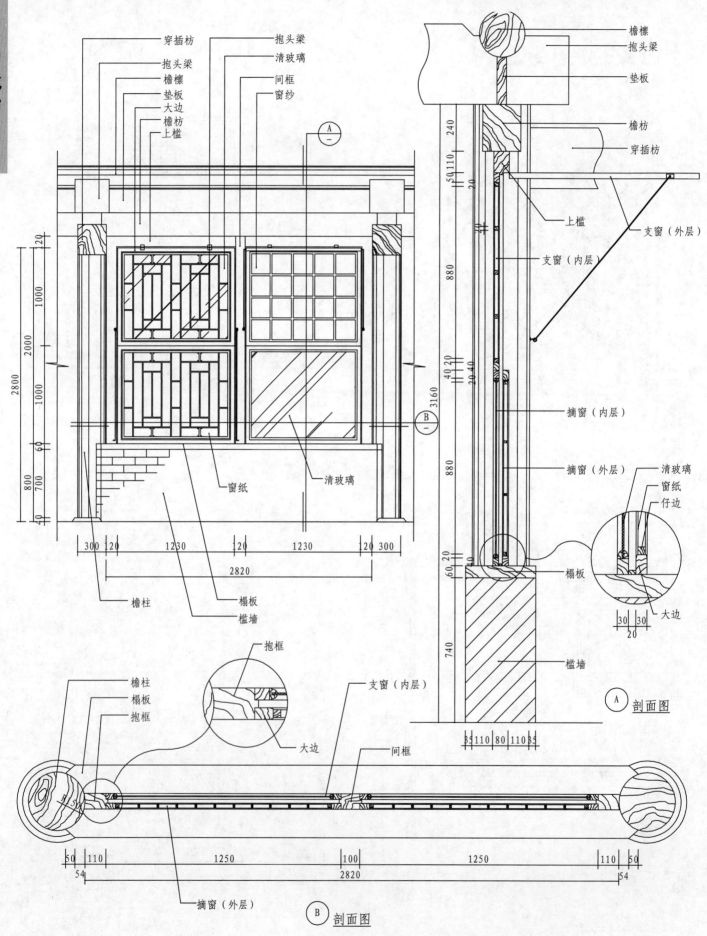

穿插枋
抱头梁
檐檩
垫板
大边
檐枋
上槛
抱头梁
清玻璃
间框
窗纱

檐檩
抱头梁
垫板
檐枋
穿插枋
上槛
支窗（外层）
支窗（内层）
摘窗（内层）
摘窗（外层）
清玻璃
窗纸
仔边
榻板
大边

窗纸
清玻璃
檐柱
榻板
槛墙

A 剖面图

抱框
檐柱
榻板
抱框
支窗（内层）
大边
间框

摘窗（外层）
B 剖面图

▲007-中式窗详图

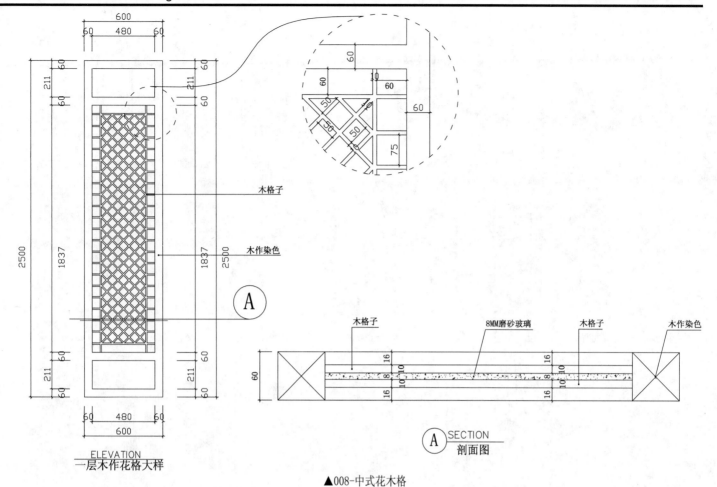

ELEVATION
一层木作花格大样

A SECTION
剖面图

▲008-中式花木格

木格子

木作染色

木格子　8MM磨砂玻璃　木格子　木作染色

▲009-中式实木窗详图

▲010-中式实木花格窗详图

窗户

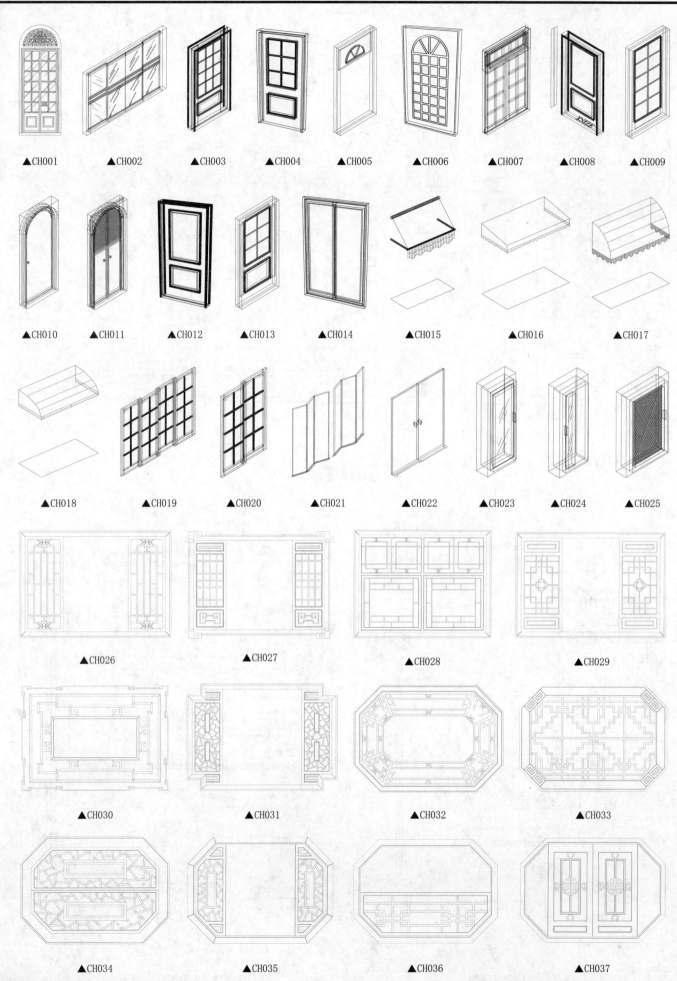

▲CH001　　▲CH002　　▲CH003　　▲CH004　　▲CH005　　▲CH006　　▲CH007　　▲CH008　　▲CH009

▲CH010　　▲CH011　　▲CH012　　▲CH013　　▲CH014　　▲CH015　　▲CH016　　▲CH017

▲CH018　　▲CH019　　▲CH020　　▲CH021　　▲CH022　　▲CH023　　▲CH024　　▲CH025

▲CH026　　　　▲CH027　　　　▲CH028　　　　▲CH029

▲CH030　　　　▲CH031　　　　▲CH032　　　　▲CH033

▲CH034　　　　▲CH035　　　　▲CH036　　　　▲CH037

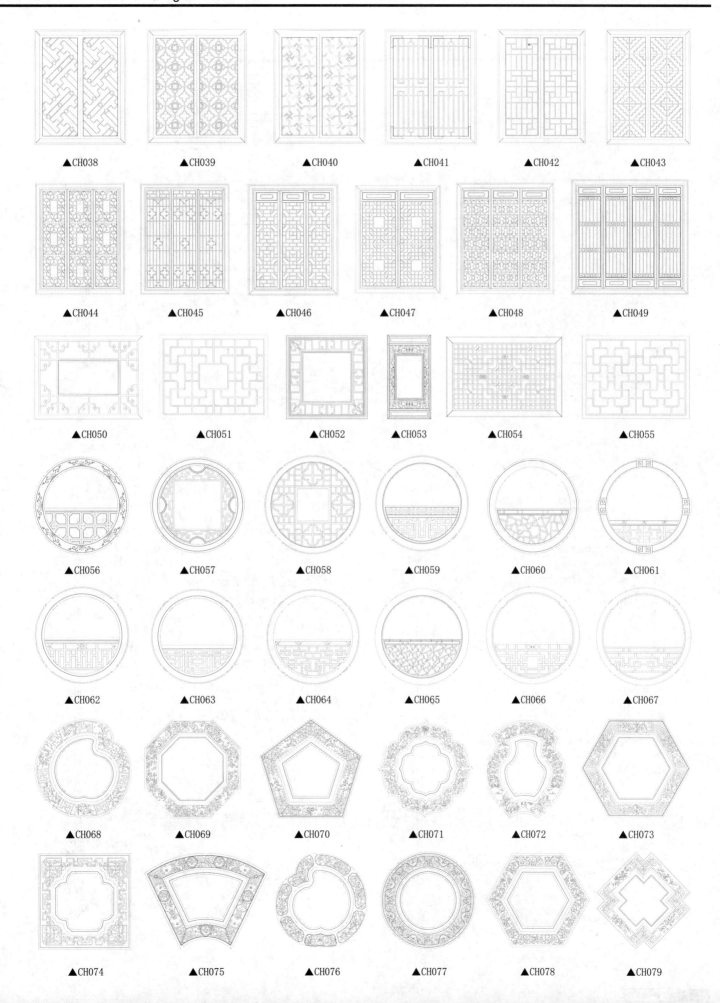

▲CH038 ▲CH039 ▲CH040 ▲CH041 ▲CH042 ▲CH043

▲CH044 ▲CH045 ▲CH046 ▲CH047 ▲CH048 ▲CH049

▲CH050 ▲CH051 ▲CH052 ▲CH053 ▲CH054 ▲CH055

▲CH056 ▲CH057 ▲CH058 ▲CH059 ▲CH060 ▲CH061

▲CH062 ▲CH063 ▲CH064 ▲CH065 ▲CH066 ▲CH067

▲CH068 ▲CH069 ▲CH070 ▲CH071 ▲CH072 ▲CH073

▲CH074 ▲CH075 ▲CH076 ▲CH077 ▲CH078 ▲CH079

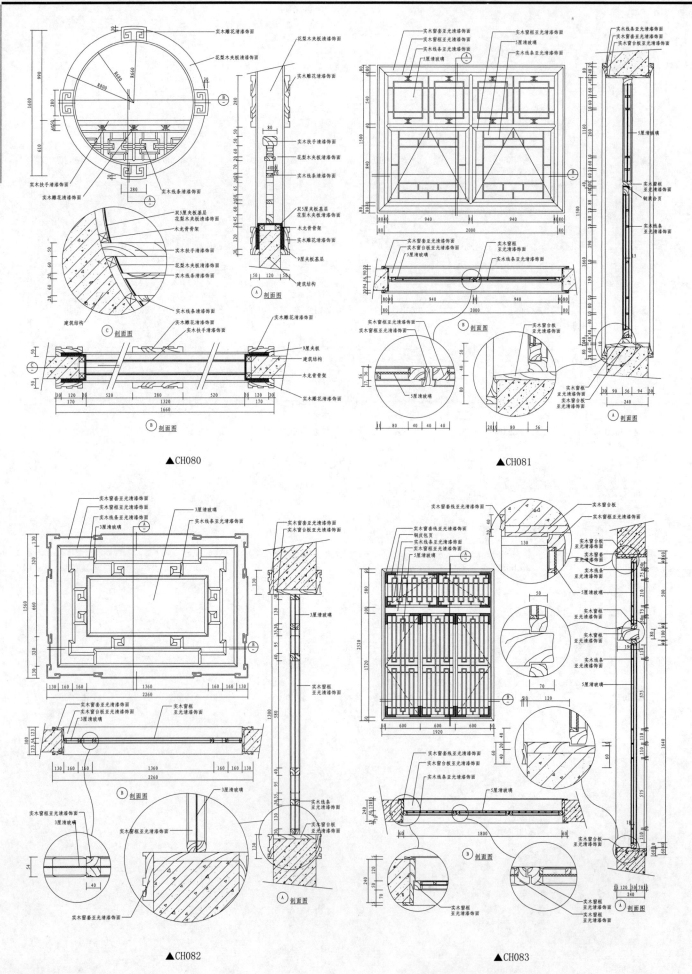

▲CH080

▲CH081

▲CH082

▲CH083

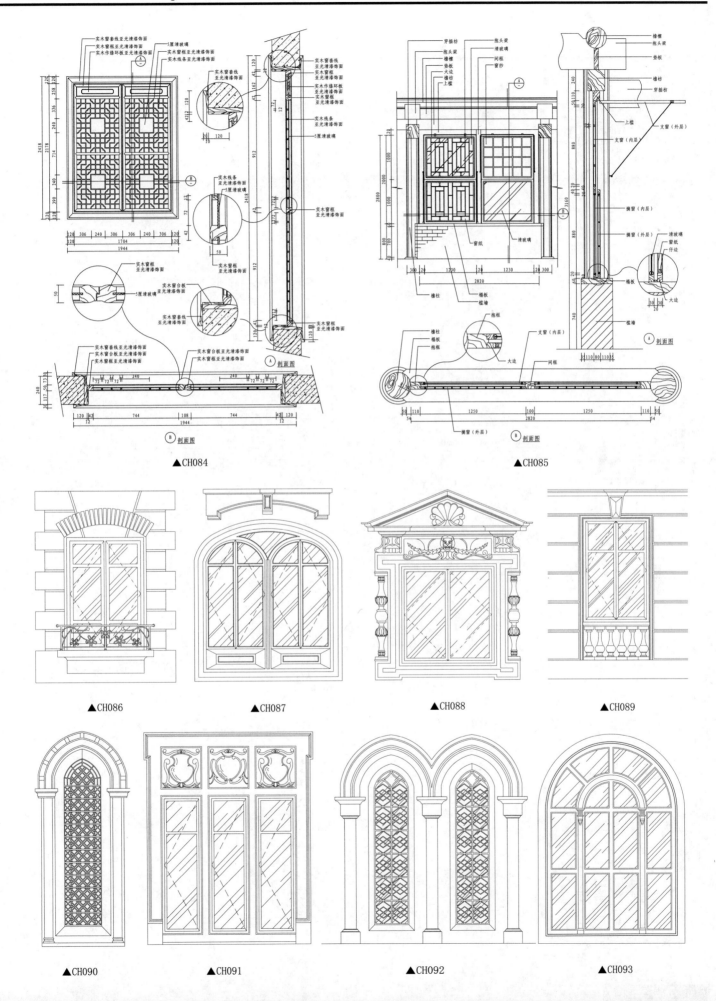

▲CH084   ▲CH085

▲CH086   ▲CH087   ▲CH088   ▲CH089

▲CH090   ▲CH091   ▲CH092   ▲CH093

窗户

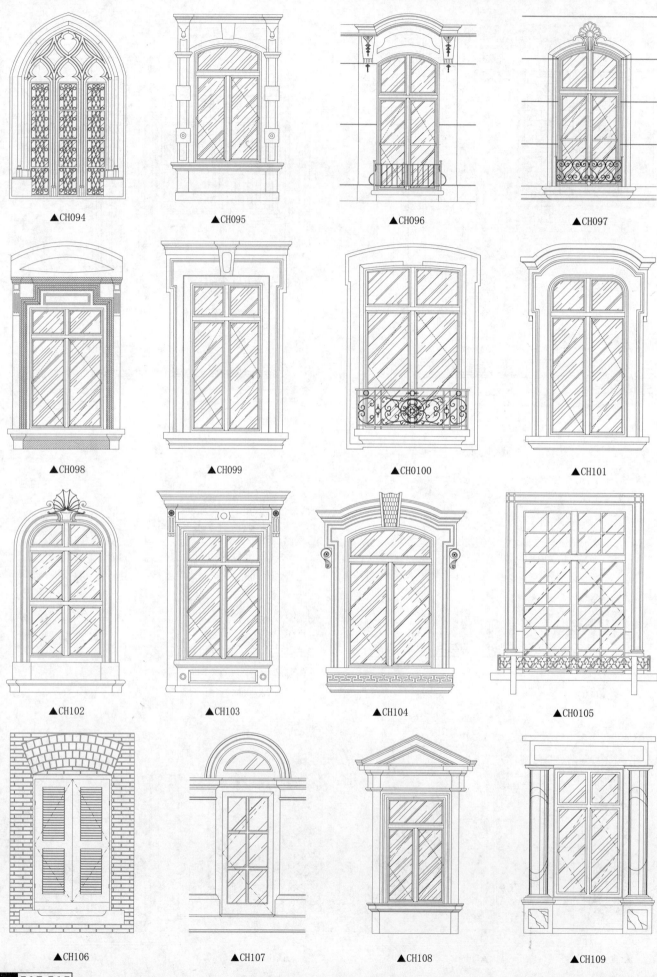

▲CH094   ▲CH095   ▲CH096   ▲CH097

▲CH098   ▲CH099   ▲CH0100   ▲CH101

▲CH102   ▲CH103   ▲CH104   ▲CH0105

▲CH106   ▲CH107   ▲CH108   ▲CH109

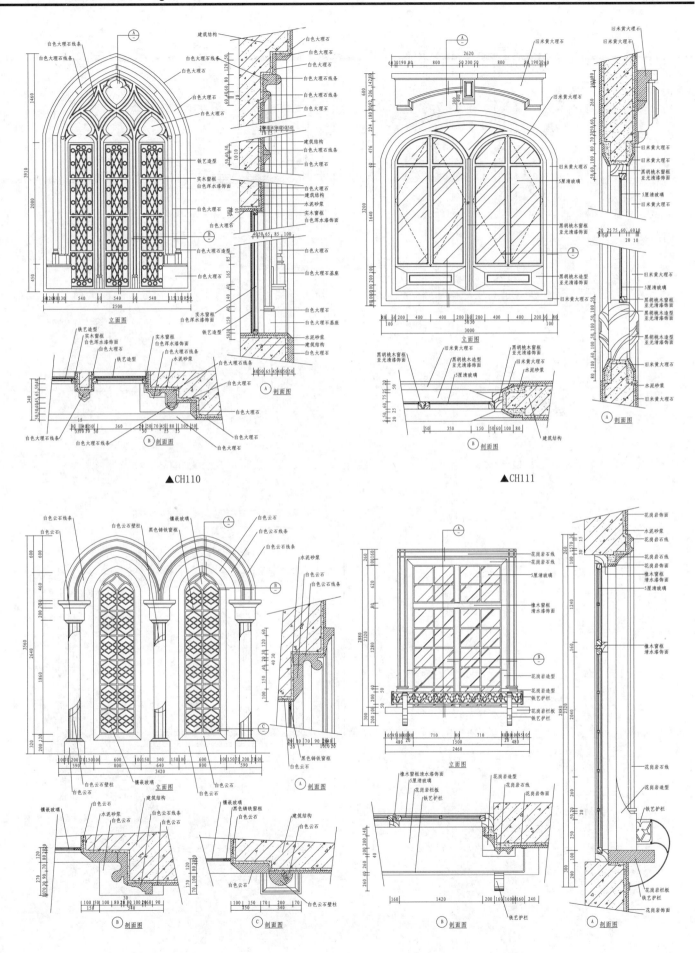

▲CH110

▲CH111

▲CH112

▲CH113

窗户

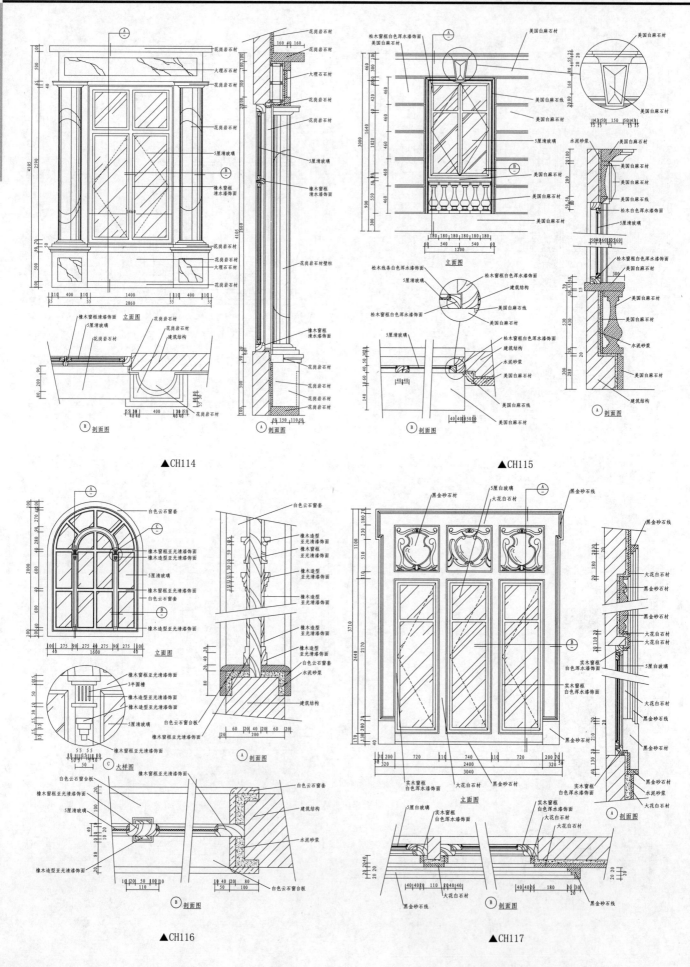

▲CH114

▲CH115

▲CH116

▲CH117

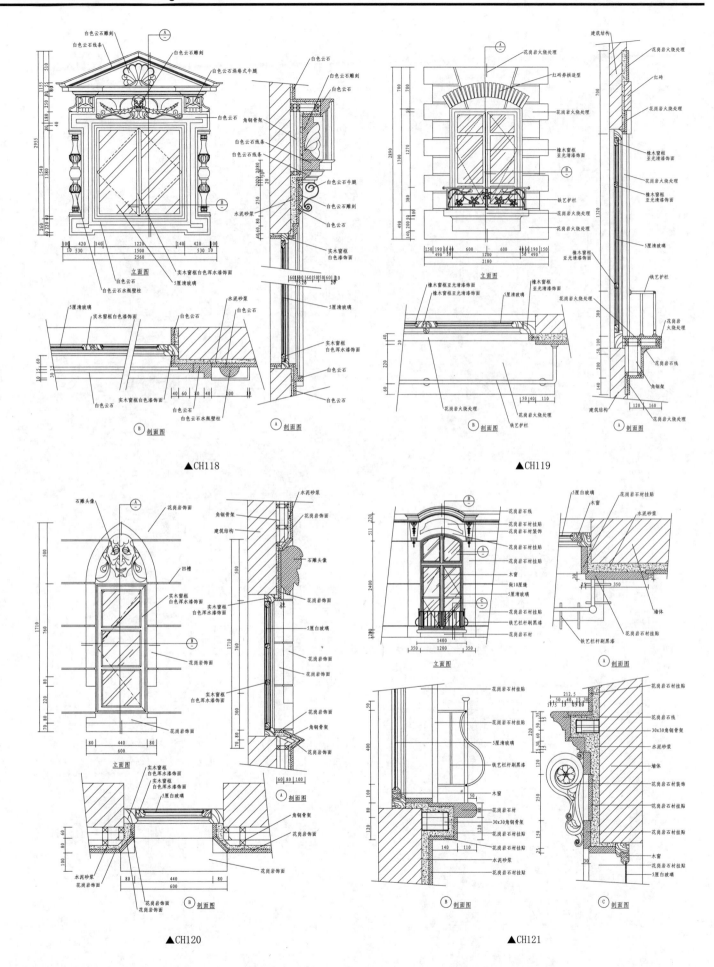

▲CH118

▲CH119

▲CH120

▲CH121

窗户

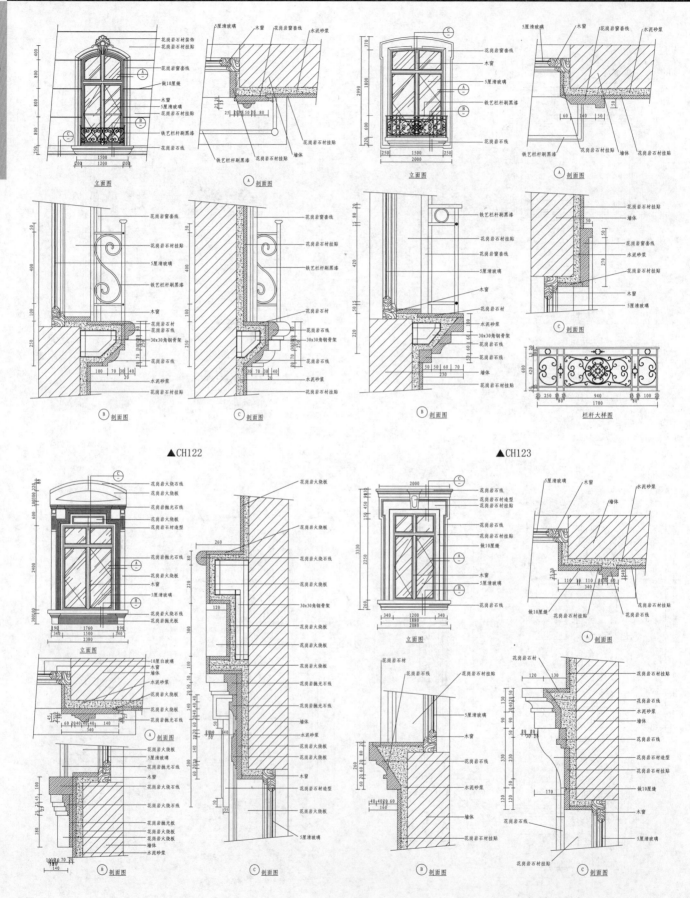

▲CH122

▲CH123

▲CH124

▲CH125

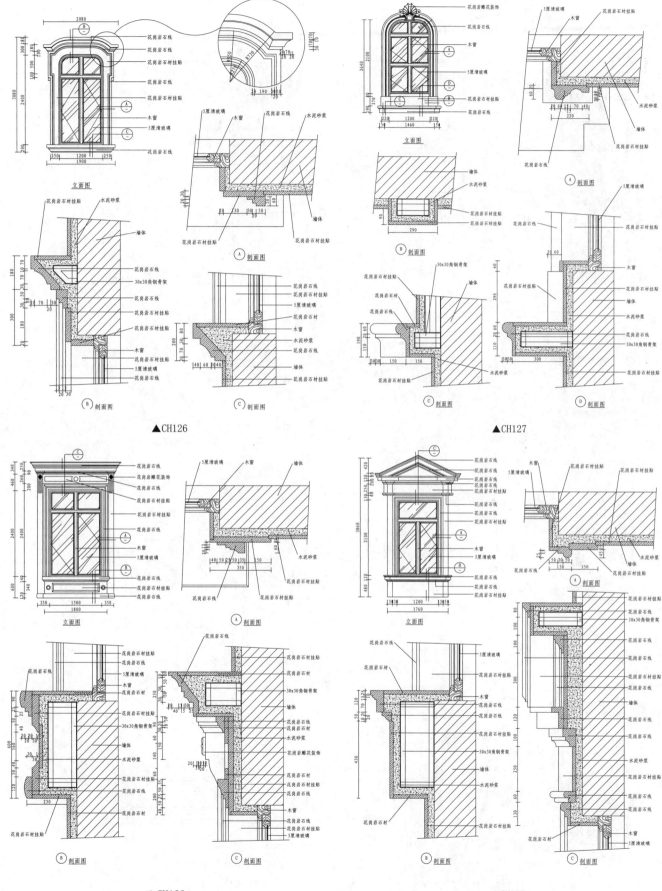

▲CH126

▲CH127

▲CH128

▲CH129

窗户

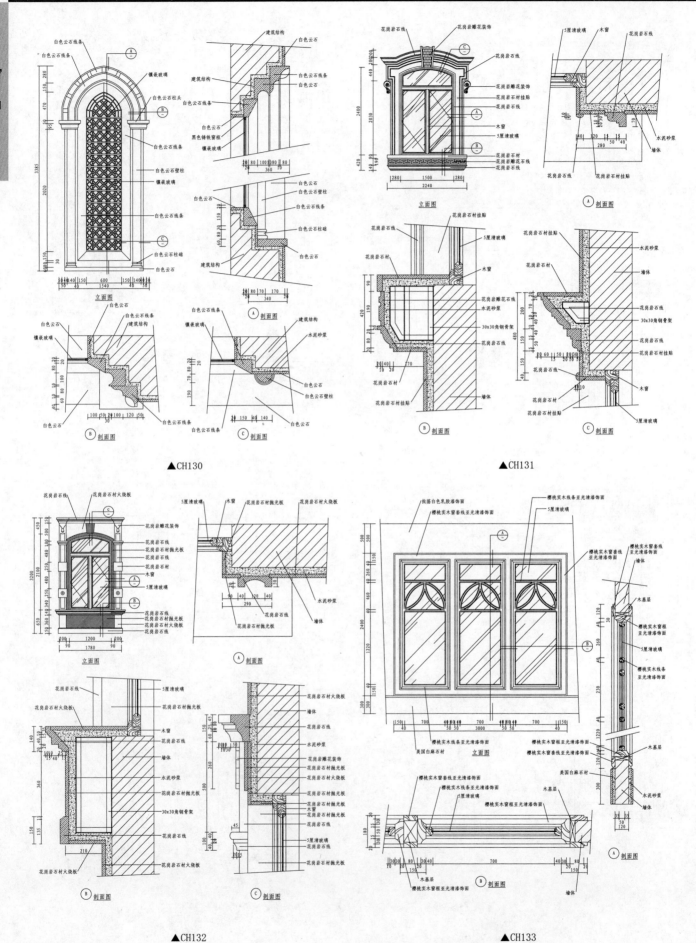

▲CH130

▲CH131

▲CH132

▲CH133

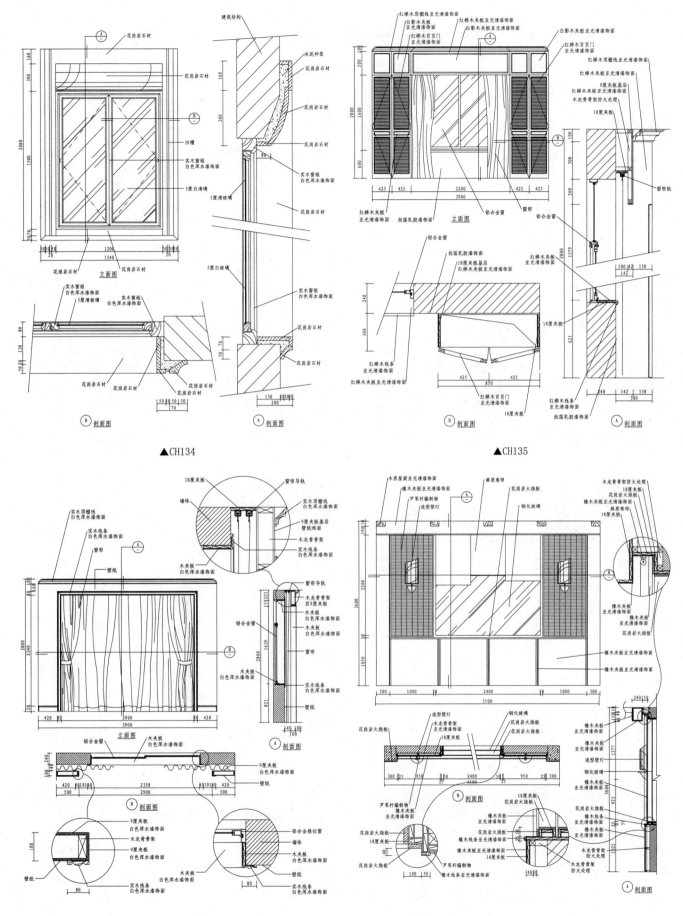

▲CH134

▲CH135

▲CH136

▲CH137

窗户

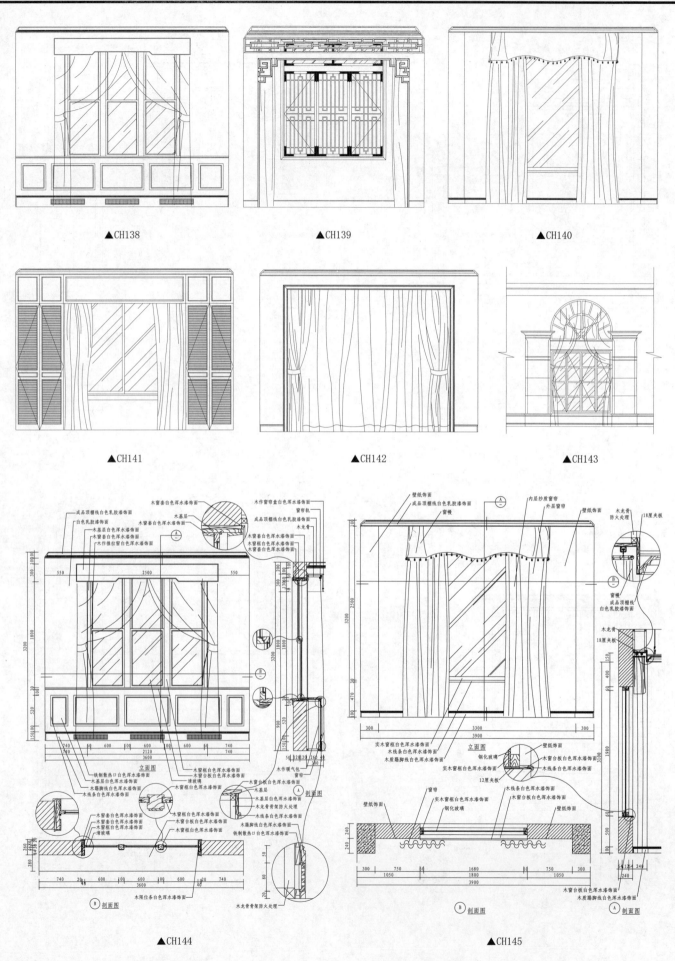

▲CH138

▲CH139

▲CH140

▲CH141

▲CH142

▲CH143

▲CH144

▲CH145

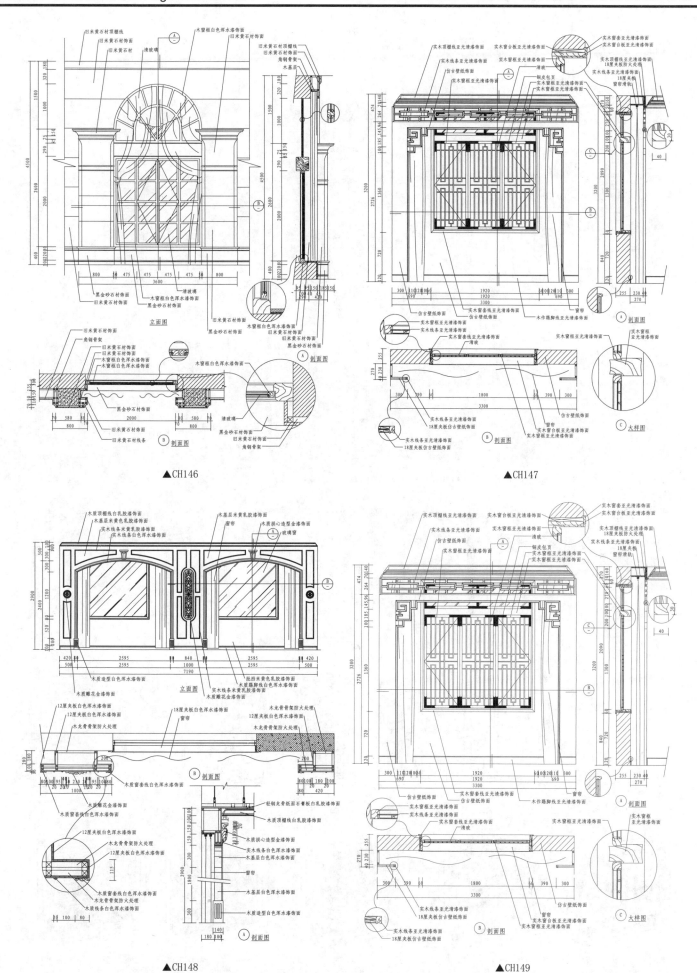

▲CH146

▲CH147

▲CH148

▲CH149

窗户

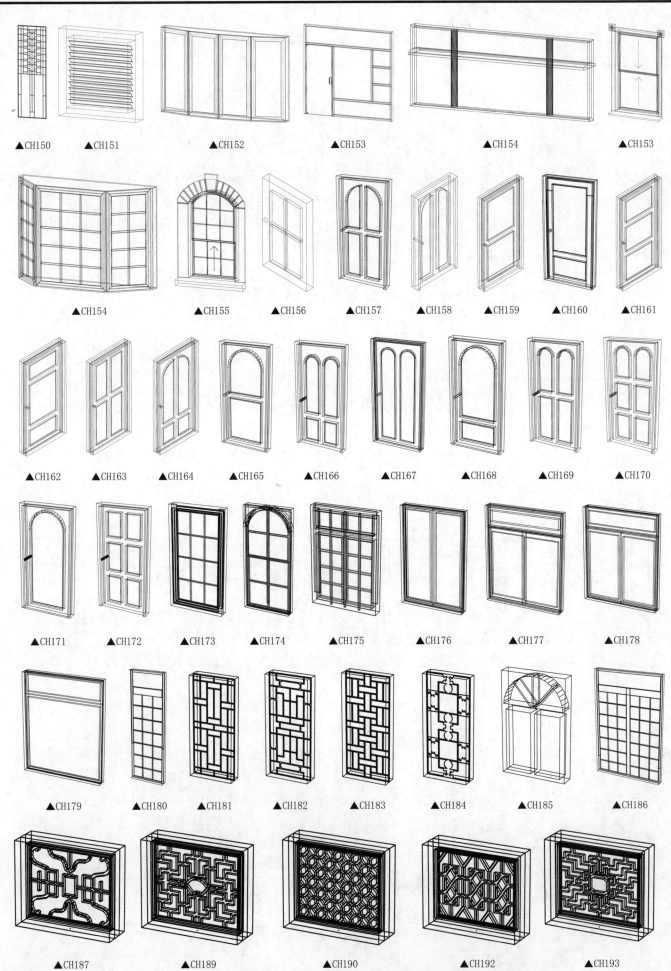

▲CH150　▲CH151　▲CH152　▲CH153　▲CH154　▲CH153

▲CH154　▲CH155　▲CH156　▲CH157　▲CH158　▲CH159　▲CH160　▲CH161

▲CH162　▲CH163　▲CH164　▲CH165　▲CH166　▲CH167　▲CH168　▲CH169　▲CH170

▲CH171　▲CH172　▲CH173　▲CH174　▲CH175　▲CH176　▲CH177　▲CH178

▲CH179　▲CH180　▲CH181　▲CH182　▲CH183　▲CH184　▲CH185　▲CH186

▲CH187　▲CH189　▲CH190　▲CH192　▲CH193

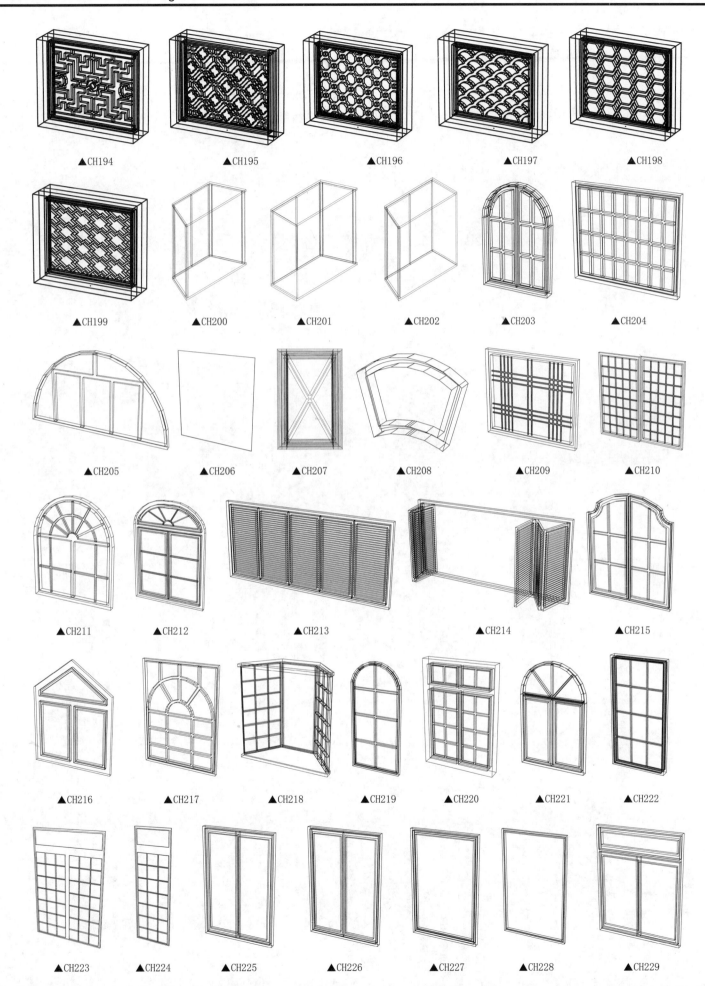

▲CH194 ▲CH195 ▲CH196 ▲CH197 ▲CH198

▲CH199 ▲CH200 ▲CH201 ▲CH202 ▲CH203 ▲CH204

▲CH205 ▲CH206 ▲CH207 ▲CH208 ▲CH209 ▲CH210

▲CH211 ▲CH212 ▲CH213 ▲CH214 ▲CH215

▲CH216 ▲CH217 ▲CH218 ▲CH219 ▲CH220 ▲CH221 ▲CH222

▲CH223 ▲CH224 ▲CH225 ▲CH226 ▲CH227 ▲CH228 ▲CH229

本页解压密码: 52261257

窗户

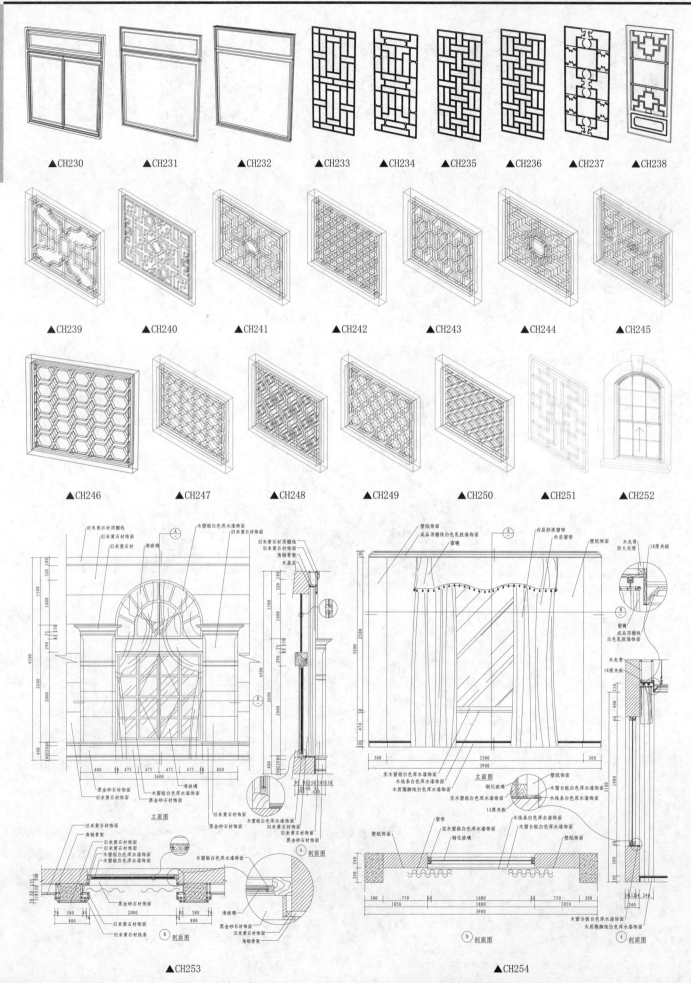

▲CH230　　▲CH231　　▲CH232　　▲CH233　　▲CH234　　▲CH235　　▲CH236　　▲CH237　　▲CH238

▲CH239　　▲CH240　　▲CH241　　▲CH242　　▲CH243　　▲CH244　　▲CH245

▲CH246　　▲CH247　　▲CH248　　▲CH249　　▲CH250　　▲CH251　　▲CH252

▲CH253　　　　　　　　　　　　　　　　▲CH254

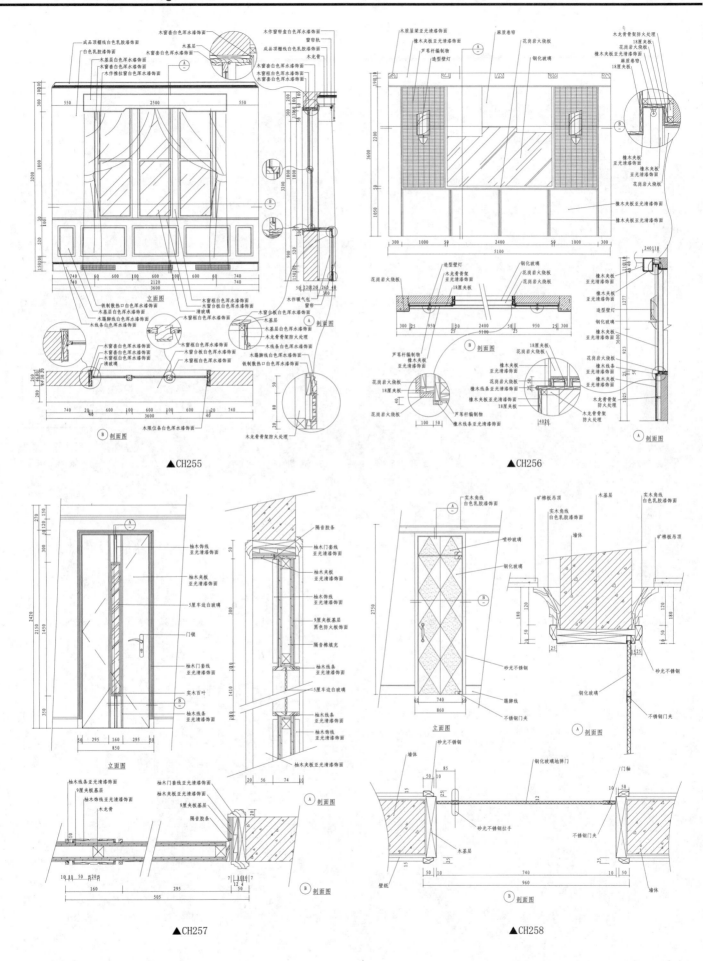

▲CH255

▲CH256

▲CH257

▲CH258

本页解压密码: **52261257**

窗户

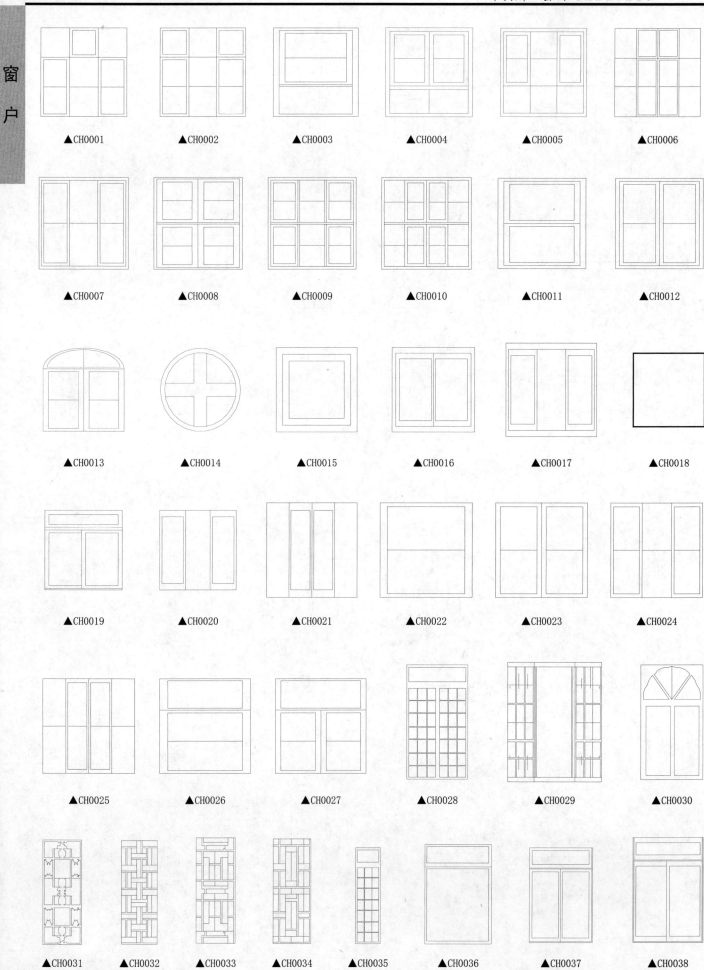

▲CH0001　　▲CH0002　　▲CH0003　　▲CH0004　　▲CH0005　　▲CH0006

▲CH0007　　▲CH0008　　▲CH0009　　▲CH0010　　▲CH0011　　▲CH0012

▲CH0013　　▲CH0014　　▲CH0015　　▲CH0016　　▲CH0017　　▲CH0018

▲CH0019　　▲CH0020　　▲CH0021　　▲CH0022　　▲CH0023　　▲CH0024

▲CH0025　　▲CH0026　　▲CH0027　　▲CH0028　　▲CH0029　　▲CH0030

▲CH0031　　▲CH0032　　▲CH0033　　▲CH0034　　▲CH0035　　▲CH0036　　▲CH0037　　▲CH0038

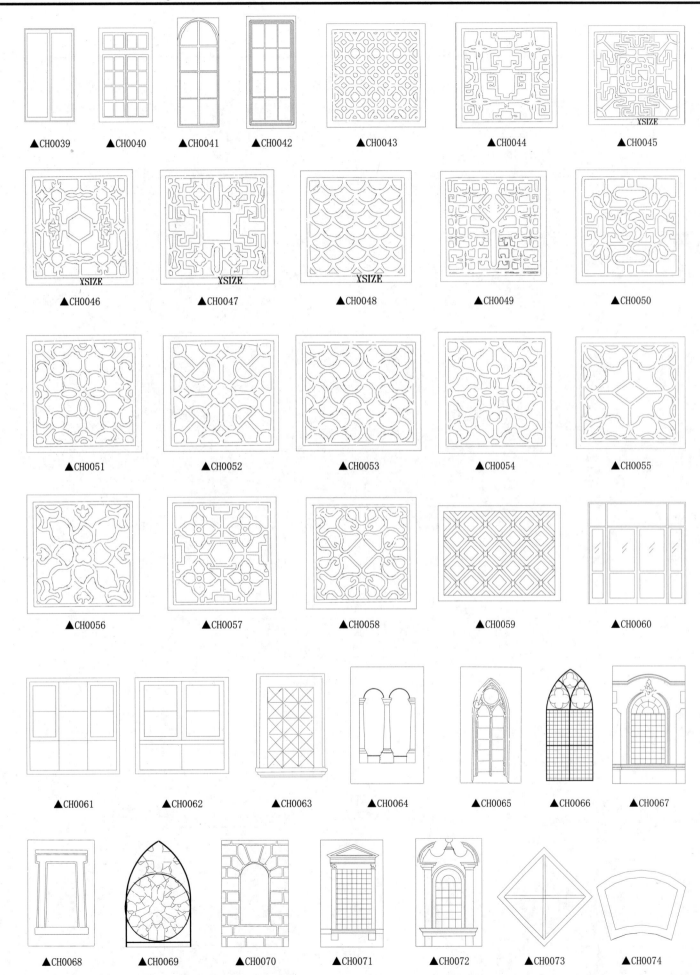

▲CH0039　　▲CH0040　　▲CH0041　　▲CH0042　　▲CH0043　　▲CH0044　　▲CH0045

▲CH0046　　▲CH0047　　▲CH0048　　▲CH0049　　▲CH0050

▲CH0051　　▲CH0052　　▲CH0053　　▲CH0054　　▲CH0055

▲CH0056　　▲CH0057　　▲CH0058　　▲CH0059　　▲CH0060

▲CH0061　　▲CH0062　　▲CH0063　　▲CH0064　　▲CH0065　　▲CH0066　　▲CH0067

▲CH0068　　▲CH0069　　▲CH0070　　▲CH0071　　▲CH0072　　▲CH0073　　▲CH0074

窗 户

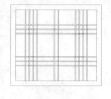
▲CH0075

▲CH0076

▲CH0077

▲CH0078

▲CH0079

▲CH0080

▲CH0081

▲CH0082

▲CH0083

▲CH0084

▲CH0085

▲CH0086

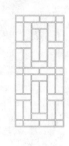
▲CH0087

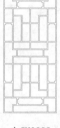
▲CH0088

▲CH0089

▲CH0090

▲CH0091

▲CH0092

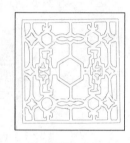
▲CH0093

▲CH0094

▲CH0095

▲CH0096

▲CH0097

▲CH0098

▲CH0099

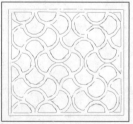
▲CH0100

▲CH0101

▲CH0102

▲CH0103

▲CH0104

▲CH0105

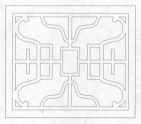
▲CH0106

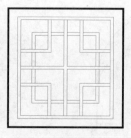
▲CH0107

▲CH0108

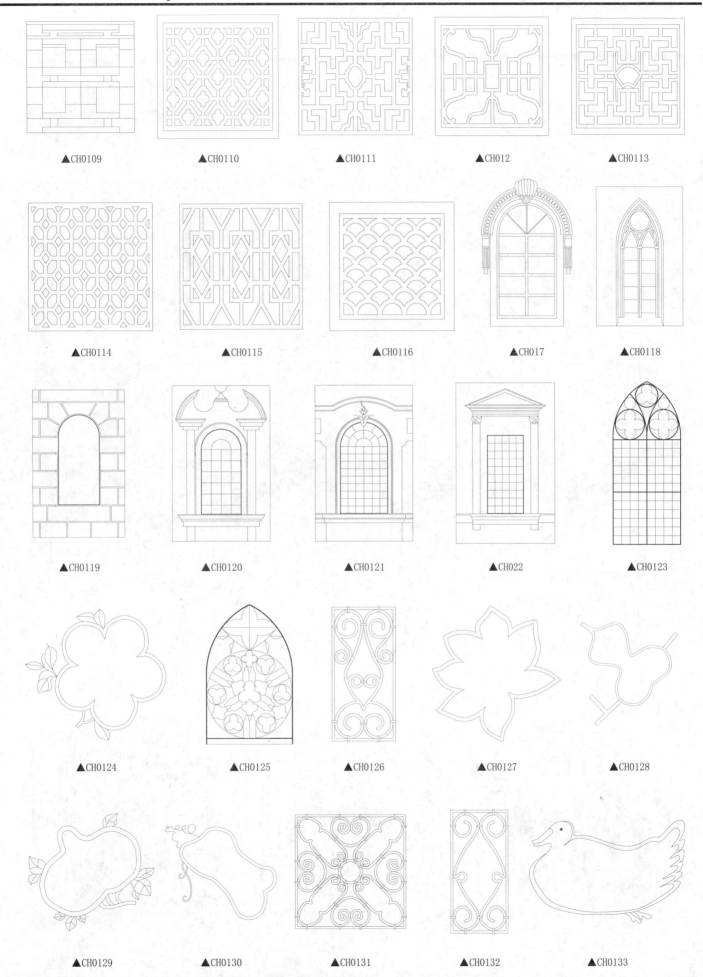

▲CH0109　　　▲CH0110　　　▲CH0111　　　▲CH012　　　▲CH0113

▲CH0114　　　▲CH0115　　　▲CH0116　　　▲CH017　　　▲CH0118

▲CH0119　　　▲CH0120　　　▲CH0121　　　▲CH022　　　▲CH0123

▲CH0124　　　▲CH0125　　　▲CH0126　　　▲CH0127　　　▲CH0128

▲CH0129　　　▲CH0130　　　▲CH0131　　　▲CH0132　　　▲CH0133

窗帘

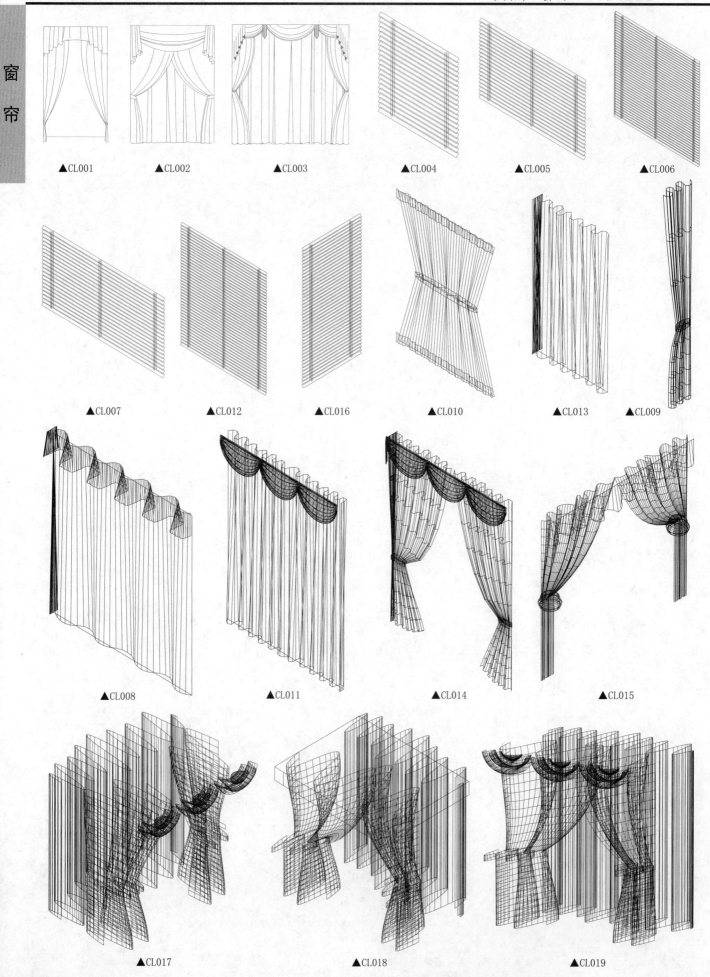

▲CL001 ▲CL002 ▲CL003 ▲CL004 ▲CL005 ▲CL006

▲CL007 ▲CL012 ▲CL016 ▲CL010 ▲CL013 ▲CL009

▲CL008 ▲CL011 ▲CL014 ▲CL015

▲CL017 ▲CL018 ▲CL019

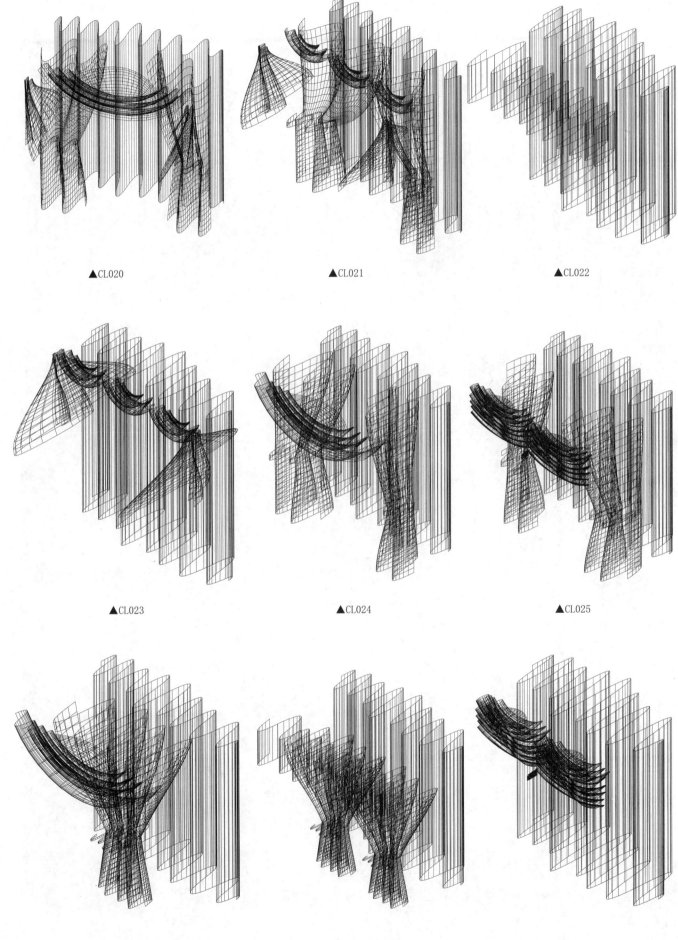

▲CL020   ▲CL021   ▲CL022

▲CL023   ▲CL024   ▲CL025

▲CL026   ▲CL027   ▲CL028

窗帘

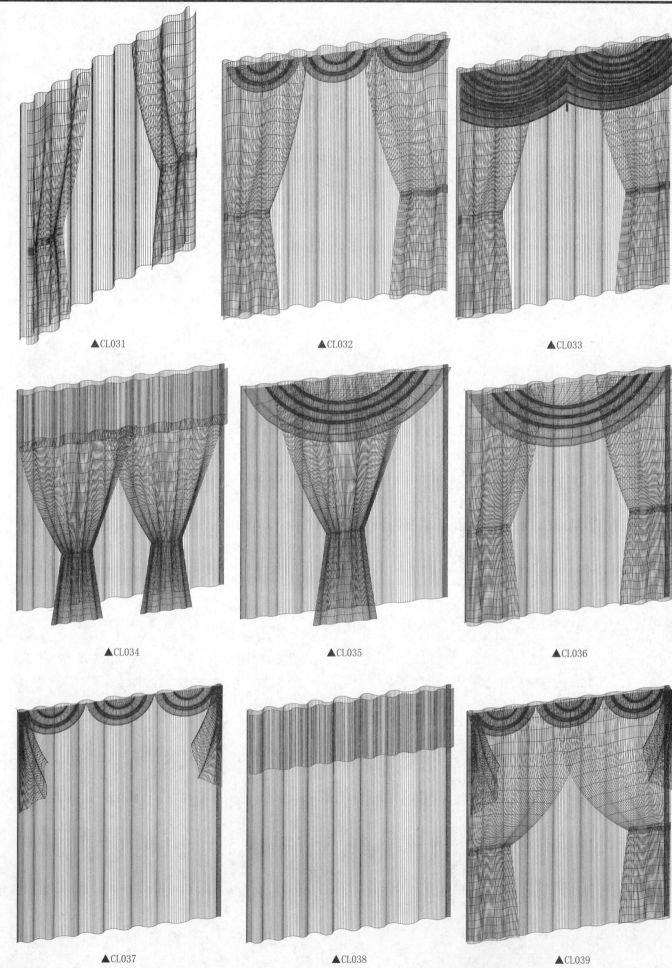

▲CL031

▲CL032

▲CL033

▲CL034

▲CL035

▲CL036

▲CL037

▲CL038

▲CL039

本页解压密码: 14194883

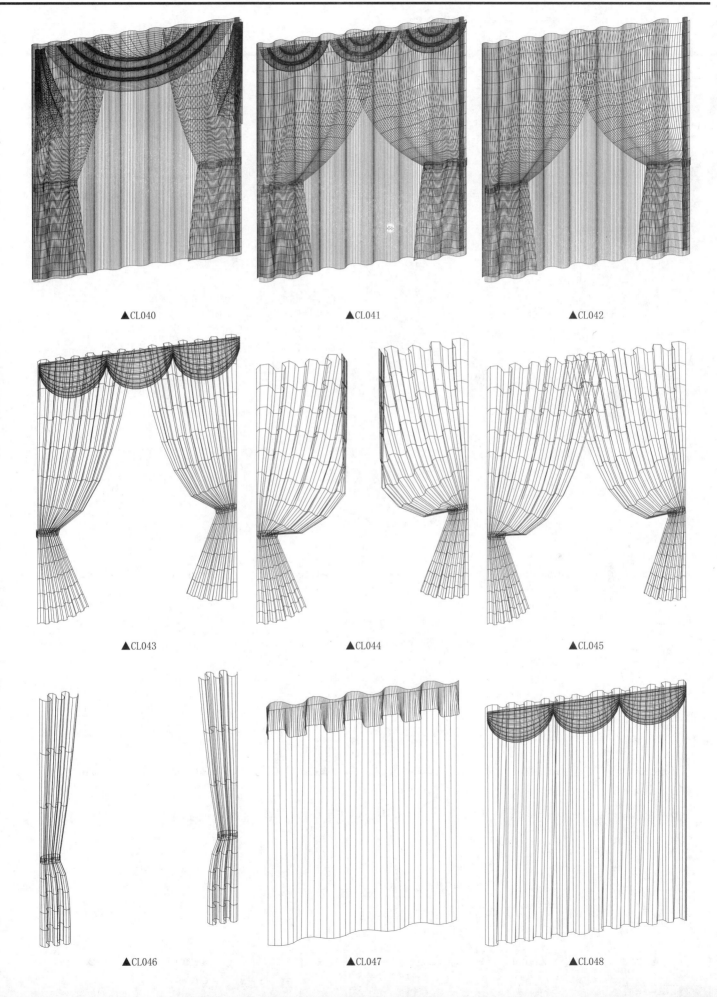

▲CL040   ▲CL041   ▲CL042

▲CL043   ▲CL044   ▲CL045

▲CL046   ▲CL047   ▲CL048

本页解压密码: 14194883

窗帘

▲CL029　　▲CL030　　▲CL049　　▲CL050　　▲CL051　　▲CL052

▲CL053　　▲CL054　　▲CL055　　▲CL056　　▲CL057　　▲CL058　　▲CL059

▲CL060　　▲CL061　　▲CL062　　▲CL063　　▲CL064　　▲CL065

▲CL066　　▲CL067　　▲CL068　　▲CL069　　▲CL070　　▲CL071

▲CL072　　▲CL073　　▲CL074　　▲CL075　　▲CL076　　▲CL077

▲CL078   ▲CL079   ▲CL080   ▲CL081   ▲CL082   ▲CL083

▲CL084   ▲CL085   ▲CL086   ▲CL087   ▲CL088   ▲CL089

▲CL090   ▲CL091   ▲CL092   ▲CL093   ▲CL094   ▲CL095

▲CL096   ▲CL097   ▲CL098   ▲CL099   ▲CL100   ▲CL101   ▲CL102

▲CL103   ▲CL104   ▲CL105   ▲CL106   ▲CL107   ▲CL108

本页解压密码: 14194883

窗帘

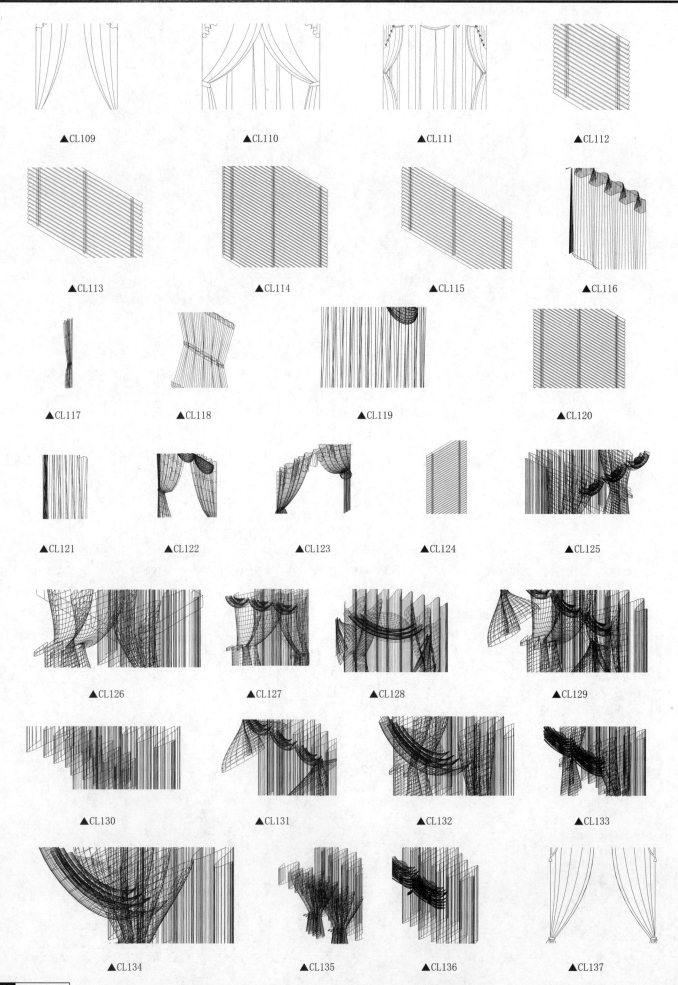

▲CL109　　▲CL110　　▲CL111　　▲CL112

▲CL113　　▲CL114　　▲CL115　　▲CL116

▲CL117　　▲CL118　　▲CL119　　▲CL120

▲CL121　　▲CL122　　▲CL123　　▲CL124　　▲CL125

▲CL126　　▲CL127　　▲CL128　　▲CL129

▲CL130　　▲CL131　　▲CL132　　▲CL133

▲CL134　　▲CL135　　▲CL136　　▲CL137

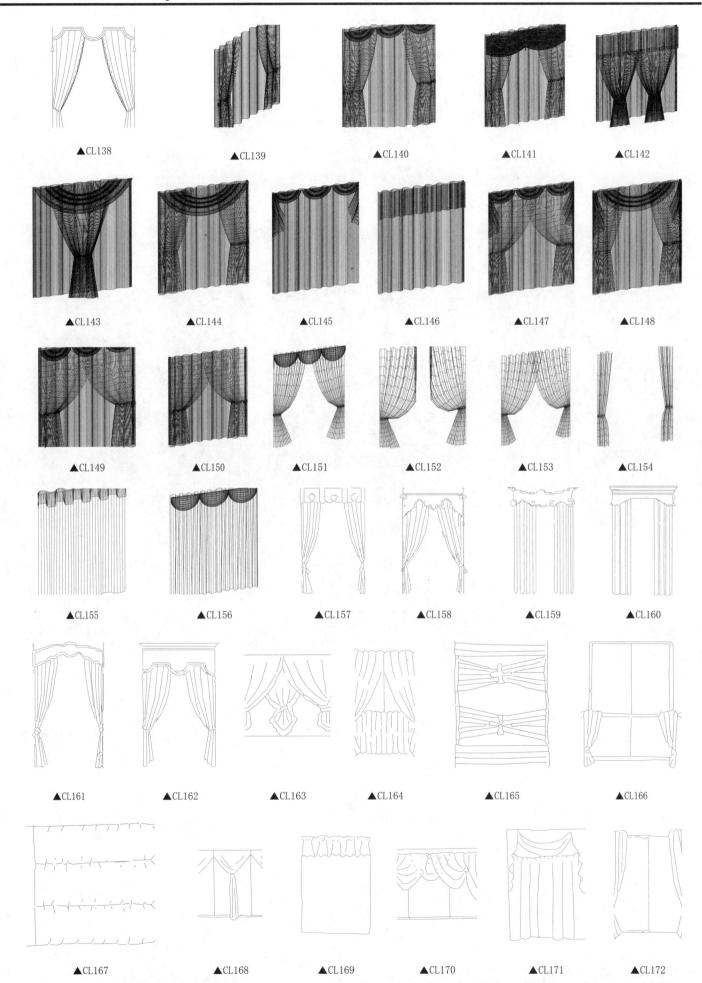

▲CL138　　▲CL139　　▲CL140　　▲CL141　　▲CL142

▲CL143　　▲CL144　　▲CL145　　▲CL146　　▲CL147　　▲CL148

▲CL149　　▲CL150　　▲CL151　　▲CL152　　▲CL153　　▲CL154

▲CL155　　▲CL156　　▲CL157　　▲CL158　　▲CL159　　▲CL160

▲CL161　　▲CL162　　▲CL163　　▲CL164　　▲CL165　　▲CL166

▲CL167　　▲CL168　　▲CL169　　▲CL170　　▲CL171　　▲CL172

地板

地 板

▲DB001

▲DB002

▲DB003

▲DB004

▲DB005

▲DB006

▲DB007

▲DB008

▲DB009

▲DB010

▲DB011

▲DB012

▲DB013

▲DB014

▲DB015

▲DB016

▲DB017

地板

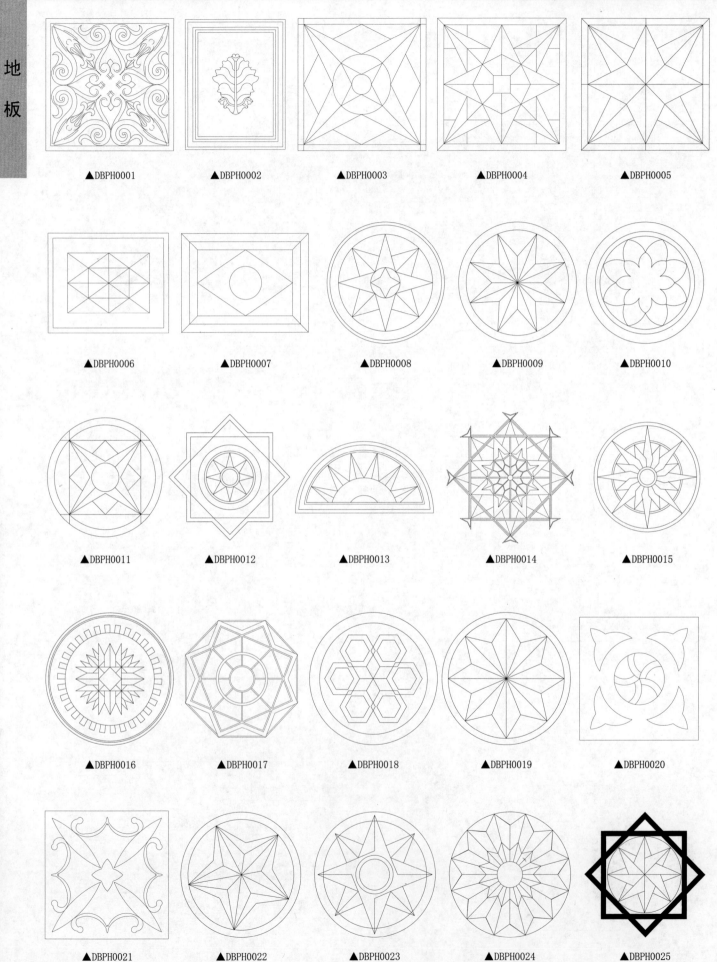

▲DBPH0001 ▲DBPH0002 ▲DBPH0003 ▲DBPH0004 ▲DBPH0005

▲DBPH0006 ▲DBPH0007 ▲DBPH0008 ▲DBPH0009 ▲DBPH0010

▲DBPH0011 ▲DBPH0012 ▲DBPH0013 ▲DBPH0014 ▲DBPH0015

▲DBPH0016 ▲DBPH0017 ▲DBPH0018 ▲DBPH0019 ▲DBPH0020

▲DBPH0021 ▲DBPH0022 ▲DBPH0023 ▲DBPH0024 ▲DBPH0025

▲DBPH0026   ▲DBPH0027   ▲DBPH0028   ▲DBPH0029   ▲DBPH0030   ▲DBPH0031

▲DBPH0032   ▲DBPH0033   ▲DBPH0034   ▲DBPH0035   ▲DBPH0036   ▲DBPH0037

▲DBPH0038   ▲DBPH0039   ▲DBPH0040   ▲DBPH0041   ▲DBPH0042

▲DBPH0043   ▲DBPH0044   ▲DBPH0045   ▲DBPH0046   ▲DBPH0047

▲DBPH0048   ▲DBPH0049   ▲DBPH0050   ▲DBPH0051   ▲DBPH0052

本页解压密码: 03016132

地板

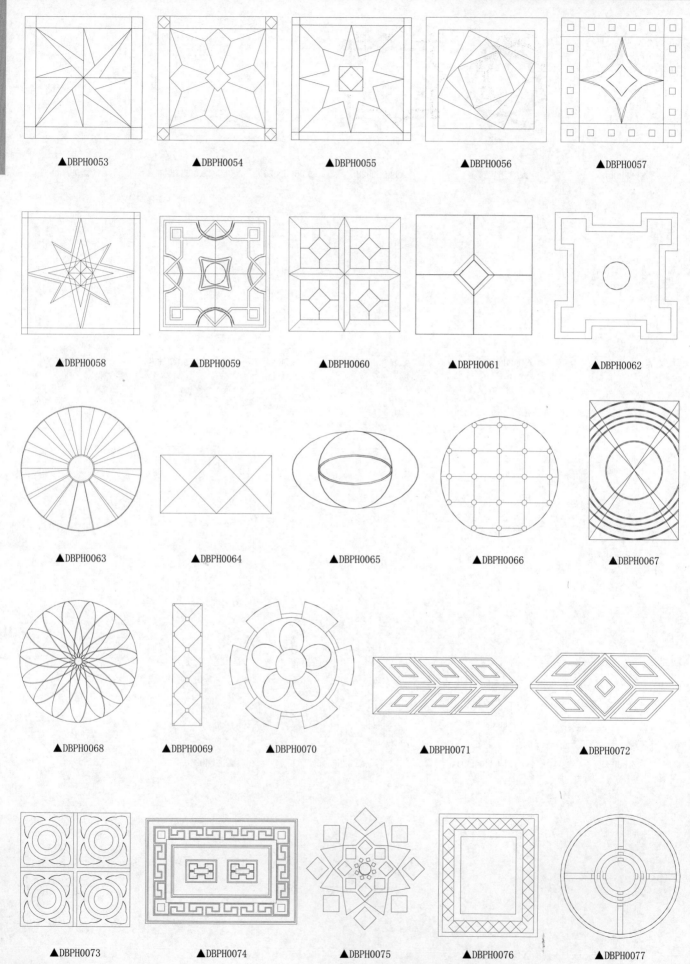

▲DBPH0053 ▲DBPH0054 ▲DBPH0055 ▲DBPH0056 ▲DBPH0057

▲DBPH0058 ▲DBPH0059 ▲DBPH0060 ▲DBPH0061 ▲DBPH0062

▲DBPH0063 ▲DBPH0064 ▲DBPH0065 ▲DBPH0066 ▲DBPH0067

▲DBPH0068 ▲DBPH0069 ▲DBPH0070 ▲DBPH0071 ▲DBPH0072

▲DBPH0073 ▲DBPH0074 ▲DBPH0075 ▲DBPH0076 ▲DBPH0077

▲DBPH0078　　　　▲DBPH0079　　　　▲DBPH0080　　　　▲DBPH0081

▲DBPH0082　　　　▲DBPH0083　　　　▲DBPH0084　　　　▲DBPH0085

▲DBPH0086　　　▲DBPH0087　　　▲DBPH0088　　　▲DBPH0089　　　▲DBPH0090

▲DBPH0091　　　　▲DBPH0092　　　　▲DBPH0093　　　　▲DBPH0094

本页解压密码: 03016132

地板

橙皮红石材
黑白根石材

黑白根石材
大花绿石材
大花绿石材
5厘铜条镶嵌
大花绿石材
旧米黄石材
爵士白石材
旧米黄石材
旧米黄石材
爵士白石材
爵士白石材

5厘铜条镶嵌

▲DBPH0095

啡网纹石材
新米黄石材

新米黄石材

爵士白石材
啡网纹石材

爵士白石材
啡网纹石材
新米黄石材
啡网纹石材
紫罗红石材
英伦白砂石材

英伦白砂石材

▲DBPH0096

旧米黄石材
黑白根石材

大花绿石材
旧米黄石材
橙皮红石材
黑白根石材
大花绿石材
橙皮红石材
大花绿石材
橙皮红石材
橙皮红石材
黑金砂石材

黑金砂石材

▲DBPH0097

新米黄石材

爵士白石材

爵士白石材
啡网纹石材
新米黄石材
啡网纹石材

▲DBPH0098

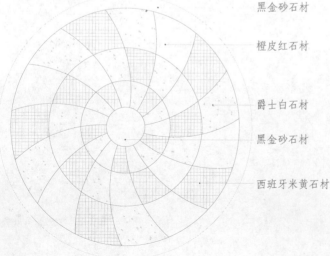

黑金砂石材

橙皮红石材

爵士白石材

黑金砂石材

西班牙米黄石材

▲DBPH0099

大花白石材

旧米黄石材
大花白石材

大花白石材

旧米黄石材
紫罗红石材

白麻石材
旧米黄石材

▲DBPH0100

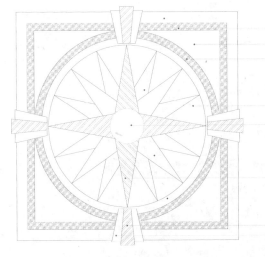

橙皮红石材
黑白根石材
旧米黄石材
黑白根石材

旧米黄石材
爵士白石材
爵士白石材

橙皮红石材

大花绿石材

爵士白石材

大花绿石材
旧米黄石材

▲DBPH0101

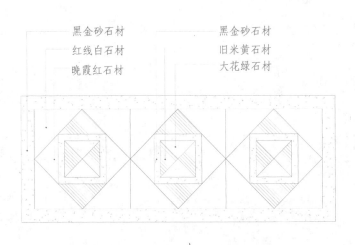

黑金砂石材   黑金砂石材
红线白石材   旧米黄石材
晚霞红石材   大花绿石材

▲DBPH0102

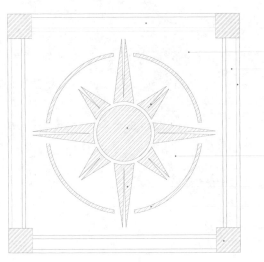

橙皮红石材

旧米黄石材
大花绿石材
爵士白石材
橙皮红石材

黑白根石材

旧米黄石材

大花绿石材

黑金砂石材

黑白根石材

▲DBPH0103

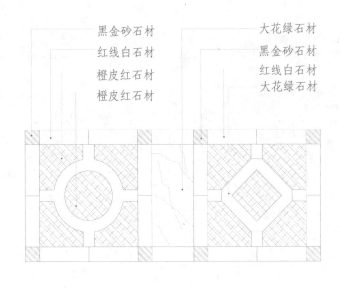

黑金砂石材   大花绿石材
红线白石材   黑金砂石材
橙皮红石材   红线白石材
橙皮红石材   大花绿石材

▲DBPH0104

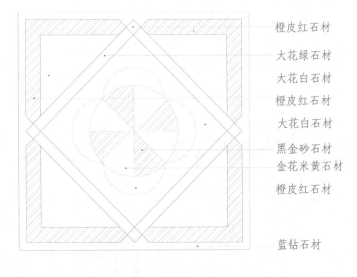

橙皮红石材

大花绿石材

大花白石材

橙皮红石材

大花白石材

黑金砂石材
金花米黄石材

橙皮红石材

蓝钻石材

▲DBPH0105

大花绿石材

大花绿石材

黑金砂石材

橙皮红石材

大花绿石材

金花米黄石材

金花米黄石材

▲DBPH0106

本页解压密码:03016132

地板

西班牙米黄石材

西班牙米黄石材
啡网纹石材
爵士白石材
啡网纹石材
黑金砂石材
爵士白石材

黑金砂石材

爵士白石材

▲DBPH0107

大花绿石材
紫罗红石材
紫罗红石材
细花白石材
大花绿石材
细花白石材
大花绿石材
紫罗红石材
大花绿石材
细花白石材
大花绿石材
细花白石材
紫罗红石材
细花白石材

▲DBPH0108

大花白石材
印度红石材
大花白石材
金花米黄石材
印度红石材
黑金砂石材
金花米黄石材

印度红石材
黑金砂石材
大花白石材
大花绿石材

▲DBPH0109

大花绿石材
金花米黄石材
大花绿石材
大花绿石材

大花绿石材

金花米黄石材

紫罗红石材

金花米黄石材

▲DBPH0110

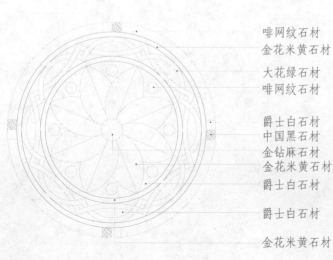

啡网纹石材
金花米黄石材

大花绿石材
啡网纹石材

爵士白石材
中国黑石材
金钻麻石材
金花米黄石材
爵士白石材

爵士白石材

金花米黄石材

▲DBPH0111

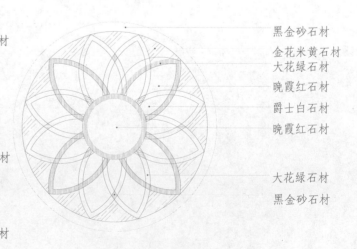

黑金砂石材

金花米黄石材
大花绿石材
晚霞红石材

爵士白石材

晚霞红石材

大花绿石材

黑金砂石材

▲DBPH0112

黑金砂石材

大花白石材

大花绿石材
大花绿石材

黑金砂石材
金花米黄石材

美国白麻石材

西班牙米黄石材

美国白麻石材

西班牙米黄石材

橙皮红石材

橙皮红石材

▲DBPH0113

▲DBPH0114

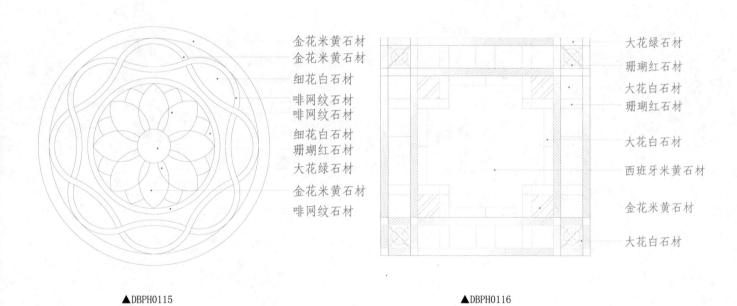

金花米黄石材
金花米黄石材

细花白石材

啡网纹石材
啡网纹石材

细花白石材
珊瑚红石材

大花绿石材

金花米黄石材

啡网纹石材

大花绿石材

珊瑚红石材

大花白石材
珊瑚红石材

大花白石材

西班牙米黄石材

金花米黄石材

大花白石材

▲DBPH0115

▲DBPH0116

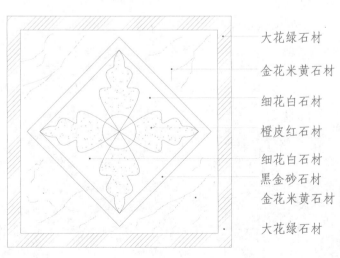

大花绿石材

金花米黄石材

细花白石材

橙皮红石材

细花白石材
黑金砂石材
金花米黄石材

大花绿石材

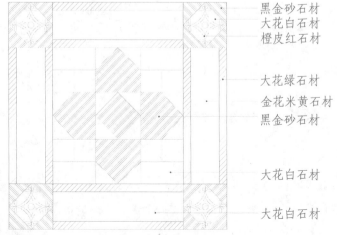

黑金砂石材
大花白石材
橙皮红石材

大花绿石材

金花米黄石材
黑金砂石材

大花白石材

大花白石材

▲DBPH0117

▲DBPH0118

▲DBPH0119　　　　▲DBPH0120　　　　▲DBPH0121　　　　▲DBPH0122

▲DBPH0123　　　　▲DBPH0124　　　　▲DBPH0125　　　　▲DBPH0126

▲DBPH0127　　　　▲DBPH0128　　　　▲DBPH0129　　　　▲DBPH0130

▲DBPH0131　　　　▲DBPH0132　　　　▲DBPH0133　　　　▲DBPH0134

▲DBPH0135

▲DBPH0136

▲DBPH0137

▲DBPH0138

▲DBPH0139

▲DBPH0140

▲DBPH0142

▲DBPH0141

▲DBPH0143

▲DBPH0144

▲DBPH0145

地板

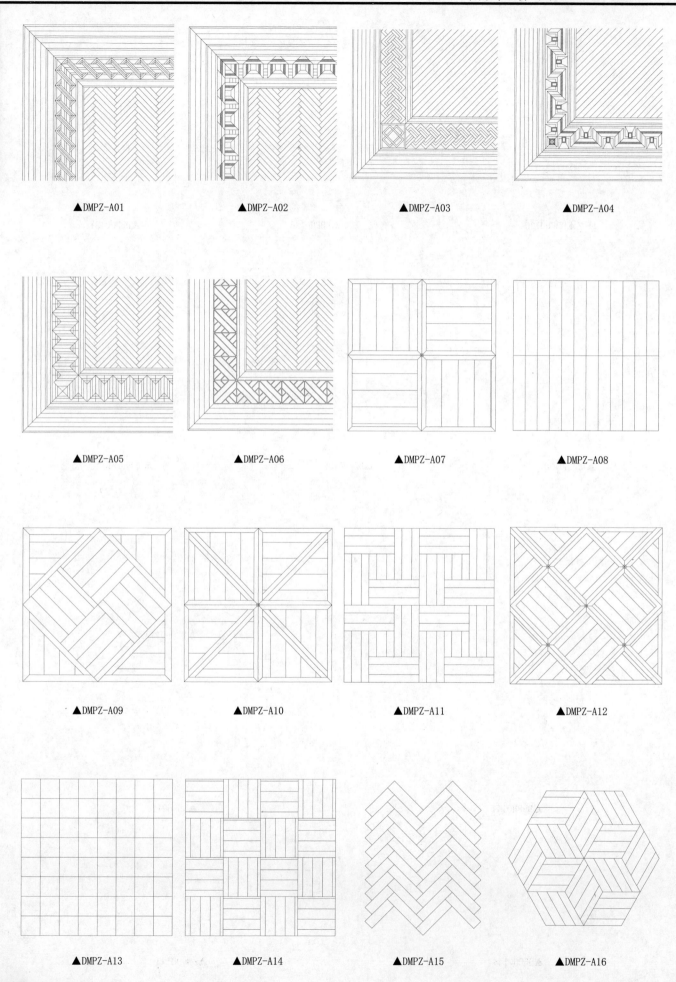

▲DMPZ-A01　　　　　▲DMPZ-A02　　　　　▲DMPZ-A03　　　　　▲DMPZ-A04

▲DMPZ-A05　　　　　▲DMPZ-A06　　　　　▲DMPZ-A07　　　　　▲DMPZ-A08

▲DMPZ-A09　　　　　▲DMPZ-A10　　　　　▲DMPZ-A11　　　　　▲DMPZ-A12

▲DMPZ-A13　　　　　▲DMPZ-A14　　　　　▲DMPZ-A15　　　　　▲DMPZ-A16

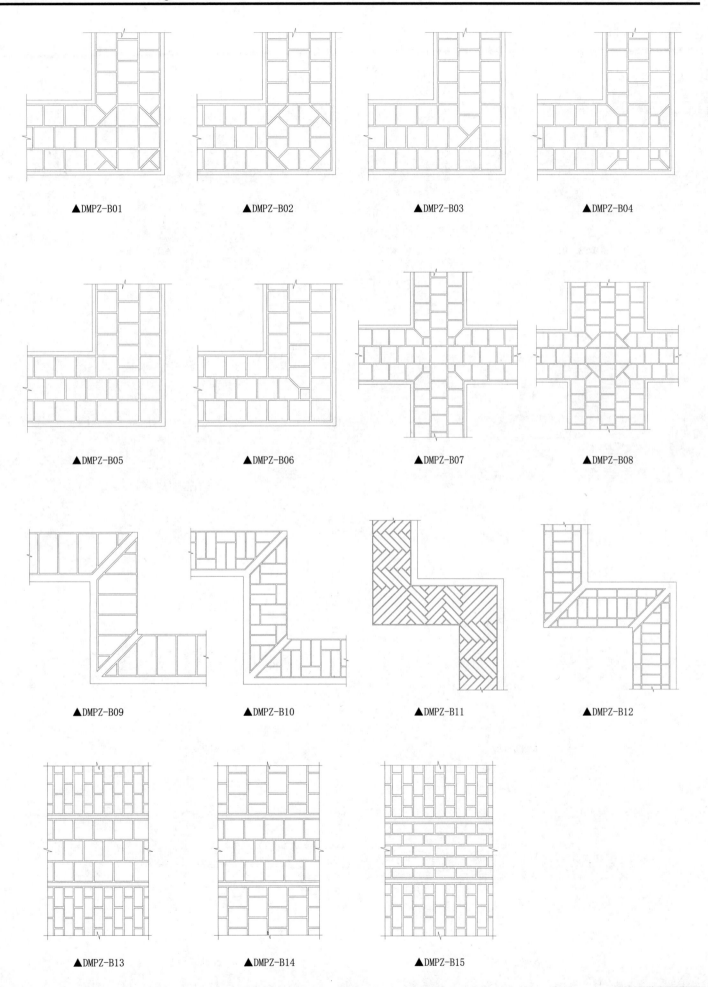

▲DMPZ-B01　　▲DMPZ-B02　　▲DMPZ-B03　　▲DMPZ-B04

▲DMPZ-B05　　▲DMPZ-B06　　▲DMPZ-B07　　▲DMPZ-B08

▲DMPZ-B09　　▲DMPZ-B10　　▲DMPZ-B11　　▲DMPZ-B12

▲DMPZ-B13　　▲DMPZ-B14　　▲DMPZ-B15

地板

▲DMPZ-C01

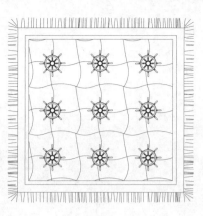

▲DMPZ-C02

▲DMPZ-C03

▲DMPZ-C04

▲DMPZ-C05

▲DMPZ-C06

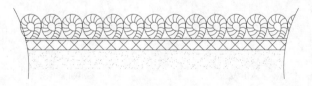

▲DMPZ-C07

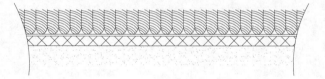

▲DMPZ-C08

▲DMPZ-C09

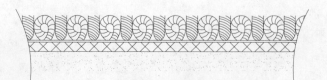

▲DMPZ-C10

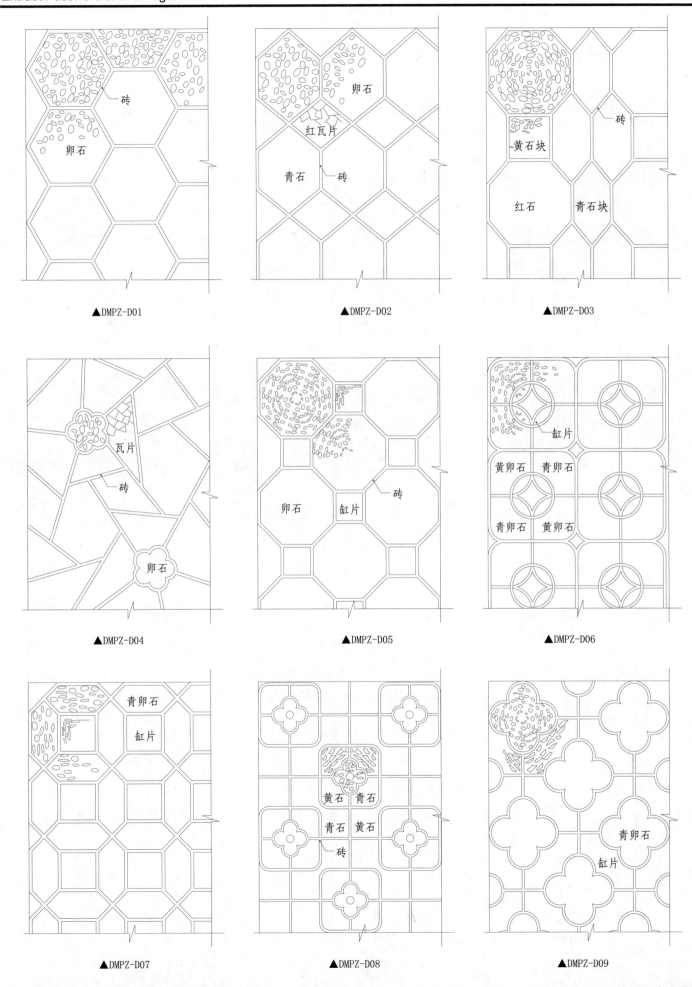

▲DMPZ-D01

▲DMPZ-D02

▲DMPZ-D03

▲DMPZ-D04

▲DMPZ-D05

▲DMPZ-D06

▲DMPZ-D07

▲DMPZ-D08

▲DMPZ-D09

地板

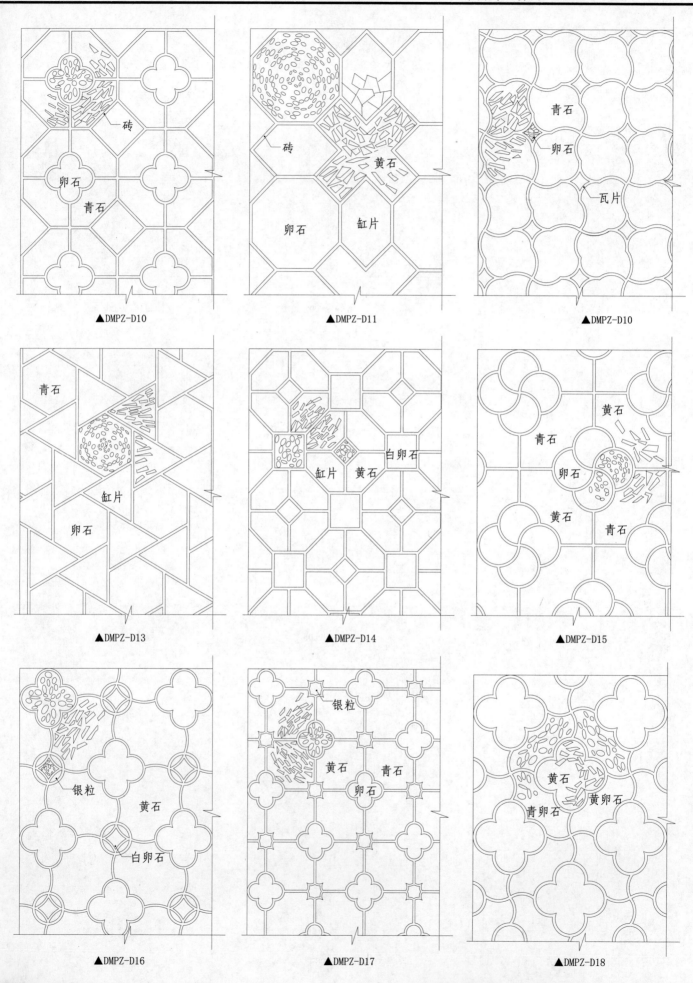

▲DMPZ-D10

▲DMPZ-D11

▲DMPZ-D10

▲DMPZ-D13

▲DMPZ-D14

▲DMPZ-D15

▲DMPZ-D16

▲DMPZ-D17

▲DMPZ-D18

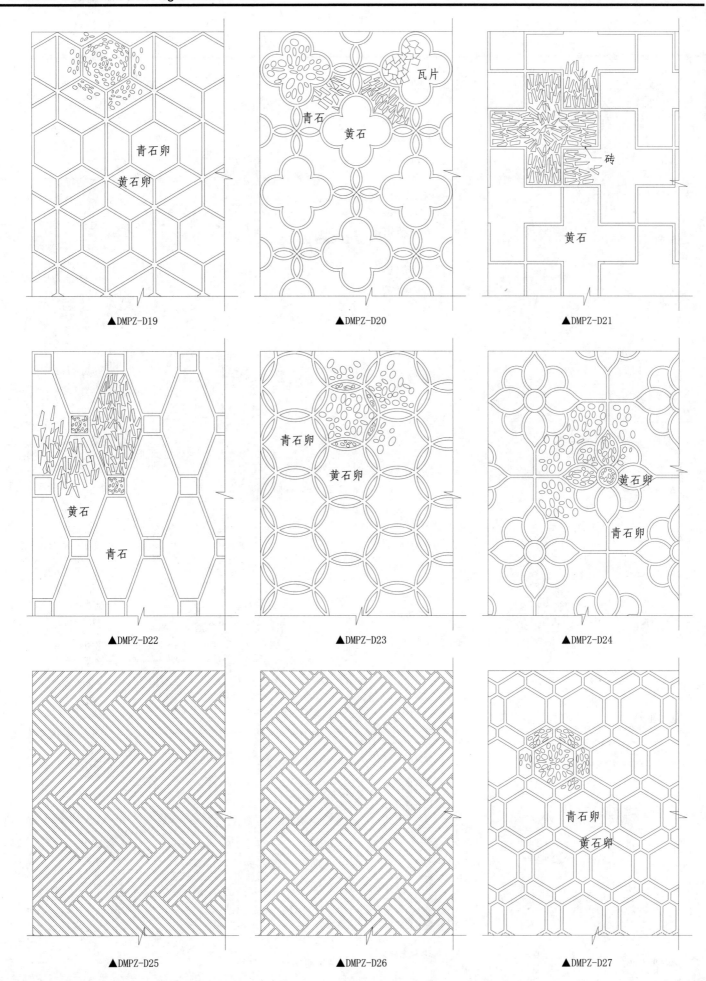

▲DMPZ-D19

▲DMPZ-D20

▲DMPZ-D21

▲DMPZ-D22

▲DMPZ-D23

▲DMPZ-D24

▲DMPZ-D25

▲DMPZ-D26

▲DMPZ-D27

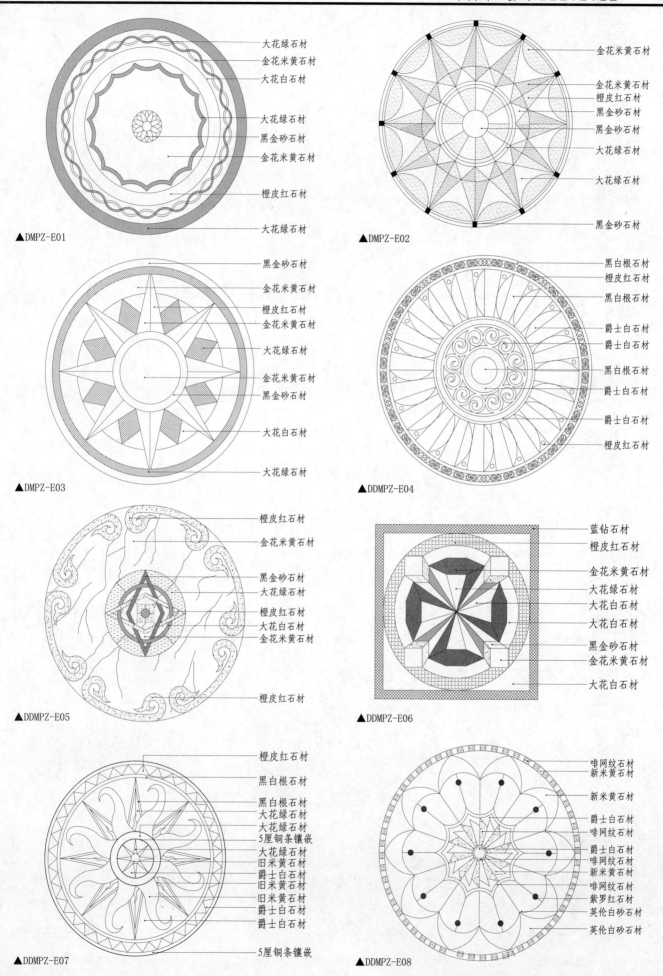

▲DMPZ-E01

大花绿石材
金花米黄石材
大花白石材
大花绿石材
黑金砂石材
金花米黄石材
橙皮红石材
大花绿石材

▲DMPZ-E02

金花米黄石材
金花米黄石材
橙皮红石材
黑金砂石材
黑金砂石材
大花绿石材
大花绿石材
黑金砂石材

▲DMPZ-E03

黑金砂石材
金花米黄石材
橙皮红石材
金花米黄石材
大花绿石材
金花米黄石材
黑金砂石材
大花白石材
大花绿石材

▲DDMPZ-E04

黑白根石材
橙皮红石材
黑白根石材
爵士白石材
爵士白石材
黑白根石材
爵士白石材
爵士白石材
橙皮红石材

▲DDMPZ-E05

橙皮红石材
金花米黄石材
黑金砂石材
大花绿石材
橙皮红石材
大花白石材
金花米黄石材
橙皮红石材

▲DDMPZ-E06

蓝钻石材
橙皮红石材
金花米黄石材
大花绿石材
大花白石材
大花白石材
黑金砂石材
金花米黄石材
大花白石材

▲DDMPZ-E07

橙皮红石材
黑白根石材
黑白根石材
大花绿石材
大花绿石材
5厘铜条镶嵌
大花绿石材
旧米黄石材
爵士白石材
旧米黄石材
旧米黄石材
爵士白石材
爵士白石材
5厘铜条镶嵌

▲DDMPZ-E08

啡网纹石材
新米黄石材
新米黄石材
爵士白石材
啡网纹石材
爵士白石材
啡网纹石材
新米黄石材
啡网纹石材
紫罗红石材
英伦白砂石材
英伦白砂石材

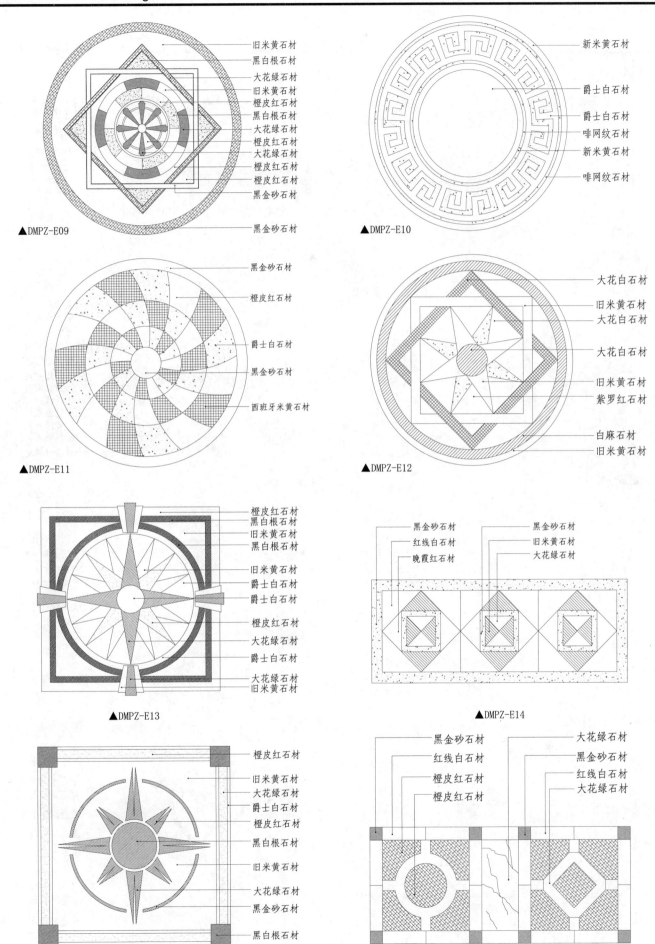

▲DMPZ-E09
旧米黄石材
黑白根石材
大花绿石材
旧米黄石材
橙皮红石材
黑白根石材
大花绿石材
橙皮红石材
大花绿石材
橙皮红石材
橙皮红石材
黑金砂石材
黑金砂石材

▲DMPZ-E10
新米黄石材
爵士白石材
爵士白石材
啡网纹石材
新米黄石材
啡网纹石材

▲DMPZ-E11
黑金砂石材
橙皮红石材
爵士白石材
黑金砂石材
西班牙米黄石材

▲DMPZ-E12
大花白石材
旧米黄石材
大花白石材
大花白石材
旧米黄石材
紫罗红石材
白麻石材
旧米黄石材

▲DMPZ-E13
橙皮红石材
黑白根石材
旧米黄石材
黑白根石材
旧米黄石材
爵士白石材
爵士白石材
橙皮红石材
大花绿石材
爵士白石材
大花绿石材
旧米黄石材

▲DMPZ-E14
黑金砂石材
红线白石材
晚霞红石材
黑金砂石材
旧米黄石材
大花绿石材

▲DMPZ-E15
橙皮红石材
旧米黄石材
大花绿石材
爵士白石材
橙皮红石材
黑白根石材
旧米黄石材
大花绿石材
黑金砂石材
黑白根石材

▲DMPZ-E16
黑金砂石材
红线白石材
橙皮红石材
橙皮红石材
大花绿石材
黑金砂石材
红线白石材
大花绿石材

地板

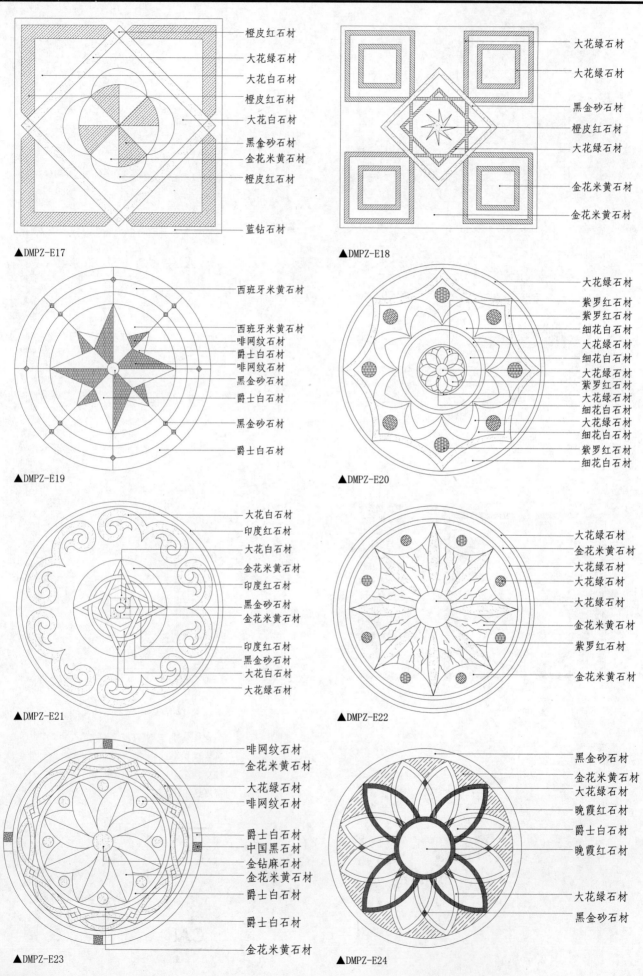

▲DMPZ-E17

橙皮红石材
大花绿石材
大花白石材
橙皮红石材
大花白石材
黑金砂石材
金花米黄石材
橙皮红石材
蓝钻石材

▲DMPZ-E18

大花绿石材
大花绿石材
黑金砂石材
橙皮红石材
大花绿石材
金花米黄石材
金花米黄石材

▲DMPZ-E19

西班牙米黄石材
西班牙米黄石材
啡网纹石材
爵士白石材
啡网纹石材
黑金砂石材
爵士白石材
黑金砂石材
爵士白石材

▲DMPZ-E20

大花绿石材
紫罗红石材
紫罗红石材
细花白石材
大花绿石材
细花白石材
大花绿石材
紫罗红石材
大花绿石材
细花白石材
大花绿石材
细花白石材
紫罗红石材
细花白石材

▲DMPZ-E21

大花白石材
印度红石材
大花白石材
金花米黄石材
印度红石材
黑金砂石材
金花米黄石材
印度红石材
黑金砂石材
大花白石材
大花绿石材

▲DMPZ-E22

大花绿石材
金花米黄石材
大花绿石材
大花绿石材
大花绿石材
金花米黄石材
紫罗红石材
金花米黄石材

▲DMPZ-E23

啡网纹石材
金花米黄石材
大花绿石材
啡网纹石材
爵士白石材
中国黑石材
金钻麻石材
金花米黄石材
爵士白石材
爵士白石材
金花米黄石材

▲DMPZ-E24

黑金砂石材
金花米黄石材
大花绿石材
晚霞红石材
爵士白石材
晚霞红石材
大花绿石材
黑金砂石材

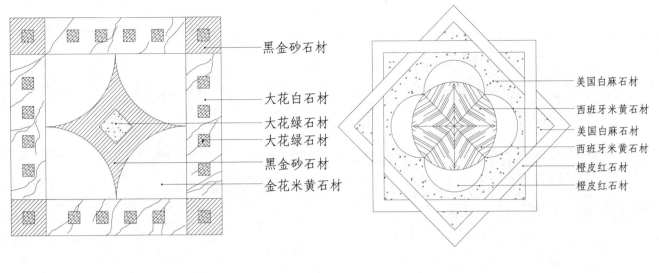

黑金砂石材

大花白石材

大花绿石材

大花绿石材

黑金砂石材

金花米黄石材

美国白麻石材

西班牙米黄石材

美国白麻石材

西班牙米黄石材

橙皮红石材

橙皮红石材

▲DMPZ-E25

▲DMPZ-E26

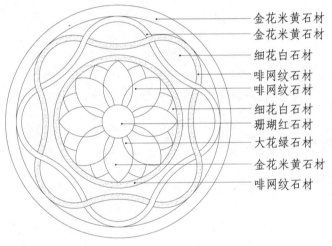

金花米黄石材

金花米黄石材

细花白石材

啡网纹石材

啡网纹石材

细花白石材

珊瑚红石材

大花绿石材

金花米黄石材

啡网纹石材

▲DMPZ-E27

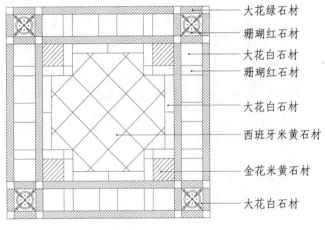

大花绿石材

珊瑚红石材

大花白石材

珊瑚红石材

大花白石材

西班牙米黄石材

金花米黄石材

大花白石材

▲DMPZ-E28

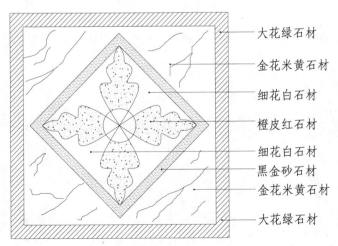

大花绿石材

金花米黄石材

细花白石材

橙皮红石材

细花白石材

黑金砂石材

金花米黄石材

大花绿石材

▲DMPZ-E29

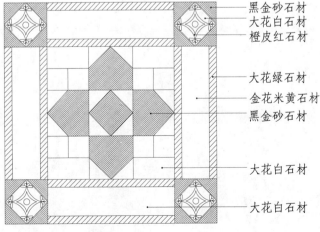

黑金砂石材
大花白石材
橙皮红石材

大花绿石材

金花米黄石材

黑金砂石材

大花白石材

大花白石材

▲DMPZ-E30